特种作业人员安全技术培训系列教材

电 工 作 业

（初 训）

《特种作业人员安全技术培训系列教材》编委会　编写

中国环境出版社·北京

图书在版编目（CIP）数据

电工作业. 初训 /《特种作业人员安全技术培训系列教材》
编委会编著. —北京：中国环境出版社，2013.1（2014.4 重印）
特种作业人员安全技术培训系列教材
ISBN 978-7-5111-0872-2

Ⅰ. ①电… Ⅱ. ①特… Ⅲ. ①电工—安全技术—技术
培训—习题集 Ⅳ. ①TM08

中国版本图书馆 CTP 数据核字（2012）第 010957 号

出 版 人	王新程
责任编辑	丁莞歆　顾芮冰
责任校对	唐丽虹
封面设计	金　喆

出版发行　中国环境出版社
　　　　　（100062　北京市东城区广渠门内大街 16 号）
　　　　　网　　　址：http://www.cesp.com.cn
　　　　　电子邮箱：bjgl@cesp.com.cn
　　　　　联系电话：010-67112765（编辑管理部）
　　　　　　　　　　010-67175507（科技标准图书出版中心）
　　　　　发行热线：010-67125803，010-67113405（传真）

印　　刷	北京中科印刷有限公司
经　　销	各地新华书店
版　　次	2013 年 1 月第 1 版
印　　次	2014 年 4 月第 2 次印刷
开　　本	787×1092　1/16
印　　张	20
字　　数	460 千字
定　　价	29.00 元

总　序

安全生产是指在组织生产经营活动的过程中，为避免造成人员伤害和财产损失而相应采取的事故预防和控制措施的相关活动，是我国的一项重要政策，也是社会、企业管理的重要内容之一。

安全生产关系到人民群众的生命财产安全，关系到改革发展和社会稳定大局，也越来越受到各级领导的重视。《国务院安委会关于进一步加强安全培训工作的决定》（安委[2012]10 号）强调指出，加强安全培训工作，是落实党的十八大精神，深入贯彻科学发展观，实施安全发展战略的内在要求；是强化企业安全生产基础建设，提高企业安全管理水平和从业人员安全素质，提升安全监管监察效能的重要途径；是防止"三违"行为，不断降低事故总量，遏制重特大事故发生的源头性、根本性举措。

为了进一步加强安全教育培训，我们特面向广大特种作业人员推出一套《特种作业人员安全技术培训系列教材》，以帮助相关从业人员提高安全生产的意识，增加安全生产的知识，消灭安全事故的苗头，减少安全事故的发生。

本套教材针对不同对象，结合特种作业行业领域的安全生产实际和职业特点，紧密结合教学大纲，全面介绍了各工种相关的法律法规、安全知识与技能和管理经验，又结合各类安全生产事故的典型案例进行案例分析，突出了通俗易懂、实用性高、易掌握的特点，可供特种行业从业人员作为培训教材，也可作为相关工作人员参考用书。

前　言

随着我国国民经济持续快速发展，推动了工业现代化的前进步伐，在此同时，广泛用于国家建设和人民生活的电能，在安全与事故的预防和控制方面也面临着新的挑战。

《安全生产法》等相关的法律法规规定：特种作业人员必须经过专门的安全技术培训和考核，取得特种作业操作资格证书后，方可上岗作业。为了规范特种作业人员安全技术培训考核工作，确保特种作业人员安全技术培训质量，国家安监总局组织编写了《特种作业人员安全技术培训大纲及考核标准：通用部分》（以下简称《大纲及通用部分》）。

根据《大纲及通用部分》的要求，针对用电安全的广泛性、特殊性、综合性和严重性等特点，结合我国现行的电工作业方面的新标准新规范，编写了本教材。

在编写过程中，力求做到内容新颖，简明扼要，通俗易懂，讲求实用。针对不同类别的电工操作者，要有不同的侧重点。低压作业的电工侧重于通用部分和低压运行维修作业两部分；高压作业的电工侧重于通用部分和高压运行维修两部分。

本系列教材由重庆市安全生产监督管理局安全技术培训考试中心组织编写。本书由重庆市知明职业培训学校叶智明编写。本书参考了大量的文献和新标准新规范，在此，编者对原著作者和赵辉才同志的大力支持表示衷心的感谢。

由于编者水平有限，时间仓促，书中难免疏漏之处，恳请广大读者不吝赐教。

编　者

2013 年 1 月

目　录

第一章
电气安全的基础知识

第一节 电工基础知识

一、电路的基本知识

（一）电路的概念

1. 电路的组成及作用

电路是电流所流经的路径。它是为了某种需要由某些电工设备或元器件按一定方式组合起来的，为电荷流通提供了路径的总体。电路规模的大小，可以相差很大，小到硅片上的集成电路，大到高低压输电网络。图 1-1（a）所示为一个简单电路的实物接线图。

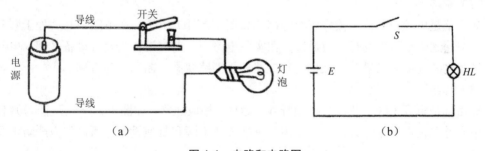

图 1-1　电路和电路图

电路可以用电路图来表示，图中的设备或元器件用国家统一规定的符号。图 1-1（b）是图 1-1（a）的电路图。

电路的作用就是实现电能的传输和转换。任何一个完整的实际电路，不论其结构和作用如何，通常总是由电源、负载、连接导线和控制设备（开关）四大基本部分组成。

（1）电源

电源是提供电能的设备。电源的功能是把非电能转变成电能。例如，电池是把化学能转变成电能；发电机是把机械能转变成电能。由于非电能的种类很多，转变成电能的方式也很多，所以目前实用的电源类型也很多，最常用的电源是固态电池、蓄电池和发电机等。

（2）负载（用电器）

在电路中使用电能的各种用电设备统称为负载。负载的功能是把电能转变为其他形式

1

能。例如，电炉把电能转变为热能，电动机把电能转变为机械能等。通常使用的照明器具、家用电器、机床等都可称为负载。

（3）连接导线

连接导线用来把电源、负载和其他辅助设备连接成一个闭合回路，起传输电能的作用。

（4）控制设备

控制设备是控制电路接通和断开的装置，比如开关电器等。电路中根据需要还装配有其他辅助设备，如测量仪表是用来测量电路中的电量，熔断器是用来执行保护任务的。

2. 电路的工作状态

（1）通路

通路就是电源与负载接成的闭合回路，如图1-2（a）所示。通路时电路中有电流通过。必须注意，处于通路状态的各种电气设备的电压、电流、功率等数值不能超过其额定值。

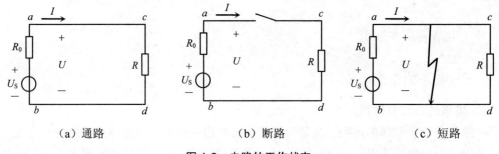

（a）通路　　　　　　　（b）断路　　　　　　　（c）短路

图1-2　电路的工作状态

（2）断路

断路就是电源与负载未接成闭合电路，如图1-2（b）所示。在电路中开关处于断开的工作状态，这时电路中没有电流通过。在实际电路中，电气设备与电气设备之间、电气设备与导线之间连接时的接触不良也会使电路处于断路状态。断路又称开路。

（3）短路

短路就是电源未经负载而直接由导线（导体）构成通路，如图1-2（c）所示。短路时，电路中流过比正常工作时大得多的电流，可能烧坏电源和其他设备。所以，应严防电路发生短路。

（二）电路中几个物理量

1. 电流

电荷有规则的运动就形成电流。电流的大小取决于在一定时间内通过导体截面积的电荷量的多少，用电流强度来表示。在相同时间内通过导体截面积的电荷量越多，就表示流过该导体的电流越强，反之越弱。电流强度是指在单位时间内通过导体截面积的电荷量，用字母 I 表示。若在 t 秒钟内通过导体截面积的电荷量是 Q，则电流可用下式表示：

$$I = \frac{Q}{t} \tag{1-1}$$

式中：I ——电流，单位为安[培]（A）；

　　　Q ——电荷量，单位为库[仑]（C）；

t——时间，单位为秒（s）。

如果在 1 s 内通过导体截面积的电荷量为 1 C，则导体中的电流就是 1 A。除安培外，常用的电流单位还有千安（kA）、毫安（mA）和微安（μA）。它们之间的换算关系如下：

$$1 千安（kA）=10^3 安（A）$$
$$1 安（A）=10^3 毫安（mA）$$
$$1 毫安（mA）=10^3 微安（μA）$$

电流不仅有大小，而且还有方向，习惯上规定以正电荷移动的方向为电流的方向。

2. 电压

电压又称电位差，是衡量电场力做功本领大小的物理量。若电场力将电荷 Q 从 A 点移到 B 点，所做的功为 W_{AB}，则 AB 两点间的电压 U_{AB} 为：

$$U_{AB} = \frac{W_{AB}}{Q} \tag{1-2}$$

式中：U_{AB}——AB 两点间的电压，单位为伏[特]（V）；

$\qquad$ W_{AB}——电场力做的功，单位为焦[耳]（J）；

$\qquad$ Q——电荷量，单位为库[仑]（C）。

若电场力将 1 C 的电荷从 A 点移到 B 点，所做的功为 1 J，则 AB 两点之间的电压大小就是 1 V。除伏特外，常用的电压单位还有千伏（kV）、毫伏（mV）和微伏（μV）。它们之间的换算关系如下：

$$1 千伏（kV）=10^3 伏（V）$$
$$1 伏（V）=10^3 毫伏（mV）$$
$$1 毫伏（mV）=10^3 微伏（μV）$$

电压和电流一样，不仅有大小，而且还有方向，即有正负。对于负载来说，规定电流流进端的电压为正，电流流出端的电压为负。电压的方向由正端指向负端。

3. 电动势

电动势是衡量电源将非电能转换成电能本领大小的物理量。在外力（非静电力）作用下，单位正电荷从电源负极经电源内部移到正极所做的功，称为该电源的电动势，用符号 E 表示，即：

$$E = \frac{W}{Q} \tag{1-3}$$

式中：E——电源电动势，单位为伏[特]（V）；

$\qquad$ W——外力所做的功，单位为焦[耳]（J）；

$\qquad$ Q——外力移动的电荷量，单位为库[仑]（C）。

电动势的单位与电压相同，也是伏（V）。电动势的方向规定为由电源负极指向电源正极。

对于一个电源来说，既有电动势又有端电压。电动势只存在于电源内部；端电压则是电源加在外电路两端的电压，其方向由正极指向负极。一般情况下，电源的端电压总是小于电源内部的电动势，只有当电源开路时，电源的端电压才与电源的电动势相等。

4. 电阻

导体对电流的阻碍作用称为电阻，用符号 R 表示。其单位为欧姆，简称欧，用符号 Ω

表示。若导体两端所加的电压为 1V，通过的电流量是 1A，那么该导体的电阻就是 1Ω。常用的电阻单位除欧姆外，还有千欧（kΩ）、兆欧（MΩ），它们之间的换算关系如下：

$$1 \text{ 千欧（kΩ）} = 10^3 \text{ 欧（Ω）}$$

$$1 \text{ 兆欧（MΩ）} = 10^3 \text{ 千欧（kΩ）}$$

导体的电阻是客观存在的，它不随导体两端电压大小而改变。即使没有外加电压，导体仍然有电阻。实验证明，导体的电阻跟导体的长度成正比，跟导体的横截面积成反比，并与导体的材料性质有关。对于长度为 L，横截面积为 S 的导体，其电阻可用下式表示为：

$$R = \rho \frac{L}{S} \tag{1-4}$$

式中：R ——导体的电阻，单位为欧[姆]（Ω）；

$\quad\quad L$ ——导体的长度，单位为米（m）；

$\quad\quad S$ ——导体的横截面积，单位为平方毫米（mm^2）；

$\quad\quad \rho$ ——导体的电阻率，单位为（欧·平方毫米）/米[（Ω·mm^2）/m]。

式（1-4）中的 ρ 是一个与导体材料性质有关的物理量，称为电阻率。电阻率通常是指在一定的温度下，长度为 1 m、横截面积为 1 mm^2 的某种材料的电阻值。

我们常用的电器都有电阻，例如灯泡、电动机、电炉丝等。

5．电功率和电功

（1）电功

电流流过负载时，负载将电能转换成其他形式的能（如磁能、热能、机械能等）。我们把电能转换成其他形式能的过程，称之为电流做功，简称电功，用符号 W 表示。其电功的数学表达式为：

$$W = IUt \tag{1-5}$$

式中：W ——电功，单位为焦[耳]（J）；

$\quad\quad I$ ——电流，单位为安[培]（A）；

$\quad\quad U$ ——电压，单位为伏[特]（V）；

$\quad\quad t$ ——时间，单位为秒（s）。

在实际工作中，电功的单位常用千瓦·时（kW·h），俗称"度"。通常我们所说的一度电，即是指功率为 1kW 的用电器在 1 h 内所消耗的电能。

（2）电功率

电流在单位时间内所做的功，称为电功率，简称功率，用字母 P 表示，其数学表达式为：

$$P = \frac{W}{t} = IU \tag{1-6}$$

式中：P ——电功率，单位为瓦[特]（W）；

$\quad\quad W$ ——电功，单位为焦[耳]（J）；

$\quad\quad t$ ——时间，单位为秒（s）。

式（1-6）中，若电功的单位为焦（J），时间的单位为秒（s），则电功率的单位是焦/秒。焦/秒又称瓦特，简称"瓦"，用字母 W 表示。电功率表示电流做功的快慢。

实际工作中，电功率的常用单位还有千瓦（kW）、毫瓦（mW）等。它们之间的换算关系如下：

$$1 千瓦 （kW） = 10^3 瓦 （W）$$
$$1 瓦 （W） = 10^3 毫瓦 （mW）$$

（3）焦耳定律

电流通过导体时使导体发热的现象，通常称为电流的热效应。或者说，电流的热效应就是电能转换成热能的效应。

实验证明：电流通过某段导体时所产生的热量与电流的平方、导体的电阻及通电时间成正比，这一定律称为焦耳定律。其数学表达式为：

$$Q = I^2 Rt \tag{1-7}$$

式中：Q——热量，单位为焦[耳]（J）；

I——电流，单位为安[培]（A）；

R——电阻，单位为欧[姆]（Ω）；

t——时间，单位为秒（s）。

电流的热效应有利也有弊。利用这一现象可制成许多电器，如电灯、电炉、电熨斗等；但热效应会使导线发热、电气设备温度升高等，若温度超过规定值，会加速绝缘材料的老化变质，从而引起导线漏电或短路，甚至烧毁设备。

二、交流电的基本知识

在现代工业农业生产及日常生活中，除了必须使用直流电的特殊情况外，绝大多数都是应用交流电。交流电之所以应用如此广泛，是因为它具有以下优点：

第一，交流电可以利用变压器方便地改变电压，便于输送、分配和使用。

第二，交流电动机比相同功率的直流电动机结构简单，成本低，使用维护方便。

第三，可以应用整流装置，将交流电变换成所需的直流电。

交流电和直流电有很多相似之处，但交流电有着随时间交变的特点，要特别注意两者的区别，千万不要把直流电路中的规律简单套用到交流电路中去。

（一）交流电的概念

大小和方向随时间变化的电流、电压和电动势，就统称为交流电。交流电中电流（电压、电动势）大多是按一定规律循环变化的，经过相同的时间后，又重复循环原变化规律，这种交流电我们叫它周期性交流电。周期性交流电中应用最广的是按正弦规律变化的交流电，称之为正弦交流电，正弦交流电简称交流电。

正弦交流电动势、电压和电流的表达式为：

$$e = E_m \sin(\omega t + \varphi_e) \tag{1-8}$$

$$u = U_m \sin(\omega t + \varphi_u) \tag{1-9}$$

$$i = I_m \sin(\omega t + \varphi_i) \tag{1-10}$$

图 1-3 是正弦交流电动势的波形图。

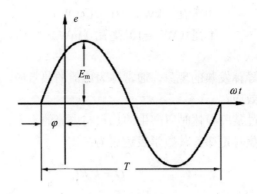

图 1-3　正弦交流电的波形图

（二）表征正弦交流电的物理量

1．瞬时值、最大值和有效值

（1）瞬时值

交流电在某一时刻的值称为在这一时刻交流电的瞬时值。电动势、电压和电流的瞬时值分别用小写字母 e、u、i 表示。

（2）最大值

最大的瞬时值称为最大值，也称为幅值或峰值。电动势、电压和电流的最大值分别用符号 E_m、U_m 和 I_m 表示。在交流电的波形图中，曲线的最高点对应的值即为最大值。例如，图 1-3 中 e 的最大值为 E_m。

（3）有效值

交流电的有效值是根据电流的热效应来规定的，让一个交流电流和一个直流电流分别通过阻值相同的电阻，如果在相同时间内产生的热量相等，那么就把这一直流电的数值叫做这一交流电的有效值。交流电动势、电压和电流的有效值分别用大写字母 E、U 和 I 表示。

计算表明，正弦交流电的有效值和最大值之间有如下关系：

$$E = \frac{E_m}{\sqrt{2}} = 0.707 E_m \qquad （1-11）$$

$$U = \frac{U_m}{\sqrt{2}} = 0.707 U_m \qquad （1-12）$$

$$I = \frac{I_m}{\sqrt{2}} = 0.707 I_m \qquad （1-13）$$

通常所说的交流电的电动势、电压、电流的值，凡没有特别说明的都是指有效值。例如，照明电路的电源电压为 220V，动力电路的电源电压为 380V；用交流电工仪表测量出来的电流、电压都是指有效值；交流电气设备铭牌上所标的电压、电流的数值也都是指有效值。

2．周期、频率和角频率

（1）周期

正弦交流电变化一周所需的时间称为交流电的周期，用符号 T 表示，单位为秒（s）。如图 1-3 所示，周期的长短表明交流电变化的快慢。周期越小，表明交流电变化一周的时间越短，则该交流电的变化越快。周期越长则说明这个交流电的变化越慢。

（2）频率

交流电在 1 s 内完成周期性变化的次数叫做交流电的频率，用符号 f 表示，单位是赫（Hz）。频率较大的单位还有千赫（kHz）和兆赫（MHz）。

根据周期和频率的定义可知，周期和频率互为倒数，即：

$$f = \frac{1}{T} \quad \text{或} \quad T = \frac{1}{f} \tag{1-14}$$

我国工业的电力标准频率为 50Hz，习惯上称为工频，其周期为 0.02 s。美国、日本等国家则采用 60Hz 的频率。

（3）角频率

交流电变化的快慢，除了用周期和频率表示外，还可以用角频率表示。通常交流电变化一周也可用 2π 弧度来计量，交流电每秒所变化的角度（电角度），叫做交流电的角频率，用符号 ω 表示，单位是弧度/秒（rad/s）。周期、频率和角频率的关系为：

$$\omega = \frac{2\pi}{T} = 2\pi f \tag{1-15}$$

例如：频率为 50Hz 的交流电，其角频率为 314 rad/s。

3．相位

由正弦交流电动势的表达式 $e = E_m \sin(\omega t + \varphi)$ 可知，电动势的瞬时值 e 是由振幅值 E_m 和正弦函数 $\sin(\omega t + \varphi)$ 共同决定的。我们把 t 时刻线圈平面与中性面的夹角 $(\omega t + \varphi)$ 叫做该正弦交流电的相位或相角，它反映了正弦量变化的进程。φ 是 $t = 0$ 时的相位，叫做初相位，简称初相，如图 1-3 所示。它反映了正弦交流电起始时刻的状态。

交流电的初相位可以为正，也可以为负或零。初相一般用弧度表示，也可用角度表示。这个角通常用不大于 180°的角来表示。

最大值（或有效值）、频率（或周期、角频率）和初相是表征正弦交流电的三个重要物理量，通常把它们称为正弦交流电的三要素。

三、单相交流电路

由于交流电路中的电压、电流的大小和方向随时间做周期性的变化，因而交流电路的分析计算比直流电路要复杂。例如，在直流电路中，由于直流电的大小和方向不随时间而变化，对电感线圈不会产生自感电动势而影响其中的电流的大小，故相当于短路；对电容，在电路稳定后则相当于将直流电路断开（隔直）。在交流电路中，电感和电容对交流电流起着不可忽略的阻碍作用。因此，首先分析电阻、电感和电容 3 个单一参数对交流电路的影响，再分析多参数的电路就容易多了。

（一）纯电阻电路

交流电路中如果只有线性电阻，这种电路就叫做纯电阻电路，如图1-4（a）所示。比如，负载为白炽灯、电炉、电烙铁的交流电路都可以近似看成是纯电阻电路。

1. 电压与电流的关系

设加在电阻两端的电压为：

$$u_R = U_{Rm}\sin\omega t \qquad (1\text{-}16)$$

实验表明，交流电流与电压的瞬时值，仍然符合欧姆定律，即：

$$i = \frac{u_R}{R} = \frac{U_{Rm}}{R}\sin\omega t = I_m\sin\omega t \qquad (1\text{-}17)$$

由此可见，在纯电阻电路中，电流 i 与电压 u_R 是同频率、同相位的正弦量。它们的相位关系为：$\varphi = \varphi_u - \varphi_i = 0$，其相量图如图1-4（b）所示。

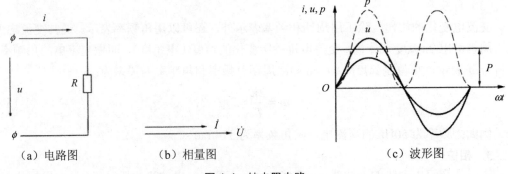

| （a）电路图 | （b）相量图 | （c）波形图 |

图 1-4 纯电阻电路

式（1-12）中 $I_m = \dfrac{U_m}{R}$，如在等式两边同除以 $\sqrt{2}$，则得：

$$I = \frac{U_R}{R} \quad 或 \quad U_R = I \cdot R \qquad (1\text{-}18)$$

这说明在纯电阻正选交流电路中，电流、电压的瞬时值、最大值及有效值 R 与电阻之间的关系均符合欧姆定律。

2. 电路的功率

（1）瞬时功率

在纯电阻电路中，电阻上任意瞬间所消耗的功率称为瞬时功率，它等于此时电压瞬时值和电流瞬时值的乘积，即：

$$P_R = u \cdot i = U_m\sin\omega t \cdot I_m\sin\omega t = U_m I_m\sin^2\omega t$$

$$= \frac{1}{2}U_{Rm}I_m(1-\cos 2\omega t) = U_R I(1-\cos 2\omega t)$$

$$= U_R \cdot I - U_R \cdot I \cdot \cos 2\omega t \qquad (1\text{-}19)$$

瞬时功率的变化曲线见图1-4（c），由于电流与电压同相，所以瞬时功率总是正值（或者为零），表明电阻总是在消耗功率（除了 i 和 R 等于零的瞬时）。

（2）平均功率（也称有功功率）

瞬时功率的使用价值不大，在工程计算和测量中常用平均功率。所谓平均功率就是瞬时功率在一个周期内的平均值，用大写字母 P 表示。

由式（1-19）可以看出，第一项是不随时间变化的，第二项是随时间按余弦规律变化的，所以瞬时功率的平均值为：

$$P = U_R I \tag{1-20}$$

也可以表示为：

$$P = I^2 \cdot R = \frac{U_R^2}{R} \tag{1-21}$$

由此得出结论：纯电阻电路消耗的有功功率等于其电压和电流有效值的乘积。它和直流电路的功率计算公式在形式上完全一样。有功功率的单位为瓦（W）或千瓦（kW）。

（二）纯电感电路

在交流电路中，如果只用电感线圈做负载，而且线圈的电阻和分布电容均可忽略不计，那么这样的电路就叫做纯电感电路，如图 1-5（a）所示。例如，日光灯镇流器、变压器线圈等，在忽略其电阻和分布电容时就可视为一个纯电感。

1. 电流与电压的关系

在纯电感电路中，当电感线圈两端加上交流电压 u_L 时，电感线圈中必定要产生交流电流 i。设通过电感线圈的电流为：

$$i = I_m \sin \omega t \tag{1-22}$$

由电磁感应定律可推导出电感线圈两端的电压为：

$$u = \omega L I_m \sin\left(\omega t + \frac{\pi}{2}\right) = U_{Lm} \sin\left(\omega t + \frac{\pi}{2}\right) \tag{1-23}$$

比较式（1-22）和式（1-23）可知，在纯电感电路中，电流 i 与电压 u_L 是同频率的正弦量，但它们在相位上是电压超前电流 $90°$，它们的相位关系为：$\varphi = \varphi_u - \varphi_i = 90°$。其相量图和波形图如图 1-5（b）、图 1-5（c）所示。

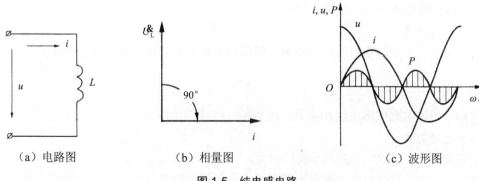

（a）电路图　　　　（b）相量图　　　　（c）波形图

图 1-5　纯电感电路

根据式（1-23）可以看出，电流与电压最大值之间的关系为：

$$I_m = \frac{U_{Lm}}{\omega L} \tag{1-24}$$

式（1-24）两边同除以 $\sqrt{2}$，可得到有效值之间的关系为：

$$I = \frac{U_L}{\omega L} \tag{1-25}$$

这说明在纯电感电路中，电流与电压的最大值及有效值之间也符合欧姆定律。

2. 感抗

在交流电路中，电感对交流电流的阻碍作用就称为电感阻抗，简称感抗，用符号 X_L 表示。其单位为欧姆（Ω）。

感抗的计算公式为：

$$X_L = \omega L = 2\pi f L \tag{1-26}$$

感抗 X_L 与电感 L 和频率 f 两个量都有关系。当电感 L 一定时，频率 f 越高，感抗 X_L 越大。这是因为电流的频率越高，电流变化得越快，产生的自感电动势就越大，阻碍电流通过的能力也就越大，所以感抗就越大。由此可见高频电流不易通过电感线圈。但对直流电，它的频率为零，则 X_L=0，因此电感对于直流电相当于短路。由此可见直流电流及低频电流很容易通过电感线圈。

3. 电路的功率

（1）瞬时功率

纯电感电路中的瞬时功率等于电流瞬时值与电压瞬时值的乘积，即：

$$p = u_L i = U_{Lm} \sin(\omega t + \frac{\pi}{2}) I_m \sin\omega t = U_{Lm} I_m \sin\omega t \cdot \cos\omega t$$

$$= \frac{1}{2} U_{Lm} I_m \sin 2\omega t = U_L I \sin 2\omega t \tag{1-27}$$

由此可知，电感元件的瞬时功率也是按正弦规律变化的，其频率为电流频率的 2 倍。其波形如图 1-5（c）所示。由图可见，瞬时功率在一个周期内，有时为正值，有时为负值。瞬时功率为正值，说明电感从电源吸收能量转换为磁场能储存起来；瞬时功率为负值，说明电感又将磁场能转换为电能返还给电源。

（2）平均功率

瞬时功率在一个周期内吸收的能量与释放的能量相等，所以瞬时功率的平均值为：

$$P = 0$$

也就是说纯电感电路不消耗能量，电感是一种储能元件。

（3）无功功率

电感元件（纯电感）不消耗电源的能量，但电感元件与电源之间在不断地进行周期性的能量交换。为了反映电感元件与电源之间进行能量交换的规模，我们将瞬时功率的最大值叫做电感元件的无功功率，用符号 Q_L 表示，其数学表达式为：

$$Q_L = U_L I = I^2 X_L = \frac{U_L^2}{X_L} \tag{1-28}$$

无功功率的单位为乏（Var）或千乏（kVar）。

（三）纯电容电路

在交流电路中，如果只用电容器作负载，而且电容器的绝缘电阻很大，介质损耗和分布电感均可忽略不计，那么这样的电路就叫纯电容电路，如图1-6（a）所示。

1. 电流与电压的关系

当电容器两端加上交流电压时：

$$u = U_{Cm}\sin\omega t \tag{1-29}$$

这样就会导致电容器反复不断地充电、放电，因而电路中就不断地有电流通过。由于电容器中的电流与电容器两端的电压的变化率成正比，所以其电流的大小为：

$$i = \omega C U_m \sin(\omega t + \frac{\pi}{2}) = I_m \sin(\omega t + \frac{\pi}{2}) \tag{1-30}$$

比较式（1-29）和式（1-30）可知，在纯电容电路中，电流 i 与电压 u_L 是同频率的正弦量，但它们在相位上是电流超前电压90°，它们的相位关系为：$\varphi = \varphi_i - \varphi_u = 90°$。其相量图和波形图如图1-6（b）、图1-6（c）所示。

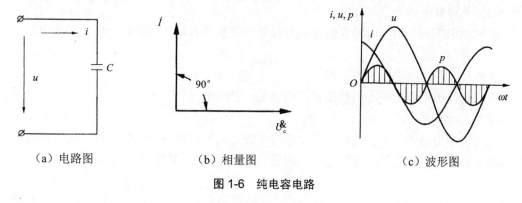

（a）电路图　　　　　（b）相量图　　　　　（c）波形图

图1-6　纯电容电路

根据式（1-30）可以看出，电流与电压最大值之间的关系为：

$$I_m = \omega C U_m \tag{1-31}$$

式（1-31）两边同除以 $\sqrt{2}$，可得到有效值之间的关系为：

$$I = \omega C U \tag{1-32}$$

这说明在纯电容电路中，电流与电压的最大值及有效值之间也符合欧姆定律。

2. 容抗

在交流电路中，电容对交流电流的阻碍作用就称为电容阻抗（简称容抗），用符号 X_C 表示。其单位为欧姆（Ω）。

容抗的计算公式为：

$$X_C = \frac{1}{\omega C} = \frac{1}{2\pi f C} \qquad (1\text{-}33)$$

当频率一定时，在同样大小的电压作用下，电容越大，储集的电荷越多，充、放电的电流就越大，容抗就越小；当外加电压和电容一定时，频率越高，充、放电就进行得越快，充、放电的电流就越大，容抗就越小。因此，高频电流容易通过电容元件。而在直流电路中，频率 $f = 0$，$X_C \to \infty$，可视为开路，所以直流电流不能通过电容元件。这就是电容元件的"隔直通交"作用。

3．电路的功率

（1）瞬时功率

纯电容电路中的瞬时功率等于电流瞬时值与电压瞬时值的乘积，即：

$$p = u_L i = U_{Cm} \sin \omega t \cdot I_m \sin(\omega t + \frac{\pi}{2}) = U_{Cm} I_m \sin \omega t \cdot \cos \omega t$$

$$= \frac{1}{2} U_{Cm} I_m \sin 2\omega t = U_C I \sin 2\omega t \qquad (1\text{-}34)$$

同理，电容元件的瞬时功率与电感元件一样，都是按正弦规律变化的，其波形如图 1-6（c）所示。瞬时功率为正值，说明电容从电源吸收能量转换为电场能储存起来；瞬时功率为负值，说明电容又将电场能转换为电能返还给电源。

（2）平均功率

瞬时功率在一个周期内吸收的能量与释放的能量相等，所以瞬时功率的平均值为：

$$P = 0$$

也就是说纯电容电路不消耗能量，电容是一种储能元件。

（3）无功功率

在纯电容电路中，为了反映电容元件与电源之间进行能量交换的规模，我们将瞬时功率的最大值叫做电容元件的无功功率，用符号 Q_C 表示，其数学表达式为：

$$Q_C = U_C I = I^2 X_C = \frac{U_C^2}{X_C} \qquad (1\text{-}35)$$

无功功率的单位为乏（Var）或千乏（kVar）。

（四）RL 串联电路

前面所讨论的单一参数正弦交流电路只是一般正弦交流电路的特例。因为实际应用中大多数负载都是由电阻和电感组合构成。例如，日光灯的镇流器的电阻很小，可以看成一个电感，灯管又可以看成一个电阻，两者是串联的。对变压器、电动机等都可以看成是电阻与电感的串联电路。如图 1-7（a）所示，就是一个简单的只含有电阻和电感两个元件的串联电路。

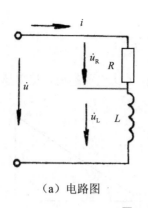
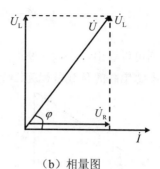

（a）电路图　　　　　　　　　　（b）相量图

图 1-7　*RL* 串联电路和相量图

1. 电压与电流的关系

因为在串联电路中通过各元件的电流相同，所以可取交流电流为参考量。设电路中的电流为：

$$i = I_m \sin\omega t = \sqrt{2} I \cdot \sin\omega t$$

由于电阻两端的电压与电路中的电流同相，所以电阻两端的电压为：

$$u_R = U_{Rm} \sin\omega t = \sqrt{2} U_R \cdot \sin\omega t$$

由于电感两端的电压超前电流 90°，所以电感两端的电压为：

$$u_L = U_{Lm} \sin\omega t = \sqrt{2} U_L \cdot \sin(\omega t + \frac{\pi}{2})$$

RL 串联电路的总电压瞬时值等于多个元件上电压瞬时值之和，即：

$$u = u_R + u_L$$

对应的相量关系为：

$$\dot{U} = \dot{U}_R + \dot{U}_L$$

根据上式可以画出对应的相量图，如图 1-7（b）所示。由相量图可知，总电压相量和电阻电压、电感电压相量构成一个直角三角形。根据勾股定理，可求得总电压的有效值为：

$$U = \sqrt{U_R^2 + U_L^2} = \sqrt{(IR)^2 + (IX_L)^2} = I \cdot \sqrt{R^2 + X_L^2} = I \cdot Z$$

式中 $Z = \sqrt{R^2 + X_L^2}$ 称为电路的阻抗，它表示电阻和电感串联电路对交流电流的总阻碍作用。阻抗的单位为欧姆（Ω）。

阻抗 Z 和电阻 R、感抗 X_L 三者在数值上的关系也可以用一个直角三角形表示，这个三角形称为阻抗三角形，如图 1-8（a）所示，它与电压三角形是相似关系。在阻抗三角形中，阻抗 Z 与电阻 R 的夹角叫阻抗角，它就是总电压与电流的相位差，即：

$$\varphi = \arctan\frac{U_{\mathrm{L}}}{U_{\mathrm{R}}} = \arctan\frac{X_{\mathrm{L}}}{R}$$

由相量图可以看出，$0 < \varphi < 90°$，即总电压在相位上比电流超前，比电感电压滞后，所以电阻和电感串联的负载可视为一个感性负载。

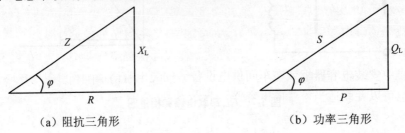

（a）阻抗三角形　　　　　　　　　（b）功率三角形

图 1-8　阻抗三角形和功率三角形

2．电路的功率和功率因数

电阻、电感串联电路中，既有耗能元件，又有磁场储能元件；既有有功功率，又有无功功率。

（1）有功功率

整个电路消耗的有功功率等于电阻消耗的有功功率，即：

$$P = I^2 \cdot R = U_{\mathrm{R}} \cdot I = UI \cdot \cos\varphi \tag{1-36}$$

（2）无功功率

整个电路的无功功率也就是电感上的无功功率，即：

$$Q_{\mathrm{L}} = I^2 \cdot X_{\mathrm{L}} = U_{\mathrm{L}} \cdot I = UI \cdot \sin\varphi \tag{1-37}$$

（3）视在功率

电源输出的总电流与总电压有效值的乘积叫做电路的视在功率，用 S 表示，即：

$$S = U \cdot I \tag{1-38}$$

视在功率的单位为伏安（VA）或千伏安（kVA）。

若将电压三角形的三条边边长分别乘以电流 I，就可以得到功率三角形，如图 1-8（b）所示。

由功率三角形得：

$$S = \sqrt{P^2 + Q^2}$$

$$P = S \cdot \cos\varphi \tag{1-39}$$

$$Q = S \cdot \sin\varphi$$

（4）功率因数

有功功率与视在功率之比称为功率因数，即：

$$\cos\varphi = \frac{P}{S} \tag{1-40}$$

功率因数也可以由阻抗求得，即：

$$\cos\varphi = \frac{R}{Z} \tag{1-41}$$

从以上分析可知，在电源电压 U 和负载功率 P 一定的条件下，由 $P = UI\cos\varphi$ 知道，提高功率因数可使供电线路的电流减小，从而也减少了线路上的电压损失和功率损耗，并提高了供电设备的利用率。为了提高功率因数，在实际供配电工程中所采取的措施是：在变配电所内集中安装电容器柜或在车间供电设备旁安装电容器柜。对于应用电感性镇流器的日光灯，也可以并联适当容量的电容器。

提高功率因数并不影响用电设备的正常工作，也不影响负载本身的电压、电流、功率和功率因数，而是改变了线路总电压和总电流之间的相位差，从而提高了供电线路的功率因数。

四、三相交流电路

（一）三相交流电的基本知识

1. 概念

在正弦交流电路中，如果电源是由两个输出端（两根导线）与负载连接的电路，则称这种电路为单相交流电路。比如，日常生活中的照明电路就属于这种电路。但在生产实践中人们广泛应用的是三相交流电。三相交流电就是大小相等、频率相同、相位互差 120° 的三个单相交流电的总和。采用三相交流电的目的在于利用三相交流电的相位对称关系，使之在传送交流电能时能互成回路，可节省输电线材料，减少电耗；此外更重要的是利用三相交流电流能够产生旋转磁场的特性来制造三相交流电动机等，使电能的应用更为广泛。

2. 三相正弦交流电的产生

三相正弦交流电是由三相交流发电机产生的。如图 1-9（a）所示的为三相交流发电机的示意图。三相交流发电机主要由定子和转子组成。转子是一对磁极的电磁铁，磁极表面的磁场按正弦规律分布。定子铁芯中嵌入三个相同的对称绕组。三相对称绕组的形状、尺寸和匝数完全相同。三相绕组始端分别用 U_1、V_1、W_1 表示，末端用 U_2、V_2、W_2 表示，分别称为 U 相、V 相、W 相。三相绕组在空间位置上彼此相隔 120° 的电角度。

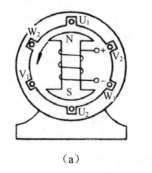
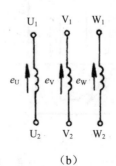

（a）　　　　　　　　　　　（b）

图 1-9　三相交流发电机示意图

当转子在原动机带动下以角速度 ω 做逆时针匀速转动时，在定子三相绕组中就分别感应出振幅相等、频率相同、相位互差 120°的三相交流电动势，这种三相电动势称为对称三相电动势。其表达式为：

$$e_U = E_m \sin(\omega t + 0°)$$

$$e_V = E_m \sin(\omega t - 120°)$$ （1-42）

$$e_W = E_m \sin(\omega t + 120°)$$

其中 e_U、e_V、e_W 的波形如图 1-10 所示。

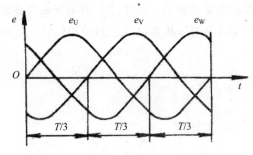

图 1-10　对称三相电动势的波形

在没有特别指明的情况下，所谓三相交流电就是指对称的三相交流电，而且规定每相电动势的方向是从绕组的末端指向始端[图 1-9（b）]，即电流从始端流出时为正，反之为负。

3．三相四线制

目前在低压供电系统中多数采用三相四线制供电，如图 1-11（a）所示。三相四线制是把发电机三相绕组连接在一起，成为一个公共端点，又称为中性点，用符号"N"表法。从中性点 N 引出的一条输电线称为中性线，简称中线或零线。从三相绕组始端 U_1、V_1、W_1 引出的三根输电线叫做端线或相线，俗称火线，常用 L_1、L_2、L_3 标出。有时为了简便，常不画发电机的绕组连接方式，只画四根输电线表示相序，如图 1-11（b）所示。所谓相序是三相电动势达到最大值时的先后次序。习惯上的相序为第一相超前第二相 120°，第二相超前第三相 120°，第三相超前第一相 120°。

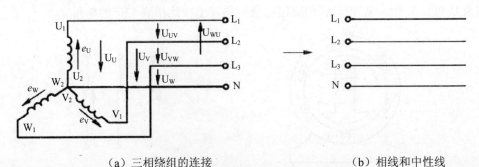

（a）三相绕组的连接　　　　　　　　　　（b）相线和中性线

图 1-11　三相四线制供电方式

三相四线制可输送两种电压，一种是端线与端线之间的电压，叫线电压；另一种是端线与中线之间的电压，叫相电压。线电压与相电压之间的数量关系为：

$$U_{线} = \sqrt{3}U_{相} \tag{1-43}$$

实际生产中的四孔插座就是三相四线制电路的典型应用。其中较粗的一孔接中线，其余三孔分别接 U、V、W 三相。细孔和粗孔之间的电压就是相电压，细孔之间的电压就是线电压。

（二）三相负载的联接

三相电路中连接的三相负载，各相负载可能相同也可能不同。如果每相负载大小相等，性质相同，这种负载便称为三相对称负载，如三相电动机、三相变压器、三相电阻炉等。若各相负载不同，称为不对称三相负载，如三相照明电路中的负载。

使用任何电气设备，均要求负载所承受的电压等于它的额定电压，所以负载要采用一定的联接方式，以满足负载对电压的要求。三相负载的联接方式有两种，星形联接和三角形联接。

1．三相负载的星形联接

把三相负载分别接在三相电源的一根相线和中线之间的接法称为三相负载的星形联接（常用"Y"标记），如图 1-12 所示，Z_U、Z_V、Z_W 为各相负载的阻抗值，N' 为负载的中性点。

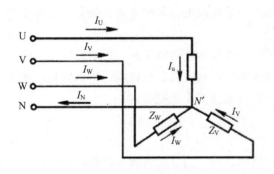

图 1-12　三相负载的星形联接

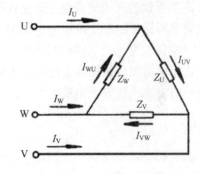

图 1-13　三相负载的三角形联接

负载两端的电压称为负载的相电压。在忽略输电线上的电压降时，负载的相电压就等于电源的相电压，三相负载的线电压就是电源的线电压。负载的相电压 $U_{相}$ 和负载的线电压 $U_{线}$ 的关系为：

$$U_{线} = \sqrt{3}U_{相}$$

星形负载接上电源后就有电流产生。流过每相负载的电流叫做相电流。用 I_u、I_v、I_w 表示，统称为 $I_{相}$。把流过相线的电流叫做线电流，用 I_U、I_V、I_W 表示，统称为 $I_{线}$。由图 1-12 可见线电流与相电流的关系为：

$$I_{Y线} = I_{Y相} \tag{1-44}$$

由于三相对称负载作星形联接时中线上的电流为零，因而取消中线也不会影响三相电路的工作，三相四线制实际上变成了三相三线制。通常在高压输电时，由于三相负载都是对称的三相变压器，所以都采用三相三线制的供电方式。

对于三相不对称负载的电路，因为中线的存在，它能平衡各相负载的电压，保证三相负载成为三个互不影响的独立电路，此时各相负载的电压等于电源的相电压，其电压不受负载的变化而变化。三相电路应力求三相负载平衡，如三相照明电路，应注意将照明负载均匀地分布在三相电源上，这样可使三相电源的负荷趋于均衡，提高电能的利用率。

2．三相负载的三角形联接

把三相负载分别接在三相电源每两根相线之间的接法称为三角形联接（常用"△"标记），如图 1-13 所示。在三角形联接中，由于各相负载是接在两根相线之间，因此负载的相电压就是电源的线电压，即：

$$U_{\triangle 线} = U_{\triangle 相} \tag{1-45}$$

三相对称负载作三角形联接时的相电压是星形联接时的相电压的 $\sqrt{3}$ 倍。因此三相负载接到电源中，是作三角形联接还星形联接，要根据负载的额定电压而定。

三角形联接的负载接通电源后，就会产生线电流和相电流，图 1-13 中所标 I_{U}、I_{V}、I_{W} 为线电流，I_{OV}、I_{VW}、I_{WU} 为相电流。线电流与相电流的关系为：

$$I_{\triangle 线} = \sqrt{3} I_{\triangle 相} \tag{1-46}$$

通常所说的三相交流电，如无特殊说明，都是指线电压和线电流。如某三相异步电动机铭牌上所标出的额定电压值、额定电流值。

三相负载究竟采用哪种联接方式，要看每相负载的额定电压和三相电源线电压的大小而定。如果每相负载的额定电压与电源线电压相等，则应将负载接成三角形联接；如果每相负载的额定电压等于电源的相电压，则应将负载接成星形联接。

（三）三相功率

在三相交流电路中，三相功率等于各相功率之和。当三相负载不对称时，可先求出每一相的功率，然后求出三相总功率。如果是对称三相负载，则三相有功功率、三相无功功率和三相视在功率分别为：

$$P = 3U_{相} I_{相} \cos \varphi_{相} = \sqrt{3} U_{线} I_{线} \cos \varphi_{相} \tag{1-47}$$

$$Q = 3U_{相} I_{相} \sin \varphi_{相} = \sqrt{3} U_{线} I_{线} \sin \varphi_{相} \tag{1-48}$$

$$S = 3U_{相} I_{相} = \sqrt{3} U_{线} I_{线} = \sqrt{P^2 + Q^2} \tag{1-49}$$

式中，$\varphi_{相}$ 是相电压与相电流的相位差。P、Q、S 的单位分别为 W、Var、VA。

第二节 电工测量

电工测量的任务，是借助各种仪器仪表，对电流、电压、电功率、电能等电量进行测量，以便了解和掌握电气设备的特性或运行状况。

一、电工仪表基本知识

（一）常用电工仪表的分类

用来测量各种电量、磁量及电路参数的仪器、仪表统称为电工仪表。电工仪表的种类繁多，按照电工仪表的结构和用途的不同，主要可分为三类。

1．指示仪表

电工指示仪表的特点是能将被测量值转换为仪表可动部分的机械偏转角，并通过指示器直接显示出被测量的大小，故又称为直读式仪表。

2．比较仪表

比较仪表是通过被测量与同类标准量进行比较，然后根据比较结果来确定被测量的大小。比较仪表又分直流比较仪表和交流比较仪表两大类。

3．数字仪表

数字仪表是采用数字测量技术，并以数码的形式直接显示出被测量的大小。数字仪表的种类很多，常用的有：数字式电压表、数字式万用表、数字式频率表等。

（二）常用指示仪表的分类

1．按工作原理分类

按工作原理分类主要有磁电系仪表、电磁系仪表、电动系仪表和感应系仪表。此外，还有整流系仪表、静电系仪表等。

2．按使用方法分类

按使用方法分类有安装式和便携式两种。

3．按被测量的对象分类

按被测量的对象分类有电流表、电压表、功率表、电能表、频率表、相位表和万用表等。

4．按被测电流种类分类

按被测电流种类分类有直流仪表、交流仪表及交、直流两用仪表三类。

5．按仪表准确度（级）分类

按仪表准确度（级）分类有 0.1，0.2，0.5，1.0，1.5，2.5，5.0 共 7 级。数字越小，仪表的误差越小，准确度等级也越高。

6．按使用条件分类

按使用条件分类有 A，B，C 三组类型的仪表。

7．按防御外界磁场或电场的性能分类

按防御外界磁场或电场的性能分类可分为Ⅰ、Ⅱ、Ⅲ、Ⅳ四个等级。Ⅰ级仪表在外磁场或外电场的影响下，允许其指示值改变±0.5%，Ⅱ级仪表允许改变±1.0%；Ⅲ级仪表允许改变±2.5%；Ⅳ级仪表允许改变±5.0%。

8．按外壳的防护性能分类

按外壳的防护性能分类可分为普通式、防尘式、防溅式、防水式、水密式、气密式、隔爆式等 7 种。

（三）电工仪表常用符号

为了便于使用了解仪表的性能和使用范围，在仪表的刻度盘上标有一些符号。常用电工仪表的符号及意义见表 1-1。

表 1-1　常用电工仪表的符号及其意义

符号	符号的意义	符号	符号的意义
Ⓐ	安培表	μA	微安表
mA	毫安表	Ⓥ	伏特表
mV	毫伏表	kV	千伏表
Ⓦ	瓦特表	kW	千瓦表
kWh	千瓦时表	Hz	频率表
Ω	欧姆表	MΩ	兆欧表
φ	相位表	cosφ	功率因数表
	磁电系		电磁系
	电动系		铁磁电动系
	感应系		整流系
	电动系流比计		磁电系流比计
Ⅰ	1 级防外磁场，允许产生误差 0.5%	0.1	20℃，位置正常，没有外磁场影响下，准确度 0.1 级，相对额定误差±0.1%
Ⅱ	2 级防外磁场，允许产生误差 1.0%	1.0	20℃，位置正常，没有外磁场影响下，准确度 1.0 级，相对额定误差±1.0%

符号	符号的意义	符号	符号的意义
Ⅲ	3 级防外磁场，允许产生误差 2.5%	☆（2）	仪表绝缘试验电压 2 000 V
Ⅳ	4 级防外磁场，允许产生误差 5.0%	☆	仪表绝缘试验电压 500 V
Ⓐ	工作环境 0～40℃，湿度 85%以下	∠60°	仪表倾斜 60° 放置
Ⓑ	工作环境 –20～50℃，湿度 85%以下	n 或 ►	仪表水平放置
Ⓒ	工作环境 –40～60℃，湿度 98%以下	⊥ 或 ↑	仪表垂直放置
—	负端钮	✳	公共端钮（多量限仪表和复用电表）
+	正端钮	⏚	接地用的端钮（螺钉或螺杆）
○	与屏蔽相连接的端钮	⌣	调零器

二、电流的测量

（一）电流表型式的选择

电工测量中，电流表按其工作原理和读数方式分为模拟式电流表（又叫指针式电流表）和数字式电流表两大类，如图 1-14 所示。

（a）指针式电流表　　　　　　　　（b）数字式电流表

图 1-14　电流表外形图

常用的指针式电流表有磁电式、电磁式和电动式三种类型。

1. **测量直流电流时，应选用直流电流表**

对指针式直流电流表而言，可使用磁电式、电磁式和电动式电流表。由于磁电式电流表的灵敏度和准确度最高，所以使用最为广泛。

2. **测量交流电流时，应选用交流电流表**

对指针式交流电流表而言，可使用电磁式或电动式电流表，其中电磁式电流表应用较多。

（二）电流表量程的选择

在测量之前，要合理地选择电流表的量程，首先应根据被测电流的大小，使所选的量程大于被测电流的值，以避免损坏电流表。如果测量时不能确定被测电流的大小，则应先选用电流表较大的量程试测后，再换适当的量程。为了减少测量误差，就指针式电流表在选择量程时还应注意使指针尽可能接近于满度值，一般最好工作在不小于满标度值 2/3 的区域。

（三）电流表的接线方法

测量电流时，电流表必须和负载串联，其接线方法如图 1-15 所示。使用直流电流表，在接线时还应注意让电流从表的"+"极性端钮流入，否则，就指针式电流表的指针将反向偏转，电流表会受到损伤。

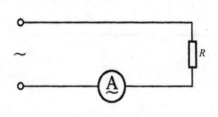
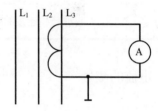

图 1-15　电流表的接线图　　　　图 1-16　用电流互感器测量交流电流的接线图

（四）采用电流互感器扩大交流量程

在测量大容量的交流电流时，由于电流较大，常借助于电流互感器来扩大电流表的量程，其接线方式如图 1-16 所示。

为了便于使用，电流互感器的二次额定电流一般都是 5A，因此与它配用的电流表量程也应选择 5A。

（五）钳形电流表

钳形表又称钳形电流表，在不断开电路而需要测量电流的场合，可使用钳形表，钳形表是根据电流互感器的原理制成的。钳形电流表可分为高压钳形电流表和低压钳形电流表。

低压钳形表有指针式和数字式两种，其外形如图 1-17 所示。DT266 钳形表是数字式钳形表中的一种。它由标准 9 V 电池驱动，LCD 显示的 $3\frac{1}{2}$ 位数字万用表；它具有全功能过载保护电路，可测量直流电压、交流电压、交流电流、电阻及通断测试；还可配 500 V 绝缘测试附件（DT261），具有绝缘测试功能；仪表结构设计合理，采用旋转式开关，集功能选择、量程选择、电源开关于一体，携带方便，是电工测量的理想工具。

1. 钳形表的使用方法

使用钳形表时，将量程开关转到合适位置，手持胶木或塑料手柄，用食指勾紧铁芯开关，便可打开铁芯，将被测导线从铁芯缺口引入铁芯中去，然后放松铁芯开关，铁芯自动闭合，被测导线的电流就在铁芯中产生交变磁力线，表头上就感应出电流，可直接读数。

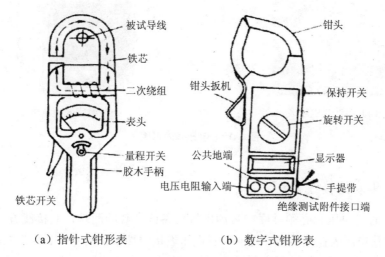

（a）指针式钳形表　　　　（b）数字式钳形表

图 1-17　钳形电流表

2．钳形表使用注意事项

①不得用低压钳形表测量高压线路中的电流，被测线路的电压不能超过钳形表所规定的使用电压，以防绝缘击穿，人身触电。

②测量前应估计被测电流的大小，选择适当的量程，不可用小量程去测量大电流。

③在无法估计被测电流大小时，可选择钳形电流表的最大量程，然后再根据读数逐次换挡。

④每次测量只能钳入一根导线，测量时应将被测导线置于钳口中央部位，同时注意铁芯缺口的接触面无锈斑并接触牢靠，以提高测量准确度。测量结束时应将量程开关扳到最大量程位置，以便于下次安全使用。

⑤使用钳形电流表测量时，应当注意保护人体与带电体之间有足够的距离。

⑥在使用钳形表电流表时，对于高压不能用手直接拿着钳形表进行测量，而必须接上相应电压等级的绝缘杆之后才能进行测量。

⑦在潮湿和雷雨天气，禁止在户外用钳形电流表进行测量。

三、电压的测量

（一）电压表的型式和量程的选择

电工测量中，电压表按其工作原理和读数方式分为指针式电压表和数字式电压表两大类。如图 1-18 所示。电压表与电流表在结构上基本上是一样的，只是仪表的附加装置和在电路中的接法有所不同。

电压表的选择方式与电流表的选择方式相同。例如：低压配电装置的电压一般为 380 V，测量时应选用量程为 450 V 的电压表。

（a）指针式电压表

（b）数字式电压表

图 1-18　电压表外形图

（二）电压表的接线方法

测量电压时，电压表必须并联在被测电气设备或负载的两端，其接线方法如图 1-19 所示。使用直流电压表在接线时，还应注意电压表接线端钮上的"+"、"−"极性标记，就指针式电压表而言，以免指针反向偏转。

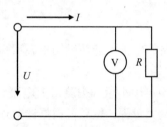

图 1-19　电压表的接线图

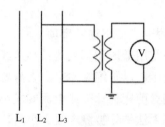

图 1-20　用电压互感器测量单相交流电压的接线图

（三）采用电压互感器扩大交流量程

在测量高电压的交流电时，一般采用电压互感器来扩大电压表的量程，其接线方式如图 1-20 所示。

为了便于使用，电压互感器的二次额定电压一般都是 100 V，因此与它配用的电压表量程也应选择 100 V。

四、电阻的测量

在电工测量中，电阻的测量方法很多，其测量方法也各不相同。这里主要介绍两种常用的电阻测量仪表：兆欧表和接地电阻测试仪。

（一）兆欧表

兆欧表又叫摇表、绝缘电阻测定仪。它是一种专门测量绝缘电阻（高阻值电阻）的仪表。兆欧表的读数是以兆欧为单位，用"MΩ"表示。兆欧表虽然种类很多，但工作原理大致相同，常用的兆欧表的外形如图 1-21（a）所示。

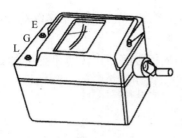

（a）兆欧表的外形图

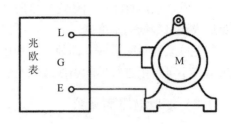

（b）测量电机的绝缘电阻

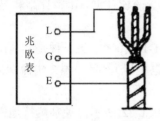

（c）测量电缆的绝缘电阻

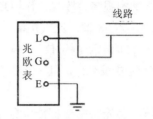

（d）测量线路的绝缘电阻

图 1-21　兆欧表及兆欧表的测量接线方法

1．兆欧表的选用

通常兆欧表按其额定电压分 100 V，250 V，500 V，1 000 V，2 500 V 几种。根据被试电气设备的额定电压的大小来选择兆欧表；如果兆欧表的额定电压选择过高，可能在测试中损坏被试电气设备的绝缘。一般来说，测量额定电压在 500 V 以下的电力设备或电力线路的绝缘电阻时，可选用 500 V 或 1 000 V 兆欧表；额定电压为 1 000 V 及以上的设备，则选用 2 500 V 的兆欧表。

2．兆欧表的接线和测量方法

兆欧表有三个接线柱，其中两个较大的接线柱上分别标有"接地"（E）和"线路"（L），另一个较小的接线柱上标有"保护环"（或"屏蔽"）（G）。

①测量电机的绝缘电阻。将兆欧表的 E 接线柱接机壳，L 接线柱接到电机绕组上，如图 1-21（b）所示。线路接好后，可按顺时针方向摇动兆欧表的发电机手柄，转速由慢到快，直到 120 r/min 的均匀速度，当发电机转速稳定时，表针也稳定下来，这时表针指示的数值就是所测得的绝缘电阻值。

②测量电缆的绝缘电阻。测量电缆的导电线芯与电缆外壳的绝缘电阻时，除将被测两端分别接 L 和 E 两接线柱外，还需将 G 接线柱的引线接到线芯与电缆外壳之间的绝缘层上，如图 1-21（c）所示。

③测量线路绝缘电阻。如图 1-21（d）所示。

3．使用兆欧表的注意事项

①测量电气设备和线路的绝缘电阻时，必须先切断电源，然后将设备、线路进行放电，以保证人身安全和测量准确；

②兆欧表使用时应放在水平位置，未接线前先转动兆欧表做开路试验，指针应指在"∞"处，再将 L 和 E 两个接线柱短接，慢慢转动兆欧表，看指针是否指在"0"处，若能指在"0"处，说明兆欧表是好的；

③兆欧表接线柱上引出线应用多股软线，且要有良好的绝缘，两根引线切忌绞在一起，避免造成测量数据的不准确；

④兆欧表测量完后应立即使被测物放电，在兆欧表的摇把没有停止转动和被测物没有放电前，不可用手进行拆除引线或触及被测物的测量部分，以防触电。

（二）接地电阻测量仪

接地电阻测量仪也称接地摇表，主要用于直接测量各种接地装置的接地电阻。接地电阻测量仪的种类很多，按其工作原理可分为：电路型、流比计型、电位计型和晶体管型等。常用的型式有 ZC-8 型、ZC-29 型等。

ZC-8 型接地电阻测量仪有两种量程，一种是 0-1-10-1000，另一种是 0-1-100-10000。它们都带有两根探测针，其中一根为电位探测针（电压极），另一根为电流探测针（电流极）。

测量前，首先将两根探测针分别插入地中，如图 1-22 所示，使被测接地极 E′、电位探测针 P′和电流探测针 C′三点在一条直线上，E′至 P′的距离为 20 m，E′至 C′的距离为 40 m，然后用专用线分别将 E′、P′和 C′接到仪表相端钮上。

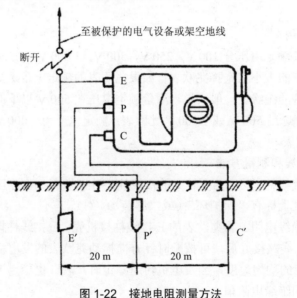

图 1-22　接地电阻测量方法

测量时，先把仪表放在水平位置，检查检流计的指针是否指在红线上，若不在红线上，则可用"调零螺丝"进行调零，然后将仪表的"倍率标度"置于最大倍数，转动发电机手柄，同时调整"测量标度盘"，使指针位于红线上。如果"测量标度盘"的读数小于 1，则是应将"倍率标度"置于较小的倍数，再重新调整"测量标度盘"，以得到正确的读数。当指针完全平衡在红线上以后，用测量标度盘的读数乘以倍率标度，即为所测的接地电阻值。

使用接地电阻测量仪时，应注意以下两点：

①当检流计的灵敏度过高时，可将电位探测针 P′插入土中浅一些；当检流计的灵敏度不够时，可将电位探测针 P′和电流探测针 C′周围注水使其湿润。

②测量时，应先拆开接地线与被保护设备或线路的连接点，以便得到准确的测量数据。在断开连接点时应戴绝缘手套。

用 ZC-8 型摇表测量接地电阻时，电压极越靠近接地极，所测得的接地电阻数值越小。

五、功率与电能的测量

（一）功率的测量

由于交流电功率 $P = UI\cos\varphi$，因此要测量功率就必须测量电压、电流以及功率因数。电动式功率表（瓦特表）的定圈和动圈能满足这个要求，所以功率表（瓦特表）大多采用电动式测量机构。

1. 功率表量限的正确选择

选用功率表时，必须要正确选择功率表中的电流量限和电压量限，被测电路的电流和电压不能超过电流量限和电压量限，否则，如果选用功率表只注意功率量限而不注意电流量限和电压量限，就可能导致错误的结果，甚至损坏仪表。

2. 功率表的正确接线

功率表有两个独立支路，即电流支路和电压支路，为保证正确接线，通常在电流支路的一端和电压支路的一端标有标记"＊"或"·"，一般称为同名端。

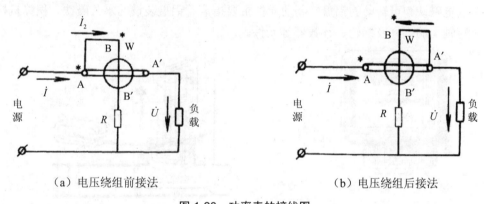

（a）电压绕组前接法　　　　　（b）电压绕组后接法

图 1-23　功率表的接线图

测量负载的功率时，功率表电流支路的同名端必须接向电源，而另一端接向负载，电流线圈串联接入电路；功率表电压支路的同名端可以接到电流支路的任一端，而另一电压端接向负载的另一端，电压支路并联接入电路；如图 1-23 所示。其中图 1-23（a）为电压绕组前接电路，图 1-23（b）为电压绕组后接电路。

如果不遵循上述接线原则，无论电流端钮反接还是电压端钮反接，功率表的指针都会向相反方向偏转，这是不被容许的。

3. 使用功率表的注意事项

在测量中，可能出现一种情况，即功率表的接法是正确的而指针却反转，这是由于功率的实际输送方向与预期的方向相反，这时应把电流线圈的两端换接一下，以便取得正的读数。但是，不应该去换接电压线圈的两个端线。因为电压线圈中还串联着一个很大的附加电阻 R，线间电压的绝大部分都分配在这个电阻上，如果把电压线圈的两个端线一换接，则两个线圈的端电位差将等于电路的电压，由于这两个线圈的位置是很靠近的，在这种电压下，可能引起线圈绝缘损坏。同时，由于两个不同电位的线圈之间将出现静电作用而使测量结果的误差增大。这种错误接法如图 1-24 所示。

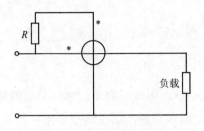

图 1-24　功率表的错误接法

（二）电能的测量

用来测量电能的仪表就称为电能表，俗称电度表或火表。它是记录负载耗电多少的一个累计性仪表。

1. 电能表的组成及工作原理

①电能表由驱动机构、制动元件和积算机构组成。驱动机构主要包括固定的电压电磁铁、电流电磁铁和可转动的铝盘。制动元件主要指卡着铝盘装设的永久磁铁。积算机构包括铝盘转轴上的蜗杆及蜗轮、计数器等元件。

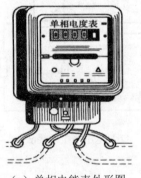
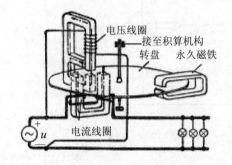

（a）单相电能表外形图　　　　　（b）单相电能表结构示意图

图 1-25　单相电能表

图 1-25 是单相电能表结构示意图。电压电磁铁的线圈与电路并联，获取电路的电压信号；电流电磁铁的线圈与电路串联，获取电路的电流信号。

②电能表的工作原理：当把电能表接入被测电路时，电流线圈和电压线圈中就有交变电流流过，这两个交变电流分别在它们的铁芯中产生交变的磁通；交变磁通穿过铝盘，在铝盘中感应出涡流；涡流又在磁场中受到力的作用，从而使铝盘得到转矩（主动力矩）而转动。负载消耗的功率越大，通过电流线圈的电流越大，铝盘中感应出的涡流也越大，使铝盘转动的力矩就越大。即转矩的大小跟负载消耗的功率成正比。功率越大，转矩也越大，铝盘转动也就越快。铝盘转动时，又受到永久磁铁产生的制动力矩的作用，制动力矩与主动力矩方向相反；制动力矩的大小与铝盘的转速成正比，铝盘转动得越快，制动力矩也越

大。当主动力矩与制动力矩达到暂时平衡时，铝盘将匀速转动。负载所消耗的电能与铝盘的转数成正比。铝盘转动时，带动计数器，把所消耗的电能指示出来。这就是电能表工作的简单过程。

2．电能表的分类

电能表按结构和工作原理分为：感应式（机械式）、静止式（电子式）、机电一体式（混合式）；按相数分为：单相电能表和三相电能表；三相电能表按记录有功或无功分为：有功电能表和无功电能表；电能表按安装接线方式分为：直接接入式和间接接入式两种；电能表按附加功能划分为：多费率电能表（分时电能表）、预付费电能表（俗称卡表，用 IC卡预购电）、多用户电能表、多功能电能表、载波电能表等。

3．电能表的选择

①根据实测电路，选择电能表的类型。单相电路（如照明电路）选用单相电能表；三相电路，可选用三相电能表。有时在成套电气设备中或电动机负载电路中，采用三相三线制电能表；为了测量无功电度数，电路中还安装了无功电能表。

②使用电能表时要注意，在低电压（不超过 500 V）和小电流（几十安）的情况下，电能表可直接接入电路进行测量。在高电压或大电流的情况下，电能表不能直接接入线路，需配合电压互感器或电流互感器使用。

③对于直接接入线路的电能表，要根据负载的最大电流及额定电压，以及要求测量的准确度选择电能表的型号。选择时，电能表的额定电压与负载的额定电压一致，单相电能表的额定电压多为 220 V，三相电能表的额定电压为 380 V（三相两元件）、380/220 V（三相三元件）及 110 V（高压计量用）；而电能表的额定电流应不小于负载的最大电流。

④选择电能表时要注意：负载的用电量要在电能表额定值的 10%以上，否则计量不准，有时甚至根本带不动铝盘转动，所以电能表不能选得太大；若选得太小容易烧坏电能表。

4．电能表接线

单相电能表的接线如图 1-26 所示；三相三元件电能表的接线如图 1-27 所示；带电流互感器的三相三元件有功电能表的接线如图 1-28 所示，接线时应注意分清接线端子及其首尾端；三相电能表按正相序接线；经互感器接线者极性必须正确；电压线圈连接应采用 1.5 mm² 绝缘铜线、电流线圈连接线接入者应采用与线路导电能力相当的绝缘铜线（6 mm² 以下者用单股线），经电流互感器接入者应采用 2.5 mm² 绝缘铜线；互感器的二次线圈和外壳应当接地（或接零）；线路开关必须接在电能表的后方。

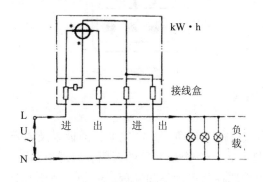

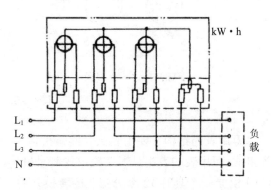

图 1-26　单相电能表的接线图　　　　图 1-27　三相三元件电能表的接线图

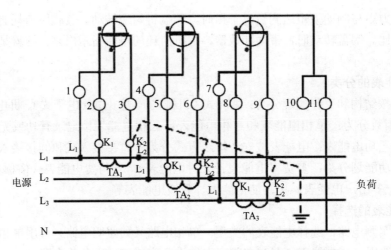

图 1-28 带电流互感器的三相三元件有功电能表的接线图

六、万用表

（一）万用表结构及工作原理

万用表是电工测量中常用的多用途、多量程可携式仪表。它可以测量直流电流、直流电压、交流电压、电阻等电量，比较好的万用表还可以测量交流电流、电功率、电感量、电容量等。万用表是电工必备的仪表之一。

万用表的形式很多，功能齐全，目前用得较多的是指针式和数字式万用表，其外形如图 1-29 所示。

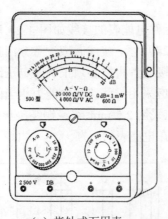

（a）指针式万用表

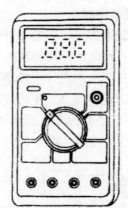

（b）数字式万用表

图 1-29 万用表

万用表的结构主要由表头（测量机构）、测量线路、转换开关、电池、面板以及表壳等组成。万用表的表头是一个磁电式测量机构，图 1-30 为一个最简单的万用表原理电路图。图中 S_1 是一个具有 12 个分接头的转换开关，用来选择测量种类和量程。S_2 是一个单刀双投开关，测量电阻时，S_2 拨至"2"位；进行其他测量时，S_2 拨至"1"位。

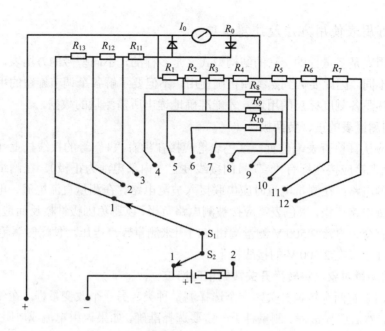

图 1-30　万用表原理电路图

万用表的工作原理。

1. 直流电流的测量

测量直流电流时，S_1 可拨在"4"、"5"、"6"三个位置，S_2 拨在"1"位置。被测电流从"+"端流入，"−"端流出。R_1、R_2、R_3、R_4 为并联分流电阻，拨动 S_1 可改变测量电流的量程，这和电流表并联分流电阻扩大原理是一样的。

2. 直流电压的测量

测量直流电压时，S_1 可拨在"10"、"11"、"12"三个位置，S_2 拨在"1"位置。被测电压加在"+"、"−"两端，R_5、R_6、R_7 为串联附加电阻，拨动 S_1 就可以得到不同电压测量量程，这和电压表串联附加电阻变换电压量程原理是一样的。

3. 电阻测量

测量电阻时，S_1 可拨在"7"、"8"、"9"三个位置，S_2 应拨在"2"位置，将表内电池接入电路。被测电阻接在万用表的"+"、"−"端，表头内就有电流通过，拨动 S_1 时，就可以得到不同的量程。如果被测电阻未接入，则输入端开路，表内无电流通过，指针不偏转，所以欧姆挡标度尺的左侧是"∞"符号；如果输入端短路，则被测电阻为 0，此时指针偏转角最大，所以标度尺的右侧是"0"。

万用表中的干电池使用久了或存放时间长了端电压就会下降。这时，如将输入端短接，指针并不指 0，此时，可调节万用表表头上的调零电位器，使指针指向"0"。

4. 交流电压测量

测量交流电压时，S_1 可拨在"1"、"2"、"3"三个位置，S_2 在"1"位置。由于磁电式机构只能测量直流，故在测量交流电压时，需把交流变成直流后进行测量。图 1-30 中的两个二极管即为镇流器，它使交流电压正半波通过表头，而负半波不通过表头，通过表头的电流为单相脉动电流。R_{11}、R_{12}、R_{13} 为串联附加电阻，拨动 S_1 可以得到不同的电压量程。

（二）万用表使用方法及注意事项

由于万用表是多量程的，它的结构型式又是多样的，不同型号的万用表，其面板上的布置也有所不同。因此要做到熟练和正确使用，不但要了解各个调节旋钮的用途和使用方法，而且要熟悉各刻度标尺的用途，才能准确地读出所需测量的数据。

1. 识别测量表的正、负两极

测量前应认真检查表笔位置，红色表笔应接在标有"+"号的接线柱上（内部电池为负极），黑色表笔应接在标有"−"号的接线柱上（内部电池为正极）。在测量电压时，应并联接入被测电路；在测量电流时应串联接入被测电路。在测量直流电流、电压时，红色表笔应接被测电路正极，黑色表笔应接被测电路负极，以避免因极性接反而造成仪表损坏。有的万用表有交、直流 2 500 V 测量端钮专门用来测量较高电压，使用时黑笔仍接在"−"接线柱上，红笔接在 2 500 V 的接线柱上。

2. 根据测量对象，将转换开关拨到相应挡位

有的万用表有两个转换开关，一个选择测量种类，另一个改变量程，在使用时应先选择测量种类，然后选择量程。测量种类一定要选择准确，如果误用电流或电阻挡去测电压，就有可能损坏表头，甚至造成测量线路短路。选择量程时，应尽可能使被测量值达到表头量程的 1/2 或 2/3 以上，以减少测量误差，若事先不知道被测量的大小，应先选用最大量程试测，再逐步换用适当的量程。

3. 读数时，要根据测量的对象在相应的标尺读取数据

标尺端标有"DC"或"−"标记为测量直流电流和直流电压时用；标尺端标有"AC"或"～"标记是测量交流电压时用；标有"Ω"的标尺是测量电阻专用的。

4. 测量电阻时应注意以下事项

①选择适当的倍率挡，使指针尽量接近标度尺的中心部分，以确保读数比较准确。在测量时，指针在标度尺上的指示值乘以倍率，即为被测电阻的阻值。

②测量电阻之前，或调换不同倍率挡后，都应将两表笔短接，用调零旋钮调零，调不到零位时应更换电池。测量完毕，应将转换开关拨到交流电压最高挡或空挡上，以防止表笔短接，造成电池短路放电。同时也防止下次测量时忘记拨挡，去测量电压，烧坏表头。

③不能带电测量电阻，否则不仅得不到正确的读数，还有可能损坏表头。

④用万用表测量半导体元件的正、反向电阻时，应用 $R×100$ 挡，不能用高阻挡，以免损坏半导体元件。

⑤严禁用万用表的电阻挡直接测量微安表、检流计、标准电池等仪器仪表的内阻。

5. 测量电压、电流时注意事项

①要有人监护，如测量人不懂测量技术，监护人有权制止其的测量工作。

②测量时人身不得触及表笔的金属部分，以保护测量的准确性和安全性。

③测量高电压或大电流时，在测量中不得拨动转换开关，若不知被测量有多大时，应将量限置于最高挡，然后逐步向低量程挡转换。

④注意被测量的极性，以免损坏。

第三节　电气安全标志

特种作业现场由于设备、机具种类多，高空与交叉作业多，临时设施多，作业环境复杂，所以造成不安全的因素就增多。为了引起人们对不安全因素的注意，预防事故的发生，需要在作业现场的危险部位以及设备、设施上设置安全警示标志，提醒人们时刻认识到所处环境的危险性，以此来表达特定的安全信息。

一、安全标志

（一）安全标志的含义

根据现行国家标准《安全标志及其使用导则》（GB 2894—2008）规定，安全标志是用以表达特定的安全信息的标志，由图形符号、安全色、几何图形（边框）或文字组成。包括提醒人们注意的各种标牌、文字、符号以及灯光等。安全标志是供生产检修人员迅速、准确地判断自己所处的工作环境，达到安全生产目的的有效措施。

（二）安全标志分类

到目前为止，国家标准《安全标志及其使用导则》（GB 2894—2008）规定的安全标志有 99 个，分为：禁止标志、警告标志、指令标志、提示标志等四大类型。

1. 禁止标志

禁止标志的含义是禁止人们不安全行为的图形标志。它的几何图形为白底黑色图案加带斜杠的红色圆环。图 1-31 为作业现场常见的两种警告标志："禁止合闸""禁止靠近"。

禁止合闸　　　　　　　　　　　　禁止靠近

图 1-31　禁止标志

我国规定的禁止类标志共有 40 个，其中与电力相关的有：禁止易燃物，禁止吸烟，禁止通行，禁止烟火，禁止用水灭火，禁带火种，禁止启动，修理时禁止转动，运转时禁止加油，禁止跨越，禁止乘车，禁止攀登。同时电力系统也制定了这类的专业标示。如："禁止合闸，有人工作！""禁止合闸，线路有人工作！""禁止攀登，高压危险！""止步，高压危险！"像这类的电工色均以红色为主。

2. 警告标志

警告标志的基本含义是提醒人们对周围环境引起注意，以避免可能发生危险的图形标志。它的几何图形是黄底黑色图案加三角形黑边。图 1-32 为作业现场常见的两种警告标志："注意安全""当心触电"。

我国规定的警告标志共有 35 个，其中与电力相关的有：注意安全，当心触电，当心爆炸，当心火灾，当心腐蚀，当心中毒，当心机械伤人，当心伤手，当心吊物，当心扎脚，当心落物，当心坠落，当心车辆，当心弧光，当心冒顶，当心瓦斯，当心塌方，当心坑洞，当心电离辐射，当心裂变物质，当心激光，当心微波，当心滑跌。像这类的电工色均以黄色为主。

注意安全　　　　　　　　　　　当心触电

图 1-32　警告标志

3．指令标志

指令标志的含义是强制人们必须做出某种动作或采用防范措施的图形标志。它的几何图形是蓝底白线条的圆形图案。图 1-33 为作业现场常见的两种指令标志："必须系安全带""必须戴安全帽"。

必须系安全带　　　　　　　　　必须戴安全帽

图 1-33　指令标志

我国规定的指令标志共有 16 个，其中与电力相关的有：必须戴防护眼镜，必须戴防毒面具，必须戴安全帽，必须穿防护鞋，必须系安全带，必须戴护耳器，必须戴防护手套，必须穿防护衣服。像这类的电工色以蓝色为主。

4．提示标志

提示标志的含义是向人们提供某种信息（如标明安全设施或场所等）的图形标志。它的几何图形是绿底白线条的正方形图案。图 1-34 为常见的两种提示标志："紧急出口""避险处"。

紧急出口　　　　　　　　　　　避险处

图 1-34　提示标志

我国规定的提示标志共 8 个，其中与电力相关的有：安全通道，太平门（均以绿色为背景）等。消防警铃，火警电话，地下消火栓，地上消火栓，消防水带，灭火器，消防水泵结合器（均以红色为背景）。同时电力系统也制定了这类的专业标示。如："已接地""在此工作""从此上下"。像这类的电工色均以绿色为主。

二、安全色

安全标志要配相应的安全色，必要时增加补充标志及文字。

（一）安全色的含义

根据现行国家标准《安全色》（GB 2893—2008）规定，安全色是传递安全信息含义的颜色。

（二）安全色的分类

安全色分为红、黄、蓝、绿四种颜色，分别表示禁止、警告、指令和提示。

红色：表示禁止、停止、危险以及消防设备的意思。凡是禁止、停止、消防和有危险的器件或环境均应涂以红色的标记作为警示的信号。

黄色：表示提醒人们注意。凡是警告人们注意的器件、设备及环境都应以黄色表示。

蓝色：表示指令，要求人们必须遵守的规定。

绿色：表示给人们提供允许、安全的信息。

（三）对比色

1．对比色的含义

使安全色更加醒目的反衬色，包括黑、白两种颜色。

2．安全色与对比色的使用

安全色与对比色同时使用时，应按表 1-2 规定搭配使用。

表 1-2　安全色和对比色

安全色	对比色
红色	白色
蓝色	白色
黄色	黑色
绿色	白色

（1）黑色

黑色用于安全标志的文字、图形符号和警告标志的几何边框。

（2）白色

白色作为安全标志红、蓝、绿的背景色，也可用于安全标志的文字和图形符号。

（3）安全色与对比色的相间条纹

① 红色与白色相间条纹：表示禁止人们进入危险的环境。

②蓝色与白色相间条纹：表示必须遵守规定的信息。

③黄色与黑色相间条纹：表示提示人们特别注意的意思。

④绿色与白色相间条纹：与提示标志牌同时使用，更为醒目地提示人们。

（四）电工色在电力系统和设备中的其他用途

三相交流电中黄色代表 L_1（V）相，绿色代表 L_2（V）相，红色代表 L_3（V）相，蓝色代表工作零线（N），用黄绿双色线代表保护零线（PE）。单相交流电的相线与引出相线颜色相同。明敷接地扁钢或圆钢涂黑色。直流电中红（赫）色代表正极，蓝色代表负极，信号和警告回路用白色。

在电气上涂成红色的电器外壳是表示其外壳有电；灰色的电器外壳是表示其外壳接地或接零。在开关或刀开关的合闸位置上，应有清楚的红底白字的"合"字；分闸位置上，应有绿底白字的"分"字。

第四节 触电与急救

一、电气事故

电气事故是电气安全工程主要研究和管理的对象。掌握电气事故的特点和事故的分类情况，对做好电气安全工作具有重要的意义。

（一）电气事故特点

电气事故具有以下特点：

1．电气事故危害大

电气事故的发生伴随着危害和损失，严重的电气事故不仅带来重大的经济损失，甚至还可造成人员的伤亡。发生事故时，电能直接作用于人体，会造成电击；电能转换为热能作用于人体，会造成烧伤或烫伤；电能脱离正常的通道，会形成漏电、接地或短路，构成火灾、爆炸的起因。

电气事故在工伤事故中占有不小的比例，据有关部门统计，我国触电死亡人数占全部事故死亡人数的 5%左右。

2．电气事故危害直观识别难

由于电既看不见、听不见又嗅不着，其本身不具备为人们直观识别的特征。由电所引发的危险不易为人们所察觉、识别和理解。因此，电气事故往往来得猝不及防、潜移默化。也正因为此，给电气事故的防护以及人员的教育和培训带来难度。

3．电气事故涉及领域广

这个特点主要表现在两个方面。首先，电气事故并不仅仅局限在用电领域的触电、设备和线路故障等，在一些非用电场所，因电能的释放也会造成灾害或伤害。例如，雷电、静电和电磁场危害等都属于电气事故的范畴。其次，电能的使用极为广泛，不论是生产还是生活，不论是工业还是农业，不论是科研还是教育文化部门，不论是政府机关还是娱乐休闲场所，都广泛使用电。哪里使用电，哪里就有可能发生电气事故，哪里就必须考虑电气事故的防护问题。

4．电气事故的防护研究综合性强

一方面，电气事故的机理除了电学之外，还涉及许多学科，因此电气事故的研究不仅要研究电学，还要同力学、化学、生物学、医学等许多其他学科的知识综合起来进行研究。另一方面，在电气事故的预防上，既有技术上的措施，又有管理上的措施，这两方面是相辅相成、缺一不可的。在技术方面，预防电气事故主要是进一步完善传统的电气安全技术，研究新出现电气事故的机理及其对策，开发电气安全领域的新技术等。在管理方面，主要是健全和完善各种电气安全组织管理措施。一般来说，电气事故的共同原因是安全组织措施不健全和安全技术措施不完善。实践表明，即使有完善的技术措施，如果没有相适应的组织措施，仍然会发生电气事故。因此，必须重视防止电气事故的综合措施。

电气事故是具有规律性的，且其规律是可以被人们认识和掌握的。在电气事故中，大量的事故都具有重复性和频发性。无法预料、不可抗拒的事故毕竟是极少数。人们在长期的生产和生活实践中，已经积累了同电气事故作斗争的丰富经验，各种技术措施、各种安全工作规程及有关电气安全规章制度，都是这些经验和成果的体现，只要依照客观规律办事，不断完善电气安全技术措施和管理措施，电气事故是可以避免的。

（二）电气事故的类型

根据能量转移论的观点，电气事故是由于电能非正常地作用于人体或系统所造成的。根据电能的不同作用形式，可将电气事故分为触电事故、静电危害事故、雷电灾害事故、电磁场危害和电气系统故障危害事故等。

1．触电事故

当人体因接触或接近带电体而引起局部受伤或死亡的现象称为触电。按照触电事故的构成方式，触电事故可分为电击和电伤。

（1）电击

按照发生电击时电气设备的状态，电击可分为直接接触电击和间接接触电击，直接接触电击是触及设备和线路正常运行的带电体发生的电击（如误触接线端子发生的电击），也称为正常状态下的电击。间接接触电击是触及正常状态下不带电，而当设备或线路故障时意外带电的导体发生的电击（如触及漏电设备的外壳发生的电击），也称为故障状态下的电击。由于二者发生事故的条件不同，所以防护技术也不相同。

电击是电流通过人体，刺激机体组织，使肌肉非自主地发生痉挛性收缩而造成的伤害，严重时会破坏人的心脏、肺部、神经系统的正常工作，形成危及生命的伤害。电击对人体的效应是由通过的电流决定的，而电流对人体的伤害程度是与通过人体电流的强度、种类、持续时间、通过途径及人体状况等多种因素有关。

按照人体触及带电体的方式，电击可分为以下几种情况：

①单相触电。单相触电是指人体接触到地面或其他接地导体的同时，人体另一部位触及某一相带电体所引起的电击。单相触电的危险程度除与带电体电压高低、人体电阻、鞋和地面状态等因素有关外，还与人体离接地点的距离以及配电网对地运行方式有关。一般情况下，接地电网中发生的单相触电比不接地电网中的危险性大。根据国内外的统计资料，单相触电事故占全部触电事故的70%以上。因此，防止触电事故的安全技术措施应将单相触电作为重点。

②两相触电。两相触电是指人体的两个部位同时触及两相带电体所引起的电击。在此情况下，人体所承受的电压为三相系统中的线电压，因电压相对较大，其危险性也较大。

③跨步电压触电。人体进入地面带电的区域时，两脚之间承受的电压称为跨步电压。由跨步电压造成的电击称为跨步电压电击。

如图 1-35 所示，当电流流入地下时（这一电流称为接地电流），电流自接地体向四周流散（这时的电流称为流散电流），于是接地点周围的土壤中将产生电压降，接地点周围地面将呈现不同的对地电压。接地体周围各点对地电压至接地体的距离大致保持反比关系。因此，人站在接地点周围时，两脚之间可能承受一定电压，遭受跨步电压电击。

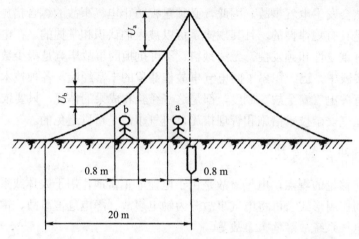

图 1-35　对地电压曲线及跨步电压

可能发生跨步电压电击的情况有：带电导体特别是高压导体故障接地时或接地装置流过故障电流时，流散电流在附近地面各点产生的电位差可造成跨步电压电击。正常时有较大工作电流流过接地装置附近，流散电流在地面各点产生的电位差，可造成跨步电压电击；防雷装置遭受雷击或高大设施、高大树木遭受雷击时，可造成跨步电压电击。

跨步电压的大小受接地电流大小、鞋和地面特征、两脚之间的跨距、两脚的方位以及离接地点的远近等很多因素影响。人的跨距一般按 0.8 m 考虑。图 1-35 中 a、b 两人都承受跨步电压。由于对地电位曲线离开接地点由陡而缓的下降特征，a 承受的跨步电压高于 b 承受的跨步电压。当两脚与接地点等距离时（设接地体具体几何对称的特点），两脚之间是没有跨步电压的。因此，离接地点越近，只是有可能承受而并一定承受越大的跨步电压。由于跨步电压受很多因素的影响，以及由于地面电位分布的复杂性，几个人在同一地带（如同一棵大树下或同一故障接地点附近）遭受跨步电压电击完全可能出现截然不同的后果。

（2）电伤

电伤是电流的热效应、化学效应、机械效应等对人体所造成的伤害。此伤害多见于机体的外部，往往在机体表面留下伤痕。能够形成电伤的电流通常比较大。电伤属于局部伤害，其危险程度取决于受伤面积、受伤深度、受伤部位等。电伤包括电烧伤、电烙印、皮肤金属化、机械损伤、电光眼等多种伤害。

①电烧伤。电烧伤是由电流的热效应造成的伤害，是最为常见的电伤，大部分触电事故都含有电烧伤成分。电烧伤可分为电流灼伤和电弧烧伤。

电流灼伤是人体与带电体接触，电流通过人体由电能转换成热能而造成的伤害。由于人体与带电体的接触面积一般都不大且皮肤电阻又比较高，因而在皮肤与带电体接触部位产生的热量就较多，因此，皮肤受到的灼伤比体内严重得多。电流越大、通电时间越长、电流途径上的电阻越大，则电流灼伤越严重。由于接近高压带电体时会发生击穿放电，因此，电流灼伤一般发生在低压电气设备上。因电压较低，所以形成电流灼伤的电流不太大。但数百毫安的电流即可造成灼伤，数安的电流则会形成严重的灼伤。在高频电流下，因皮肤电容的旁路作用，有可能发生皮肤仅有轻度灼伤而内部组织却被严重灼伤的情况。

电弧烧伤是由弧光放电造成的烧伤，分为直接电弧烧伤和间接电弧烧伤。直接电弧烧伤发生在带电体与人体之间，是有电流通过人体的烧伤；间接电弧烧伤发生在人体附近对人体形成的间接烧伤，以及被熔化金属溅落的烫伤。

直接电弧烧伤是与电击同时发生的。弧光放电时电流很大、能量也很大、电弧温度高达数千摄氏度，可造成大面积的深度烧伤，严重时能将机体组织烘干、烧焦。电弧烧伤既可以发生在高压系统，也可以发生在低压系统。在低压系统，带负荷（尤其是感性负载）拉开裸露的闸刀开关时，产生的电弧会烧伤操作者的手部和面部；当线路发生短路，开启式熔断器熔断时，炽热的金属微粒飞溅出来会造成烧伤；因误操作引起短路也会导致电弧烧伤等。在高压系统，由于误操作，会产生电弧，造成严重的烧伤；人体过分接近带电体，其间距小于放电距离时，直接产生强烈的电弧，造成电弧烧伤，严重时会因电弧烧伤而死亡。

在全部电烧伤的事故当中，大部分事故发生在电气维修人员身上。因此，预防电伤事故具有重要的意义。

②电烙印。电烙印是电流通过人体后，在皮肤表面接触部位留下与接触带电体形状相似的斑痕，如同烙印。斑痕处皮肤呈现硬变，表层坏死，失去知觉。

③皮肤金属化。皮肤金属化是在电弧高温的作用下，金属熔化、汽化、金属微粒沉积于皮肤，使皮肤粗糙而紧张的伤害。皮肤金属化多与电弧烧伤同时发生。

④机械损伤。机械损伤多数是由于电流作用于人体时，人的中枢神经反射使肌肉产生非自主的剧烈收缩所造成的。其损伤包括肌腱、皮肤、血管、神经组织断裂以及关节脱位乃至骨折等。

⑤电光眼。电光眼是发生弧光放电时，由红外线、可见光、紫外线对眼睛的伤害。在短暂照射的情况下，引起电光眼的主要原因是紫外线。电光眼的表现为角膜和结膜发炎。

尽管触电事故只是电气事故中的一种，但触电事故是最常见的电气事故，而且大部分触电事故都是在用电过程中发生。因此，研究触电事故的预防是电气安全技术的重要课题。

2. 静电危害事故

静电危害事故是由静电电荷或静电场能量引起的。在生产工艺过程中以及操作人员的操作过程中，某些材料的相对运动、接触与分离等原因导致了相对静止的正电荷和负电荷的积累，即产生了静电。由此产生的静电其能量不大，不会直接使人致命。但是，其电压可能高达数十千伏乃至数百千伏，发生放电，产生放电火花。静电危害事故主要有以下几个方面：

①在有爆炸和火灾危险的场所，静电放电火花会成为可燃性物质的点火源，造成爆炸和火灾事故。

②人体因受到静电电击的刺激，可能引发二次事故，如坠落、跌伤等。此外，对静电电击的恐惧心理还会对工作效率产生不利影响。

③某些生产过程中，静电的物理现象会对生产产生妨碍，导致产品质量不良，电子设备损坏，造成生产故障，乃至停工。

3．雷电危害事故

雷电是大气中的一种放电现象。雷电放电具有电流大、电压高的特点。其能量释放出来可能形成极大的破坏力。其破坏作用主要有以下几个方面：

①直击雷放电、二次放电、雷电流的热量会引起火灾和爆炸。

②雷电的直接击中、金属导体的二次放电、跨步电压的作用及火灾与爆炸的间接作用，均会造成人员的伤亡。

③强大的雷电流、高电压可导致电气设备击穿或烧毁。发电机、变压器、电力线路等遭受雷击，可导致大规模停电事故。雷击可直接毁坏建筑物、构筑物。

4．射频电磁场危害

射频指无线电波的频率或者相应的电磁振荡频率，泛指 100 kHz 以上的频率。射频伤害是由电磁场的能量造成的。射频电磁场的危害主要有：

①在射频电磁场作用下，人体因吸收辐射能量会受到不同程度的伤害。过量的辐射可引起中枢神经系统的机能障碍，出现神经衰弱症候群等临床症状；可造成植物神经紊乱，出现心率或血压异常，如心动过缓、血压下降或心动过速、高血压等；可引起眼睛损伤，造成晶体浑浊，严重时导致白内障；可使睾丸发生功能失常，造成暂时或永久的不育症，并可能使后代产生疾患；可造成皮肤表层灼伤或深度灼伤等。

②在高强度的射频电磁场作用下，可能产生感应放电。会造成电引爆器件发生意外引爆。感应放电对具有爆炸、火灾危险的场所来说是一个不容忽视的危险因素。此外，当受电磁场作用感应出的感应电压较高时，会给人以明显的电击。

5．电气系统故障危害

电气系统故障危害是由于电能在输送、分配、转换过程中失去控制而产生的。断线、短路、异常接地、漏电、误合闸、误掉闸、电气设备或电气元件损环、电子设备受电磁干扰而发生误动作等都属于电路故障。系统中电气线路或电气设备的故障也会导致人员伤亡及重大财产损失。电气系统故障危害主要体现在以下几方面：

①引起火灾和爆炸。线路、开关、熔断器、插座、照明器具、电热器具、电动机等均可能引起火灾和爆炸；电力变压器、多油断路器等电气设备不仅有较大的火灾危险，还有爆炸的危险。在火灾和爆炸事故中，电气火灾和爆炸事故占有很大的比例。就引起火灾的原因而言，电气原因仅次于一般明火而位居第二。

②异常带电。电气系统中，原本不带电的部分因电路故障而异常带电，可导致触电事故发生。例如：电气设备因绝缘不良产生漏电，使其金属外壳带电；高压电路故障接地时，在接地处附近呈现出较高的跨步电压，形成触电的危险条件。

③异常停电。在某些特定场合，异常停电会造成设备损坏和人身伤亡。如正在浇注钢水的吊车，因骤然停电而失控，导致钢水洒出，引起人身伤亡事故；医院手术室可能因异常停电而被迫停止手术，无法正常施救而危及病人生命；排放有毒气体的风机因异常停电而停转，致使有毒气体超过允许浓度而危及人身安全等；公共场所发生异常停电，

会引起妨碍公共安全的事故；异常停电还可能引起电子计算机系统的故障，造成难以挽回的损失。

（三）触电事故的规律

为防止触电事故，应当了解触电事故的规律。根据对触电事故的分析，从触电事故的发生率上看，可找到以下规律：

1. 触电事故季节性明显

统计资料表明，每年二三季度事故多。特别是6—9月，事故最为集中。主要原因为，一是这段时间天气炎热、人体衣单而多汗，触电危险性较大；二是这段时间多雨、潮湿，地面导电性增强，容易构成电击电流的回路，而且电气设备的绝缘电阻降低，容易漏电；三是这段时间在大部分农村都是农忙季节，农村用电量增加，触电事故因而增多。

2. 低压设备触电事故多

国内外统计资料表明，低压触电事故远远多于高压触电事故。其主要原因是低压设备远远多于高压设备，与之接触的人比与高压设备接触的人多得多，而且都比较缺乏电气安全知识。应当指出，在专业电工中情况是相反的，即高压触电事故比低压触电事故多。

3. 携带式设备和移动式设备触电事故多

一方面，携带式设备和移动式设备触电事故多的主要原因是这些设备是在人的紧握之下运行，不但接触电阻小，而且一旦触电就难以摆脱电源；一方面，这些设备需要经常移动，工作条件差，设备和电源线都容易发生故障或损坏；此外，单相携带式设备的保护零线与工作零线容易接错，也会造成触电事故。

4. 电气连接部位触电事故多

大量触电事故的统计资料表明，很多触电事故发生在接线端子、缠接接头、压接接头、焊接接头、电缆头、灯座、插销、插座、控制开关、接触器、熔断器等分支线、接户线处。主要是由于这些连接部位机械牢固性较差、接触电阻较大、绝缘强度较低以及可能发生化学反应的缘故。

5. 错误操作和违章作业造成的触电事故多

大量触电事故的统计资料表明，有85%以上的事故是由于错误操作和违章作业造成的。其主要原因是由于安全教育不够、安全制度不严和安全措施不完善、操作者素质不高等。

6. 不同行业触电事故不同

冶金、矿业、建筑、机械行业触电事故多。由于这些行业的生产现场经常伴有潮湿、高温、现场混乱、移动式设备和携带式设备多以及金属设备多等不安全因素，以致触电事故多。

7. 不同年龄段的人员触电事故不同

中青年工人、非专业电工、合同工和临时工触电事故多。其主要原因是这些人是主要操作者，经常接触电气设备；而且这些人经验不足，又比较缺乏电气安全知识，其中有的责任心还不够强，以致触电事故多。

8. 不同地域触电事故不同

部分省市统计资料表明，农村触电事故明显多于城市，发生在农村的事故约为城市的

3 倍。

从造成事故的原因上看，由于电气设备或电气线路安装不符合要求，会直接造成触电事故；由于电气设备运行管理不当，使绝缘损坏而漏电，又没有切实有效的安全措施，也会造成触电事故；由于制度不完善或违章作业，特别是非电工擅自处理电气事务，很容易造成电气事故；接线错误，特别是插头、插座接线错误造成了很多触电事故；高压线断落地面可能造成跨步电压触电事故等。应当注意，很多触电事故都不是由单一原因，而是由两个以上的原因造成的。

触电事故的规律不是一成不变的。在一定的条件下，触电事故的规律也会发生一定的变化。例如，低压触电事故多于高压触电事故在一般情况下是成立的，但对于专业电气工作人员来说情况往往是相反的。因此，应当在实践中不断分析和总结触电事故的规律，为做好电气安全工作积累经验。

上述规律对于电气安全检查、电气安全工作计划、实施电气安全措施以及电气设备的设计、安装和管理等工作提供了重要的依据。

二、电流对人体的作用

电流对人体作用的规律，可用来定量地分析触电事故，也可以运用这些规律，科学地评价一些防触电措施和设施是否完善、科学地评定一些电气产品是否合格等。

（一）作用于人体电流的划分

对于工频交流电，按照通过人体的电流大小而使人体呈现不同的状态，可将电流划分为三级。

1. 感知电流

引起人的感觉的最小电流称为感知电流。人接触这样的电流会有轻微麻感。实验表明，成年男子平均感知电流约为 1.1 mA，成年女性约为 0.7 mA。

感知电流一般不会对人体造成伤害，但是接触时间长，表皮被电解后电流增大时，感觉增强、反应变大，可能导致坠落等二次事故。

2. 摆脱电流

当通过人体的电流超过感知电流并不断增大时，触电者会肌肉收缩，发生痉挛而紧握带电体，不能自行摆脱带电体。人触电后能自行摆脱电源的最大电流称为摆脱电流。一般成年男子平均摆脱电流约为 16 mA，成年女性约为 10.5 mA，儿童较成年人小。

摆脱电流是人体可以忍受而一般不会造成危险的电流。电流超过摆脱电流以后，会感到异常痛苦、恐慌和难以忍受。如时间过长，则可能昏迷、窒息甚至死亡。因此，人摆脱电源的能力随着触电时间的延长而降低。

3. 致命电流

在较短时间内危及生命的电流称为致命电流。电流达到 50 mA 以上，就会引起心室颤动，有生命危险；100 mA 以上的电流，则足以致死。而接触 30 mA 以下的电流通常不会有生命危险。不同电流对人体的影响见表 1-3。

表 1-3　不同电流对人体的影响

电流/mA	通电时间	工频电流 人体反应	直流电流 人体反应
0~0.5	连续通电	无感觉	无感觉
0.5~5	连续通电	有麻刺感、疼痛、无痉挛	无感觉
5~10	数分钟内	痉挛、剧痛、但可摆脱电源	有针刺感、压迫感及灼热感
10~30	数分钟内	迅速麻痹、呼吸困难、血压升高、不能摆脱电源	压痛、刺痛、灼热强烈、有抽搐
30~50	数秒~数分	心跳不规则、昏迷、强烈痉挛、心脏开始颤动	感觉强烈、有剧痛、痉挛
50至数百	低于心脏搏动周期	受强烈冲击，但没发生心室颤动	剧痛、强烈痉挛、呼吸困难或麻痹
	超过心脏搏动周期	昏迷、心室颤动、呼吸麻痹、心脏麻痹或停跳	

（二）影响电流对人体作用的因素

电流作用于人体的机理是一个复杂的过程，影响因素很多。对于同样的情况，不同的人产生的生理效应也不相同；即使同一个人，在不同的环境、不同的生理状态下，生理效应也不相同。为了确保人类用电的安全，国际电工委员会（IEC）试验数据告诉我们，电对人体的危害主要来自电流。电流对人体伤害的程度与以下几个方面有关：

1. 通过人体的电流大小

通过人体的电流越大，人的生理反应和病理反应越明显，引起心室颤动所用的时间越短，致命的危险性越大。

2. 电流通过人体的持续时间

电流持续时间与伤害程度有密切关系，通电时间短，对肌体的影响小；通电时间长，对肌体伤害就大，危险性也增大，特别是电流持续流过人体的时间超过人的心脏搏动周期时对心脏的威胁很大，极易产生心室纤维性颤动。这主要是因为：

（1）能量积累

电流持续时间愈长，能量积累愈多；心室颤动电流减小，使危险性增加。当持续时间在 0.01~5 s 时，心室颤动电流和电流持续时间的关系可用下式表达：

$$I = \frac{116}{\sqrt{t}} \tag{1-50}$$

式中：I ——心室颤动电流，单位为毫安（mA）；

　　　t ——电流持续时间，单位为秒（s）。

或者用下式表达：当 $t \geq 1\,\text{s}$ 时：$I = 50\,\text{mA}$

当 $t < 1\,\text{s}$ 时：$I \cdot t = 50\,\text{mA} \cdot \text{s}$

（2）与易损期重合的可能性增大

在心脏周期中，相应于心电图上约 0.2 s 的 T 波这一特定时间对电流最为敏感，被称为易损期。电流持续时间愈长，与易损期重合的可能性就愈大，电击的危险性就愈大。

（3）人体电阻下降

电流持续时间越长，人体电阻因出汗等原因而下降，使通过人体的电流进一步增加，危险性也随之增加。

3．电流通过人体的途径

人体在电流的作用下，没有绝对安全的途径。电流通过心脏会引起心室颤动直至心脏停止跳动而导致死亡；电流通过中枢神经及有关部位，会引起中枢神经强烈失调而导致死亡；电流通过头部，严重损伤大脑，也可能使人昏迷不醒而死亡；电流通过脊髓会使人截瘫；电流通过人的局部肢体也可能引起中枢神经强烈反射而导致严重后果。上述伤害中，以电流流过心脏伤害的危险性为最大。因此，流经心脏的电流多、电流路线短的途径是危险性最大的途径。

电流越多、电流路线越短的途径是电击危险性越大的途径。可用心脏电流因数粗略衡量不同电流途径的危险程度。心脏电流因数是表明电流途径影响的无量纲系数。如通过人体左手至脚途径的电流 I_0，与通过人体某一途径的电流 I 引起心室颤动的危险性相同，则该途径的心脏电流因数为不同途径的心脏电流因数，见表1-4。

表1-4　心脏电流因数

电流途径	心脏电流因数
左手——左脚、右脚或双脚	1.0
双手——双脚	1.0
左手——右手	0.4
右手——左脚、右脚或双脚	0.8
背——右手	0.3
背——左手	0.7
胸——右手	1.3
胸——左手	1.5
臀部——左手、右手或双手	0.7

4．电流的种类和频率

电流的种类和频率不同，触电的危险性也不同，根据实验可以知道，25～300 Hz 的交流电流对人体伤害最严重，交流电比直流电危险程度略为大一些，频率很低或者很高的电流触电危险性比较小一些。

（1）直流电流的作用

在接通和断开瞬间，直流平均感知电流约为 2 mA。300 mA 以下的直流电流没有确定的摆脱电流值；300 mA 以上的直流电流将导致不能摆脱或数秒至数分钟以后才能摆脱带电体。电流持续时间超过心脏搏动周期时，直流室颤电流为交流的数倍；电流持续时间 200 ms 以下时，直流室颤电流与交流大致相同。

（2）100 Hz 以上电流的作用

通常引进频率因数评价高频电流电击的危险性。频率因数是通过人体的某种频率电流与有相应生理效应的工频电流之比。100 Hz 以上电流的频率因数都大于1。当频率超过 50 Hz 时，频率因数由慢至快逐渐增大。

感知电流、摆脱电流与频率的关系可按图 1-36 确定。图中，1、2、3 为感知电流曲线，感知概率分别为 0.5%、50%、99.5%；4、5、6 为摆脱电流曲线，摆脱概率分别为 99.5%、50%和 99.5%。

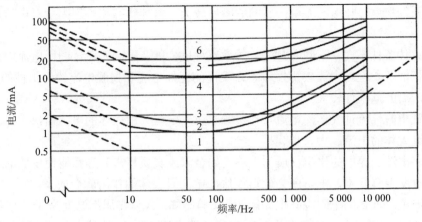

图 1-36　感知电流、摆脱电流与频率曲线

（3）高频电流的作用

高频电流作用于人体，由于电流的高频集肤效应使得高频情况下电流大部分流经人体表皮，避免了内脏的伤害，所以生命危险小一些。但是集肤效应会导致表皮严重烧伤。触电危险与电流频率的关系曲线图如图 1-36 所示。

（4）冲击电流的作用

冲击电流指作用时间不超过 0.1～10 ms 的电流，包括方脉冲波电流、正弦脉冲波电流和电容放电脉冲波电流。冲击电流对人体的作用有感知界限、疼痛界限和室颤界限，没有摆脱界限。冲击电流的疼痛界限常用比能量 I^2t 表示。在电流流经四肢、接触面积较大的情况下，疼痛界限为 $10×10^{-6}～50×10^{-6}$ A^2s。对于左手至双脚的电流途径，冲击电流的室颤界限见图 1-37，图中 C_1 以下是不发生室颤的区域；C_1 与 C_2 之间是低度（概率 5%以下）室颤危险的区域；C_2 与 C_3 之间是中等（概率 50%）室颤危险的区域；C_3 以上是高度（概率 50%以上）室颤危险的区域。

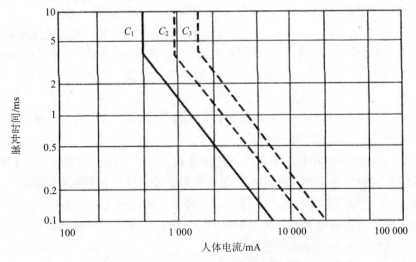

图 1-37　冲击电流的室颤阈值

5．触电者的体质和健康状况以及周围环境条件

身体健康、肌肉发达者摆脱电流较大，室颤电流约与心脏质量成正比。患有心脏病、中枢神经系统疾病、肺病的人电击后的危险性较大。精神状态和心理因素对电击后果也有影响。

随着人体条件不同，不同人对电流的敏感程度，以及不同人通过同样电流的危险程度都不完全相同。女性对电流较男性敏感，女性的感知电流和摆脱电流约为男性的 2/3。儿童遭受电击后的危险性较大。

人体触电时，流过人体的电流（当接触电压一定时）由人体的电阻值决定，人体电阻越小，流过人体的电流越大，也就越危险。

潮湿、出汗、导电的化学物质和尘埃（如金属或炭质粉末）等都能使皮肤的电阻显著下降。若皮肤上有汗水，电阻就会变得很低，电流对人体的作用就会增大。

环境温度对人体的电阻也有很大影响。实验得知，人体在周围温度为 45℃时的电阻较在 18℃时减小一半以上。一个人若在 45℃的环境中停留 1 h，他的电阻就会比作短时间停留时小，当他回到低温的环境中时，电阻又会突然增大。

三、触电急救

发现有人触电，切不可惊慌失措，束手无策。应按"迅速、就地、准确、坚持"八字急救原则，根据触电的具体情况，进行相应的救治。

人触电以后，会出现神经麻痹、呼吸中断、心脏停止跳动等症状，外表上呈现昏迷不醒的状态，但不应该认为是死亡，而应该看作是假死，并且迅速而持久地进行抢救。有触电者经 4 h 或更长时间的人工呼吸而得救的事例。国外有个材料表明，从触电后 1 min 开始救治，90%有良好效果；从触电后 6 min 开始救治者，10%有良好效果，而从触电后 12 min 开始救治者，救活的可能性极小。由此可知，动作迅速是非常重要的。

（一）脱离电源

人触电以后，可能由于痉挛或失去知觉等原因而紧抓带电体，不能自行摆脱电源。这时，使触电者尽快脱离电源是救触电者的首要因素。

1．对于低压触电事故，可采用"拉"、"切"、"挑"、"拽"和"垫"使触电者脱离电源

① "拉"。如果触电地点附近有电源开关或电源插销，可立即拉开开关或拔出插销，断开电源。但应注意，由于错误的控制，开关控制的是零线，虽然拉开了开关，但并未断开电源。

② "切"。如果触电地点附近没有电源开关或电源插销，可用带有绝缘柄的电工钳或有干燥木柄的斧头砍断电线，断开电源。

③ "挑"。当电线搭落在触电者身上或被压在身下时，可用干燥的衣服、手套、绳索、木板、木棒等绝缘物作为工具，挑开电线或拉开触电者，使触电者脱离电源。

④ "拽"。如果触电者的衣服是干燥的，又没有紧缠在身上，可以用一只手抓住他的衣服，拉离电源。但因触电者的身体是带电的，其鞋的绝缘也可以遭到破坏，救护人不得接触触电者的皮肤，也不能抓他的鞋。

⑤ "垫"。用木板等绝缘物插入触电者身下，以隔断电源。

2．对于高压触电事故，可采用下列方法使触电者脱离电源

①立即通知有关部门停电。

②戴上绝缘手套，穿上绝缘靴，用相应电压等级的绝缘工具拉开开关。

③抛掷裸金属线使线路短路接地，迫使保护装置动作，断开电源。注意抛掷金属线前，先将金属线的一端可靠接地，然后抛掷另一端；注意抛掷的一端不可触及触电者和其他人。

上述使触电者脱离电源的办法，应根据具体情况，以快为原则选择采用。在实施过程中，要遵循以下注意事项：

一是救护人员不可直接用手或其他金属或潮湿的物件作为救护工具，而必须使用绝缘的工具，救护人最好用一只手操作，以防自己触电。

二是防止触电者脱离电源后可能的摔伤。特别是当触电者在高处的情况下，应考虑防摔措施。即使触电者在平地，也要注意触电者倒下的方向，注意防摔。

三是要避免扩大事故，如触电事故发生在夜间，应迅速解决临时照明，以利于抢救。

（二）现场急救方法

当触电者脱离电源后，应根据触电者的具体情况，迅速对症救护。现场应用的主要救护方法是人工呼吸法和胸外心脏挤压法。

1．对症救护

触电者需要救治，大体按以下三种情况分别处理：

①如果触电者伤势不重、神志清醒，但有些心慌、四肢发麻、全身无力；或者触电者在触电过程中曾一度昏迷，但已清醒过来，应使触电者安静休息，不要走动，严密观察，并请医生前来诊治或送往医院。

②如果触电者伤势较重，已失去知觉，但心脏跳动和呼吸还存在，应使触电者舒适、安静地平卧；周围不围人，保证空气流通；解开他的衣服以利于呼吸；如天气冷，要注意保温；除了要严密观察外，还要做好人工呼吸和胸外心脏挤压的准备工作，并速请医生诊治或送往医院。

③如果触电者伤势严重，呼吸停止或心脏跳动停止，或二者都已停止，应立即施行人工呼吸和胸外心脏挤压，并速请医生诊治或送往医院。

应当注意：急救要尽快地进行，不能等候医生的到来再进行；在送往医院的途中，也不能中止急救。

2．人工呼吸法

人工呼吸是在触电者呼吸系统停止后应用的急救方法。在各种人工呼吸法中，以口对口（鼻）人工呼吸法效果最好，而且简单易学，容易掌握。

施行人工呼吸前，应迅速将触电者身上阻碍呼吸的衣领、上衣、裤带等解开，并迅速取出触电者口腔内妨碍呼吸的食物、脱离的假牙、血块、黏液等，以免堵塞呼吸道。

在做口对口（鼻）人工呼吸时，应使触电者仰卧，并使其头部充分后仰（最好用一只手托在触电者颈后）至鼻孔朝上，以利于呼吸畅通。口对口（鼻）人工呼吸法操作步骤如下：

①使触电者鼻孔或口紧闭，救护人深吸一口气后紧贴触电者的口或鼻向内吹气，如图1-38所示，为时约2s。

②吹气完毕，立即离开触电者的口或鼻，并松开触电者的鼻孔或嘴唇让他自行呼气，如图 1-39 所示，为时约 3 s。

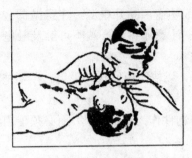

图 1-38　贴紧吹气

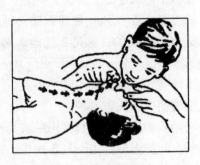

图 1-39　放松换气

触电者如系儿童，只可小口吹气，以免肺泡破裂。如发现触电者胃部充分膨胀，可一面用手轻轻加压于其上腹部，一面继续吹气和换气。如果无法使触电者把口张开，可改用口对鼻人工呼吸法。

除口对口（鼻）人工呼吸法外，以前还用过两种人工呼吸法，即俯卧压背法和仰卧牵臂法。仰卧牵臂法和俯卧压背法应用过相当长一段时间，目前还有应用。但与口对口（鼻）人工呼吸法相比，这两种方法比较落后。人工呼吸法不仅简单易做，便于和胸外心脏挤压法同时进行，而且换气量也大得多。口对口（鼻）人工呼吸法每次换气量约 1 000～1 500 mL，仰卧牵臂法约 800 mL，俯卧压背法约 400 mL。由此可见，在现场应优先考虑应用口对口（鼻）人工呼吸法。

3．胸外心脏挤压法

胸外心脏挤压法是触电者心脏跳动停止后的急救方法。在做胸外心脏挤压时，应使触电者仰卧在比较坚实的地方，姿式与口对口（鼻）人工呼吸法相同。操作方法如下：

①救护人跪在触电者一侧或骑跪在其腰部两侧面，两手相叠，手掌根部放在心窝上方、胸骨下 1/3～1/2 处，如图 1-40、图 1-41 所示。

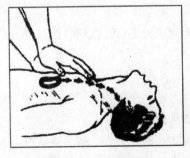

图 1-40　向下挤压

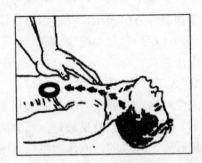

图 1-41　迅速放松

②掌根用力垂直向下（脊背方向）挤压，压出心脏里面的血液，如图 1-40 所示。对成年人应压陷 3～4 cm。每秒钟挤压一次，每分钟挤压 60 次为宜。

③挤压后掌根迅速全部放松，让触电者胸部自动复原，血液充满心脏。放松时掌根不

必完全离开胸部，如图 1-41 所示。

触电者如系儿童，可以只用一只手挤压，用力要轻一些，以免损害胸骨；而且每分钟宜挤压 100 次左右。

应当指出，心脏跳动和呼吸是互相联系的，心脏跳动停止了，呼吸很快就会停止；呼吸停止了，心脏跳动也维持不了多久，一旦呼吸和心脏跳动都停止了，应当同时进行口对口（鼻）人工呼吸和胸外心脏挤压。如果现场仅一个人抢救，两种方法应交替进行，每吹气 2～3 次，再挤压 10～15 次，而且吹气和挤压的速度都应当提高一些，以不降低抢救效果。

施行人工呼吸和胸外心脏挤压抢救要坚持不断，切不可轻率中止。送往医院途中，也不能中止抢救。抢救过程中，如发现触电者皮肤由紫变红，瞳孔由大变小，则说明抢救收到了效果，如果发现触电者嘴唇稍有开合，或眼皮活动，或喉咙间有咽东西的动作，则应注意其是否有自动心脏跳动自动呼吸。触电者能自己开始呼吸时，即可以停止人工呼吸。如果人工呼吸停止后，触电者仍不能自己维持呼吸，则应立即再做人工呼吸。急救过程中，如果触电者身上出现尸斑或身体僵冷，经医生作出无法救活的诊断后方可停止抢救。

（三）急救用药要求

触电急救用药应注意以下三点：
①任何药物都不能代替人工呼吸和胸外心脏挤压。
②要慎重使用肾上腺素。
③对于触电者的外伤，应根据情况酌情处理。

第二章
直接接触电击的防护技术

直接接触电击的基本防护原则是：应当使危险的带电部分不会被有意或无意地触及。本章所介绍的是最为常用的直接接触电击的防护措施，即绝缘、屏护和间距。这些措施是各种电气设备都必须考虑的通用安全措施，其主要作用是防止人体触及或过分接近带电体造成触电事故以及防止短路、故障接地等电气事故。

第一节　绝　缘

一、概述

绝缘是用绝缘材料将带电体封闭起来，实现带电体之间、带电体与其他物体之间的电气隔离。绝缘能使设备长期安全、正常地工作，同时还可以防止人体触及带电部分，避免发生触电事故，所以绝缘在电气安全中有着十分重要的作用。良好的绝缘是设备和线路正常运行的必要条件，也是防止触电事故的重要措施。

绝缘材料又称为电介质，它是指能够阻止电流通过的材料，即电阻率很大，导电能力很差的物质的总称。绝缘材料并非绝对不导电，在直流电压作用下，有极其微弱的电流通过，所以在一般情况下可忽略绝缘材料微弱的导电性，而把它看成理想的绝缘体。工程上应用的绝缘材料的电阻率一般都不低于$1 \times 10^7 \Omega \cdot m$。

绝缘材料的主要作用是用于对带电的或不同电位的导体进行隔离，使电流按照确定的线路流动。

绝缘材料具有很强的隔电能力，被广泛地应用在许多电器、电气设备、装置及电气工程上。绝缘材料的品种很多，一般分为：①气体绝缘材料，常用的有空气、氮、氢、二氧化碳和六氟化硫等；②液体绝缘材料，常用的有从石油原油中提炼出来的绝缘矿物油，十二烷基苯、聚丁二烯、硅油和三氧联苯等合成油以及蓖麻油；③固体绝缘材料，常用的有树脂绝缘漆、纸、纸板等绝缘纤维制品，漆布、漆管和绑扎带等绝缘浸渍纤维制品，绝缘云母制品，电工用薄膜、复合制品和粘带，电工用层压制品，电工用塑料和橡胶，玻璃、陶瓷等。

二、绝缘材料的电气性能

电气设备的质量和使用寿命在很大程度上取决于绝缘材料的电、热、机械和理化性能，而绝缘材料的性能和寿命与材料的组成成分、分子结构有着密切的关系。为了防止绝缘损坏造成的事故，应当按照规定严格检查绝缘性能。绝缘材料的电气性能用绝缘电阻、击穿强度、泄漏电流、介质损耗等指标来衡量。

（一）绝缘电阻

绝缘电阻是衡量绝缘性能优劣的最基本的指标。足够的绝缘电阻能将电气设备的泄漏电流限制在很小的范围内，防止由漏电引起的触电事故。

在几何尺寸、温度相同的情况下，绝缘电阻的大小主要由该绝缘材料的电阻率大小决定。为了检验绝缘性能的优劣，在绝缘材料的生产和应用中，经常需要测定其绝缘电阻率，包括体积电阻率和表面电阻率，而在绝缘结构的性能和使用中经常需要测定绝缘电阻。

温度、湿度、杂质含量和电场强度的增加都会降低绝缘材料的电阻率。

（二）击穿强度（耐压强度）

当施加于绝缘材料（电介质）上的电场强度高于临界值时，会使通过绝缘材料的电流突然猛增，这时绝缘材料被破坏，完全失去了绝缘性能，这种现象称为绝缘材料的击穿。发生击穿时的电压称为击穿电压，击穿时的电场强度简称为击穿场强。

不同电压等级的电气设备，要求其绝缘材料的耐压强度也不相同。

（三）泄漏电流

泄漏电流是线路或设备在外加电压作用下流经绝缘部分的电流。因此，它是衡量电气绝缘性能好坏的重要标志之一，也是产品安全性能的主要指标。

将泄漏电流限制在一个很小的范围，可以防止漏电引起的事故，这对提高产品安全性能具有重要作用。

（四）介质损耗

在交流电压作用下，绝缘材料（电介质）中的部分电能不可逆地转变成热能，这部分能量叫做介质损耗。单位时间内消耗的能量叫做介质损耗功率。介质损耗的一种是由漏导电流引起的，另一种是由于极化所引起的。介质损耗使介质发热，这是绝缘材料（电介质）发生热击穿的根源。

对电介质施加交流电压时，电介质中就有 3 种电流流过，即：充电电流 i_C、吸收电流 i_S 和泄漏电流 i_G。电介质中流过的电流与电压的相量关系如图 2-1 所示。

根据相量图 2-1 可知，总电流 $\dot{I}$ 与电压 $\dot{U}$ 的相位差 φ 就称为电介质的功率因数角，功率因数角的余角 δ 称为介质损耗角，δ 的正切 $\tan\delta$ 就称为介损因数。对于电气设备中使用的绝缘材料，要求它的 $\tan\delta$ 值越小越好。而当绝缘受潮或劣化时，因有功电流明显增加，会使 $\tan\delta$ 值剧烈上升。也就是说，$\tan\delta$ 能更敏感地反映绝缘质量。因此，在要求高的场合，需进行介质损耗试验。

影响绝缘材料介质损耗的因素主要有频率、温度、湿度、电场强度和辐射。影响过程比较复杂，从总的趋势上来说，随着上述因素的增强，介质损耗增加。

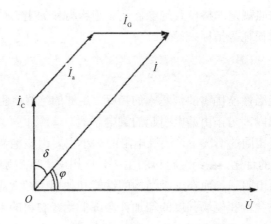

图 2-1　电介质中电流与电压的相量关系

三、绝缘的破坏

在电气设备的运行过程中，绝缘材料会由于电场、热、化学、机械、生物等因素的作用，使绝缘性能发生劣化，最终丧失绝缘性能。绝缘的破坏，有的是机械损伤，有的是电压过高或绝缘老化产生电击穿。

（一）绝缘击穿

1．气体绝缘材料的击穿

气体绝缘材料的击穿是由碰撞电离导致的电击穿。在强电场中，气体的带电质点（主要是电子）在电场中获得足够的动能，当它与气体分子发生碰撞时，能够使中性分子电离为正离子和电子。新形成的电子又在电场中积累能量而碰撞其他分子，使其电离，这就是碰撞电离。碰撞电离过程是一个连锁反应过程，每一个电子碰撞产生一系列新电子，则因而形成电子崩。电子崩向阳极发展，最后形成一条具有高电导的通道，导致气体击穿。

在均匀电场中，当温度一定，电极距离不变，气体压力很低时，气体中分子稀少，碰撞游离机会很少，因此击穿电压很高。随着气体压力的增大，碰撞游离增加，击穿电压有所下降，在某一特定的气压下出现最小值；但当气体压力继续升高，密度逐渐增大，平均自由行程很小，只有更高的电压才能使电子积聚足够的能量以产生碰撞游离，击穿电压也逐渐升高。利用此规律，在工程上常采用高真空和高气压的方法来提高气体的击穿场强。

空气的击穿场强为 25～30 kV/cm。气体绝缘材料击穿后，绝缘性能都能自行得到恢复。

2．液体绝缘材料的击穿

液体绝缘材料的击穿特性与其纯净度有关，一般认为纯净液体的击穿与气体的击穿机理相似，是由电子碰撞电离最后导致击穿。但液体的密度大、电子自由行程短、积聚能量小，因此击穿场强比气体高。工程上液体绝缘材料不可避免地含有气体、液体和固体杂质。如液体中含有乳化状水滴和纤维时，由于水和纤维的极性强，在强电场的作用下使纤维极化而定向排列，并运动到电场强度最高处连成小桥，小桥贯穿两电极间引起电导剧增，局部温度骤升，最后导致击穿。例如，变压器油中含有极少量水分就会大大降低油的击穿场强。

含有气体杂质的液体绝缘材料的击穿可用气泡击穿机理来解释。气体杂质的存在使液体呈现不均匀性，液体局部过热，气体迁移集中，在液体中形成气泡。由于气泡的相对介电常数较低，使得气泡内的电场强度较高，约为油内电场强度的2.2～2.4倍，而气体的临界场强比油低得多，致使气泡游离，局部发热加剧，体积膨胀，气泡扩大，形成连通两电极的导电小桥，最终导致整个绝缘材料击穿。

为此，在液体绝缘材料使用之前，必须对其进行纯化、脱水、脱气处理；在使用过程中应避免这些杂质的侵入。液体绝缘材料击穿后，绝缘性能在一定程度上可以得到恢复。

3. 固体绝缘材料的击穿

固体绝缘材料的击穿有：电击穿、热击穿、电化学击穿、放电击穿等形式。

①电击穿。这是固体绝缘材料在强电场作用下，其内少量处于导带的电子剧烈运动，与晶格上的原子（或离子）碰撞而使之游离，并迅速扩展下去导致的击穿。电击穿的特点是电压作用时间短、击穿电压高。电击穿的击穿场强与电场均匀程度密切相关，但与环境温度及电压作用时间几乎无关。

②热击穿。这是固体绝缘材料在强电场作用下，由于介质损耗等原因所产生的热量不能够及时散发出去，会因温度上升，导致绝缘材料局部熔化、烧焦或烧裂，最后造成击穿。热击穿的特点是电压作用时间长、击穿电压较低。热击穿电压随环境温度上升而下降，但与电场均匀程度关系不大。

③电化学击穿。这是固体绝缘材料在强电场作用下，由游离、发热和化学反应等因素的综合效应造成的击穿。其特点是电压作用时间长、击穿电压往往很低。它与绝缘材料本身的耐游离性能、制造工艺、工作条件等因素有关。

④放电击穿。这是固体绝缘材料在强电场作用下，内部气泡首先发生碰撞游离而放电，继而加热其他杂质，使之气化形成气泡，由气泡放电进一步发展，导致击穿。放电击穿的击穿电压与绝缘材料的质量有关。

固体绝缘材料一旦击穿，将失去其绝缘性能。

实际上，绝缘结构发生击穿，往往是电、热、放电、电化学等多种形式同时存在，很难截然分开。一般来说，采用 $\tan\delta$ 值大、耐热性差的绝缘材料的低压电气设备，在工作温度高、散热条件差时热击穿较为多见。而在高压电气设备中，放电击穿的概率就大些。脉冲电压下的击穿一般属电击穿。当电压作用时间达数十小时乃至数年时，大多数属于电化学击穿。

（二）绝缘老化

电气设备在运行过程中，其绝缘材料由于受热、电、光、氧化、机械力（包括超声波）辐射线、微生物等因素的长期作用，产生一系列不可逆的物理变化和化学变化，导致绝缘材料的电气性能和机械性能的劣化。

绝缘老化过程十分复杂。就其老化机理而言，主要有热老化机理和电老化机理。

1. 热老化

一般在低压电气设备中，促使绝缘材料老化的主要因素是热。热老化包括低分子挥发性成分的逸出和材料的解聚和氧化裂解、热裂解、水解，还包括材料分子链继续聚合等过程。

每种绝缘材料都有其极限耐热温度，当超过这一极限温度时，其老化将加剧，电气设备的寿命就缩短。在电工技术中，常把电机和电器中的绝缘结构和绝缘系统按耐热等级进行分类。表2-1所列的是我国绝缘材料标准规定的绝缘耐热分级和极限温度。

表2-1　绝缘耐热分级及其极限温度

耐热等级	极限工作温度/℃	耐热等级	极限工作温度/℃
Y	90	F	155
A	105	H	180
E	120	C	>180
B	130		

2．电老化

电老化主要是由局部放电引起的。在高压电气设备中，促使绝缘材料老化的主要原因是局部放电。局部放电时产生的臭氧、氮氧化物、高速粒子都会降低绝缘材料的性能，局部放电还会使材料局部发热，促使材料性能恶化。

（三）绝缘损坏

绝缘损坏是指由于不正确地选用绝缘材料，不正确地进行电气设备及线路的安装，不合理地使用电气设备等，导致绝缘材料受到外界腐蚀性液体、气体、蒸气、潮气、粉尘的污染和侵蚀，或受到外界热源、机械因素的作用，在较短或很短的时间内失去其电气性能或机械性能的现象。另外，动物和植物也可能破坏电气设备和电气线路的绝缘结构。

四、绝缘检测和绝缘试验

绝缘检测和绝缘试验的目的是检查电气设备或线路的绝缘指标是否符合要求。绝缘检测和绝缘试验主要包括绝缘电阻试验、耐压试验、泄漏电流试验和介质损耗试验。其中：绝缘电阻试验是最基本的绝缘试验；耐压试验是检验电气设备承受过电压的能力，主要用于新品种电气设备的型式试验及投入运行前的电力变压器等设备、电工安全用具等；泄漏电流试验和介质损耗试验只对一些要求较高的高压电气设备才有必要进行。现仅对绝缘电阻试验和耐压试验进行介绍。

（一）绝缘电阻试验

在绝缘结构的制造和使用中，经常需要测定其绝缘电阻。通过绝缘电阻的测定，可以在一定程度上判定某些电气设备的绝缘好坏，判断某些电气设备（如电机、变压器）的受潮情况等。以防因绝缘电阻降低或损坏而造成漏电、短路、电击等电气事故。

1．绝缘电阻的测量

绝缘材料的绝缘电阻可以用比较法（属于伏安法）测量，也可以用泄漏法来进行测量，但通常用兆欧表（摇表）测量。

2．吸收比的测定

对于电力变压器、电力电容器，交流电动机等高低压设备，除测量绝缘电阻之外，还要求测量其吸收比。吸收比是加压测量开始后60 s时读取的绝缘电阻值与加压测量开始后

15 s 时读取的绝缘电阻值之比。由吸收比的大小可以对绝缘受潮程度和内部有无缺陷存在进行判断。这是因为，绝缘材料加上直流电压时都有充电过程，在绝缘材料受潮或内部有缺陷时，泄漏电流增加很多，同时充电过程加快，吸收比的值小，接近 1；绝缘材料干燥时，泄漏电流小，充电过程慢，吸收比明显增大。例如，干燥的发电机定子绕组，在 10～30℃的吸收比远大于 1.3。吸收比原理如图 2-2 所示。

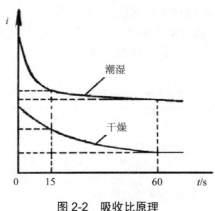

图 2-2　吸收比原理

3．绝缘电阻指标

绝缘电阻随线路和设备的不同，其指标要求也不一样。一般而言，高压较低压要求高；新设备较老设备要求高；室外设备较室内设备要求高；移动设备较固定设备要求高。以下为几种主要线路和设备应达到的绝缘电阻值。

①新装和大修后的低压线路和设备，要求绝缘电阻不低于 0.5 MΩ；运行中的线路和设备，要求可降低为每伏工作电压不小于 1 000 Ω；安全电压下工作的设备同 220 V 一样，不得低于 0.22 MΩ；在潮湿环境，要求可降低为每伏工作电压 500 Ω。

②携带式电气设备的绝缘电阻不应低于 2 MΩ。

③配电盘二次线路的绝缘电阻不应低于 1 MΩ，在潮湿环境，允许降低为 0.5 MΩ。

④10 kV 高压架空线路每个绝缘子的绝缘电阻不应低于 300 MΩ；35 kV 及以上的不应低于 500 MΩ。

⑤运行中 6～10 kV 和 35 kV 电力电缆的绝缘电阻分别不应低于 400～1 000 MΩ和600～1 500 MΩ。干燥季节取较大的数值；潮湿季节取较小的数值。

⑥电力变压器投入运行前，绝缘电阻应不低于出厂时的 70%，运行中的绝缘电阻可适当降低。

（二）耐压试验

电气设备的耐压试验主要用以检查电气设备承受过电压的能力。在电力系统中，线路及发电、输变电设备的绝缘，除了在额定交流或直流电压下长期运行外，还要短时承受大气过电压、内部过电压等过电压的作用。另外，其他技术领域的电气设备也会遇到各种特殊类型的高电压。因此，耐压试验是保证电气设备安全运行的有效手段。耐压试验主要有工频交流耐压试验、直流耐压试验和冲击电压试验等。其中，工频交流耐压试验最为常用，这种方法接近运行实际，所需设备简单。对部分设备，如电力电缆、高压电机等少数电气设备因电容很大，无法进行交流耐压试验时，则进行直流耐压试验。

工频耐压试验的试验电压为被试设备额定电压的一倍多至数倍之间，但不得低于 1 kV。进行工频耐压试验时，先以任意速度加压至试验电压的 40%左右，再以每秒 3%试验电压的速度升高到试验电压，并持续规定时间，然后在 5 s 内将电压降至试验电压的 25%以下，再切断电源。

通常，耐压试验的加压时间对瓷质和液体为 60 s，对以有机固体作为主要绝缘的设备为 300 s，但根据被试设备、线路种类的不同，也有其他不同的加压时间情况。

变配电设备的交流耐压试验电压标准见表 2-2。

表 2-2　电气设备交流耐压试验电压标准　　　　　（单位：kV）

额定电压	最高工作电压	交流耐压试验电压													
		电力变压器		电压互感器		断路器电流互感器		隔离开关干式电抗器		支持绝缘子、套管				干式变压器	
										纯瓷、纯瓷充油绝缘		固体有机绝缘			
		出厂	交接	出厂	交接	出厂	交接	出厂	交接	出厂	交接	出厂	交接	出厂	交接
≤0.1		5	4											3	2
3	3.5	18	15	24	22	24	22	24	24	25	25	25	22	10	8.5
6	6.9	25	21	32	28	32	28	32	32	32	32	32	28	16	13
10	11.5	35	30	42	38	42	38	42	42	42	42	42	38	24	20
15	17.5	45	38	55	50	55	50	55	55	57	57	57	50	37	31
20	23	55	47	65	59	65	59	65	65	68	68	68	59	—	—
35	40.5	85	72	95	85	95	85	95	95	100	100	100	90	—	—
60	69	140	120	140	125	155	140	155	155	165	165	165	150	—	—

注：出厂试验电压以 GB 311—64 为依据。

耐压试验应注意如下事项：

①耐压试验须在绝缘电阻试验合格之后方能进行。

②要确保高电压试验回路与接地物体和工作人员的距离不小于安全距离，试验现场应设置围栏，围栏上向外悬挂"止步，高压危险！"的标示牌，围栏应具有机械联锁和电气联锁。此外，还应设置红色信号灯和警铃，给出声、光警示信号。

③试验前应由试验负责人全面检查试验装置的所有接线，确保连接无误。

④控制室、示波器室、电桥操作间和配电柜前，应铺设 5 mm 以上厚度的绝缘胶垫。

⑤试验后应使用串联有负载电阻的放电棒，对被试设备进行放电。

⑥为了泄放高压残余电荷，以及当发生误送电源时能迅速作用于自动开关跳闸或使熔断器熔断，保证人员安全。试验后，必须将升压设备的高压部分短路接地。

第二节　屏　护

屏护和间距是最为常用的电气安全措施之一。从防止电击的角度而言，屏护和间距属于防止直接接触电击的安全措施。此外，屏护和间距还是防止短路、故障接地等电气事故的安全措施。

一、概述

屏护就是由遮栏、护罩、护盖、箱闸等把带电体同外界隔绝开来，以防止人体触及或接近带电体所引起的触电事故。屏护还起到防止电弧伤人，防止弧光短路或便于检修工作的作用。配电线路和电气设备的带电部分，如果不便加包绝缘或绝缘强度不足时，就可以采用屏护措施。

屏护可分为屏蔽和障碍（或称阻挡物），两者的区别在于：后者只能防止人体无意识触及或接近带电体，而不能防止有意识移开、绕过或翻越该障碍触及或接近带电体。从这点来说，前者属于一种完全的防护，而后者是一种不完全的防护。

屏护装置的种类，有永久性屏护装置，如配电装置的遮栏、开关的罩盖等；临时性屏护装置，如检修工作中使用的临时屏护装置和临时设备的屏护装置；固定屏护装置，如母线的护网；移动屏护装置，如跟随天车移动的天车滑线的屏护装置等。

屏护装置主要用于电气设备不便于绝缘或绝缘不足以保证安全的场合。如开关电器的可动部分一般不能包以绝缘，因此需要屏护。对于高压设备，由于全部绝缘往往会有困难。因此，不论高压设备是否有绝缘，均要求加装屏护装置。室内、外安装的变压器和变配电装置应装有完善的屏护装置。当作业场所邻近带电体时，在作业人员与带电体之间、过道、入口等处均应装设可移动的临时性屏护装置。

二、屏护装置的安全条件

尽管屏护装置是简单装置，但为了保证其有效性，须满足如下的条件：

①屏护装置所用材料应有足够的机械强度和良好的耐火性能。为防止因意外带电而造成触电事故，对金属材料制成的屏护装置必须实行可靠的接地或接零。

②屏护装置应有足够的尺寸，与带电体之间应保持必要的距离。遮栏高度不应低于 1.7 m，下部边缘离地不应超过 0.1 m，网眼遮栏与带电体之间的距离不应小于表 2-3 所示的距离。栅遮栏的高度：户内不应小于 1.2 m，户外不应小于 1.5 m；栏条间距离不应大于 0.2 m；对于低压设备，遮栏与裸导体之间的距离不应小于 0.8 m；户外变配电装置围墙的高度一般不应小于 2.5 m。

表 2-3　网眼遮栏与带电体之间的距离

额定电压/kV	<1	10	20～35
最小距离/m	0.15	0.35	0.6

③遮栏、栅栏等屏护装置上应有"止步，高压危险！"等标志。

④遮栏出入口的门上应根据需要装锁或采用信号装置、联锁装置。前者一般是用灯光或仪表指示有电；后者是采用专门装置，当人体超过屏护装置而可能接近带电体时，被屏护的带电体将会自动断电。

第三节　安全间距

一、概述

安全间距是指带电体与地面之间，带电体与其他设备和设施之间，带电体与带电体之间必要的距离。安全间距的作用是防止人体触及或接近带电体造成触电事故；防止车辆或其他物体碰撞或过分接近带电体造成事故；防止火灾、过电压放电及各种短路事故，以及方便操作。在安全间距的设计选择时，既要考虑安全的要求，同时也要符合人—机工效学的要求。

不同电压等级、不同设备类型、不同安装方式、不同的周围环境所要求的安全间距不同。

二、各类安全间距

（一）线路间距

架空线路导线在弛度最大时与地面或水面的距离不应小于表 2-4 所示的距离。

表 2-4　导线与地面或水面的最小距离　（单位：m）

线路经过地区	线路电压		
	<1 kV	1～10 kV	35 kV
居民区	6	6.5	7
非居民区	5	5.5	6
不能通航或浮运的河、湖（冬季水面）	5	5	—
不能通航或浮运的河、湖（50 年一遇的洪水水面）	3	3	—
交通困难地区	4	4.5	5
步行可以达到的山坡	3	4.5	5
步行不能达到的山坡、峭壁或岩石	1	1.5	3

在未经相关管理部门许可的情况下，架空线路下得跨越建筑物。架空线路与有爆炸、火灾危险的厂房之间应保持必要的防火间距，且不应跨越具有可燃材料屋顶的建筑物。架空线路导线与建筑物的最小距离见表 2-5。

表 2-5　导线与建筑物的最小距离

线路电压/kV	≤1	10	35
垂直距离/m	2.5	3.0	4.0
水平距离/m	1.0	1.5	3.0

架空线路导线与街道树木、厂区树木的最小距离见表 2-6，架空线路导线与绿化区树

木、公园的树木的最小距离为 3 m。

表 2-6　导线与树木的最小距离

线路电压/kV	≤ 1	10	35
垂直距离/m	1.0	1.5	3.0
水平距离/m	1.0	2.0	—

架空线路导线与铁路、道路、通航河流、电气线路及管道等设施之间的最小距离见表 2-7。表中特殊管道指的是输送易燃易爆介质的管道；各项中的水平距离在开阔地区不应小于电杆的高度。

表 2-7　架空线路与工业设施的最小距离　　　　　　（单位：m）

项目				线路电压		
				≤1kV	10kV	35kV
铁路	标准轨距	垂直距离	至钢轨顶面	7.5	7.5	7.5
			至承力索接触线	3.0	3.0	3.0
		水平距离 电杆外缘至轨道中心	交叉	5.0		
			平行	杆高加 3.0		
	窄轨	垂直距离	至钢轨顶面	6.0	6.0	7.5
			至承力索接触线	3.0	3.0	3.0
		水平距离 电杆外缘至轨道中心	交叉	5.0		
			平行	杆高加 3.0		
道路		垂直距离		6.0	7.0	7.0
		水平距离（电杆至道路边缘）		0.5	0.5	0.5
通航河流	垂直距离	至 50 年一遇的洪水位		6.0	6.0	6.0
		至最高航行水位的最高桅顶		1.0	1.5	2.0
	水平距离	边导线至河岸上缘		最高杆（塔）高		
弱电线路		垂直距离		6.0	7.0	7.0
		水平距离（两线路边导线间）		0.5	0.5	0.5
电力线路	≤1kV	垂直距离		1.0	2.0	3.0
		水平距离（两线路边导线间）		2.5	2.5	5.0
	10kV	垂直距离		2.0	2.0	3.0
		水平距离（两线路边导线间）		2.5	2.5	5.0
	35kV	垂直距离		3.0	2.0	3.0
		水平距离（两线路边导线间）		5.0	5.0	5.0
特殊管道	垂直距离	电力线路在上方		1.5	3.0	3.0
		电力线路在下方		1.5	—	—
	水平距离（边导线至管道）			1.5	2.0	4.0

同杆架设不同种类、不同电压的电气线路时，电力线路应位于弱电线路的上方，高压线路应位于低压线路的上方。横担之间的最小距离见表 2-8。

表2-8　同杆线路横担之间的最小距离 （单位：m）

项　目	直线杆	分支杆和转角杆
10kV 和 10kV	0.8	0.45/0.6
10kV 与低压	1.2	1.0
低压与低压	0.6	0.3
10kV 与通信电缆	2.5	—
低压与通信电缆	1.5	—

注：单回线路采用 0.6m；双回线路距上面的横担采用 0.45m，距下面的横担采用 0.6m。

从配电线路到用户进线处第一个支持点之间的一段导线称为接户线。10kV 接户线对地距离不应小于 4.5 m。低压接户线对地距离不应小于 2.75 m。低压接户线跨越通车街道时对地距离不应小于 6 m；跨越通车困难的街道或人行道时，对地距离不应小于 3.5 m。

从接户线引入室内的一段导线称为进户线。进户线的进户管口与接户线端头之间的垂直距离不应大于 0.5 m。进户线对地距离不应小于 2.7 m。

户内低压线路与工业管道和工艺设备之间的最小距离见表 2-9。表中无括号的数字为电缆管线在管道上方的数据，有括号的数字为电缆管线在管道下方的数据。电缆管线应尽可能敷设在热力管道的下方。当现场的实际情况无法满足表 2-9 所规定距离时，应采取包隔热层，对交叉处的裸母线外加保护网或保护罩等措施。

表 2-9　户内低压线路与工业管道和工艺设备的最小距离 （单位：mm）

布线方式		穿金属管导线	电　缆	明设绝缘导线	裸导线	起重机滑触线	配电设备
煤气管	平行	100	500	1 000	1 000	1 500	1 500
	交叉	100	300	300	500	500	—
乙炔管	平行	100	1 000	1 000	2 000	3 000	3 000
	交叉	100	500	500	500	500	—
氧气管	平行	100	500	500	1 000	1 500	1 500
	交叉	100	300	300	500	500	—
蒸气管	平行	1 000（500）	1 000（500）	1 000（500）	1 000	1 000	500
	交叉	300	300	300	500	500	—
暖热水管	平行	300（200）	500	300（200）	1 000	1 000	100
	交叉	100	100	100	500	500	—
通风管	平行	—	200	200	1 000	1 000	100
	交叉	—	100	100	500	500	—
上、下水管	平行	—	200	200	1 000	1 000	100
	交叉	—	100	100	500	500	—
压缩空气管	平行	—	200	200	1 000	1 000	100
	交叉	—	100	100	500	500	—
工艺设备	平行				1 500	1 500	100
	交叉				1 500	1 500	—

直埋电缆埋设深度不应小于 0.7 m，并应位于冻土层之下。直埋电缆与工艺设备的最小距离见表 2-10，当电缆与热力管道接近时，电缆周围土壤温升不应超过 10℃，超过时需进行隔热处理。表 2-10 中的最小距离对采用穿管保护时，应从保护管的外壁算起。

表 2-10　直埋电缆与工艺设备的最小距离　　　　　　　　（单位：m）

敷设条件	平行敷设	交叉敷设
与电杆或建筑物地下基础之间，控制电缆与控制电缆之间	0.6	—
10 kV 以下的电力电缆之间或与控制电缆之间	0.1	0.5
10～35 kV 的电力电缆之间或与其他电缆之间	0.25	0.5
不同部门的电缆（包括通信电缆）之间	0.5	0.5
与热力管沟之间	2.0	0.5
与可燃气体、可燃液体管道之间	1.0	0.5
与水管、压缩空气管道之间	0.5	0.5
与道路之间	1.5	1.0
与普通铁路路轨之间	3.0	1.0
与直流电气化铁路路轨之间	10.0	—

（二）用电设备间距

①明装的车间低压配电箱底口距地面的高度可取 1.2 m，暗装的可取 1.4 m。明装电能表板底口距地面的高度可取 1.8 m。

②常用开关电器的安装高度为 1.3～1.5 m，开关手柄与建筑物之间应保留 150 mm 的距离，以便于操作。墙用平开关，离地面高度可取 1.4 m。明装插座离地面高度可取 1.3～1.8 m，暗装的可取 0.2～0.3 m。

③户内灯具高度应大于 2.5 m，受实际条件约束达不到时可减为 2.2 m；低于 2.2 m 时，应采取适当安全措施。当灯具位于桌面上方等人碰不到的地方时，高度可减为 1.5 m。户外灯具高度应大于 3 m；安装在墙上时可减为 2.5 m。

④起重机具至线路导线间的最小距离，1 kV 及 1 kV 以下的不应小于 1.5 m，10 kV 的不应小于 2 m。

（三）检修间距

低压操作时，人体及其所携带工具与带电体之间的距离不得小于 0.1 m。

高压作业时，各种作业类别所要求的最小距离见表 2-11。

表 2-11　高压作业的最小距离　　　　　　　　（单位：m）

类　别	电压等级	
	10 kV	35 kV
无遮栏作业，人体及其所携带工具与带电体之间	0.7	1.0
无遮栏作业，人体及其所携带工具与带电体之间，用绝缘杆操作	0.4	0.6
线路作业，人体及其所携带工具与带电体之间	1.0	2.5
带电水冲洗，小型喷嘴与带电体之间	0.4	0.6
喷灯或气焊火焰与带电体之间	1.5	3.0

注：① 距离不足时，应装设临时遮栏；

　　② 距离不足时，邻近线路应当停电；

　　③ 火焰不应喷向带电体。

第三章
间接接触电击的防护技术

在正常情况下，直接防护措施能保证人身安全，但是当电气设备绝缘发生故障而损坏时（如因温度过高绝缘发生热击穿、在强电场作用下发生电击穿、绝缘老化等都可能造成绝缘性能下降和损坏），造成电气设备严重漏电，使不带电的外露金属部件如外壳、护罩、构架等呈现出危险的接触电压，当人们触及这些金属部件时，就构成间接接触触电。所以说间接接触防护的目的就是为了防止电气设备故障情况下，发生人身触电事故，也是为了防止设备事故进一步地扩大。

保护接地、保护接零、加强绝缘、电气隔离、不导电环境、等电位联结、安全电压和漏电保护都是防止间接接触电击的技术措施。其中，保护接地和保护接零是防止间接接触电击的基本技术措施。

保护接地和保护接零，也称接地保护和接零保护，虽然两者都是安全保护措施，但是它们实现保护作用的原理不同。简单地说，保护接地是将故障电流直接引入大地；保护接零是将故障电流引入系统，通过系统将故障电流引入大地，同时又促使保护装置迅速动作而切断电源。

第一节 概 述

一、接地

（一）接地基本概念

接地是将电气设备或装置的某一点（接地端）与大地之间做符合技术要求的电气连接。目的是利用大地为正常运行、绝缘损坏或遭受雷击等情况下的电气设备等提供对地电流流通回路，保证电气设备和人身的安全。

（二）接地电流和接地短路电流

凡从带电体流入地下的电流即属于接地电流。接地电流有正常接地电流和故障接地电流。正常接地电流指正常工作时通过接地装置流入地下，借大地形成工作回路的电流；故障接地电流指系统发生故障时出现的接地电流。

系统一相接地可能导致系统发生短路，这时的接地电流叫做接地短路电流，如 0.23/0.4 kV 系统中的单相接地短路电流。在高压系统中，接地短路电流可能很大，接地短路电 200 A 及以下的称小接地短路电流系统；接地短路电流大于 500 A 的称大接地短路电流系统。

（三）流散电阻和接地电阻

接地电流入地下后自接地体向四周流散，这个自接地体向四周流散的电流叫做流散电流。流散电流在土壤中遇到的全部电阻叫做流散电阻，如图 3-1 所示。

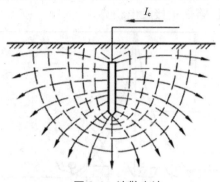

图 3-1　流散电流

接地电阻是接地线的电阻、接地体电阻和流散电阻（接地体对地电阻）之和。接地电阻的大小主要与接地线、接地体的尺寸、电阻率，接地体深埋及与土壤接触状况，土壤电阻率以及流过电流种类等因数有关。由于接地线和接地体电阻很小，可以忽略不计，所以，在绝大多数情况下可以认为接地装置的接地电阻等于接地体对地的电阻（即流散电阻）。

（四）对地电压和对地电压曲线

电流通过接地体向大地作半球形流散。因为半球面积与半径的平方成正比，所以半球的面积随着远离接地体而迅速增大，因此，与半球面积对应的土壤电阻随着远离接地体而迅速减小，至离接地体 20 m 处，半球面积已达 2 500 m^2，土壤电阻已可小到忽略不计。这就是说，可以认为在离开接地体 20 m 以外，电流不再产生电压降了。或者说，至远离接地体 20 m 处，电压几乎降低为零。电气工程上通常说的“地”就是这里的地，而不是接地体周围 20 m 以内的地。通常所说的对地电压，即带电体与大地之间的电位差，也是指离接地体 20 m 以外的大地而言的。简单地说，对地电压就是带电体与电位为零的大地之间的电位差。显然，对地电压等于接地电流和接地电阻的乘积。

如果接地体由多根钢管组成，则当电流自接地体流散时，至电位为零处的距离可能超出 20 m。

从以上讨论可以知道，当电流通过接地体流入大地时，接地体具有最高的电压。离开接地体后，电压逐渐降低，电压降落的速度也逐渐降低。

如果用曲线来表示接地体及其周围各点的对地电压，这种曲线就叫做对地电压曲线。图 3-2 所示的是单一接地体的对地电压曲线，显然，随着离开接地体曲线逐渐变平，即曲线的陡度逐渐减小。

（五）接触电动势和接触电压

接触电动势是指接地电流自接地体流散，在大地表面形成不同电位时，设备外壳与水平距离 0.8 m 处的电位差。

接触电压是指加于人体某两点之间的电压，如图3-2所示。当设备漏电，电流I_E自接地体流入地下时，漏电设备对地电压为U_E，对地电压曲线呈双曲线形状。当人在a处触及漏电设备外壳，其接触电压即其手与脚之间的电位差。如果忽略人的双脚下面土壤的流散电阻，则接触电压与接触电动势相等。图3-2中，a的接触电压为U_C。如果不忽略脚下面土壤的流散电阻，则接触电压将低于接触电动势。

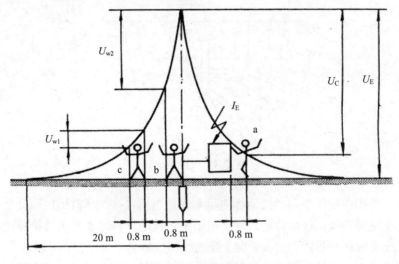

图3-2　对地电压曲线

（六）跨步电动势和跨步电压

跨步电动势是指地面上水平距离为 0.8 m（人的跨距）的两点之间的电位差。

跨步电压是指人站在流过电流的地面上，加于人的两脚之间的电压，如图3-2中U_{W1}和U_{W2}。如果忽略脚下土壤的流散电阻，跨步电压与跨步电动势相等。人的跨步一般按0.8 m考虑；大牲畜的跨步通常按1.0～1.4 m考虑。图3-2中，b紧靠接地体位置，承受的跨步电压最大；c离开了接地体，承受的跨步电压要小一些。如果不忽略脚下土壤的流散电阻，跨步电压也将低于跨步电动势。

（七）接地系统

在三相交流电力系统中，作为供电电源的发电机和变压器的中性点有三种运行方式：一种是电源中性点不接地，一种是中性点经阻抗接地，再有一种是中性点直接接地。前两种合称为小接地电流系统，亦称中性点非有效接地系统，或中性点非直接接地系统。后一种中性点直接接地系统，称为大接地电流系统，亦称中性点有效接地系统。

二、接地的种类

（一）按照接地性质分类

1. 正常接地
为保证电力系统和设备达到正常工作要求而进行的接地。

2．故障接地

故障接地是指带电体与大地之间发生意外的连接，比如：电气设备的外壳短路、电力线路的接地短路等。

（二）按照接地的作用分类

1．工作接地

工作接地是指在正常情况下有电流流过，利用大地代替导线的接地，以及正常情况下没有或只有很小不平衡电流流过，用以维持系统安全运行的接地。比如：电源中性点的直接接地或经消弧线圈的接地、经击穿保险的接地、绝缘监视装置的接地等都属于工作接地。如图 3-3 所示。

2．保护接地

为了防止人体触及因绝缘损坏而带电的电气设备外露金属部分所产生的触电，应将电气设备中所有在正常时不带电的、绝缘损坏时可能带电的外露金属部分接地或经中性点接地称为保护接地，如图 3-3 所示。

3．重复接地

在三相四线制低压供电系统中，为了加强接零的安全性，将零线上的一处或多处，通过接地装置与大地再次连接的措施称为重复接地，如图 3-3 所示。

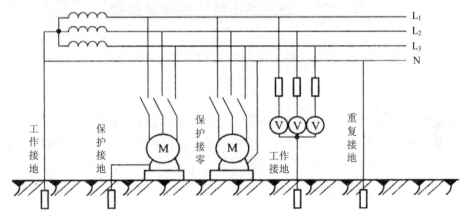

图 3-3　工作接地、保护接地、保护接零、重复接地示意图

4．防雷接地

为引导雷电流而设置的接地称为防雷接地。

5．其他功能性接地

其他功能性接地包括：屏蔽接地、防静电接地、等电位接地、电子设备的信号接地及功率接地等。

（三）按照保护接地的形式不同分类

①设备的外露可导电部分经各自的接地线（PE 线）直接接地，这种接地形式称为"保护接地"。如在 TT 和 IT 系统中。

②设备的外露可导电部分经公共的 PE 线（在 TN-S 系统中）或经 PEN 线（在 TN-C

系统中）接地，这种接地形式称为"保护接零"。

三、电气设备接地的作用

为了保证安全必须将正常时不带电而故障时可能带电的电气设备的外露导电部分采用保护接地或保护接零的措施。其电气接地的作用主要包括以下几点：

①防止人身遭受电击。将电气设备在正常情况下不带电的金属部分与接地极之间作良好金属连接，以保护人身安全，防止人身遭受电击。

②保障电气系统正常运行。电力系统接地一般为中性点接地，中性点的接地电阻很小，因此中性点与地间的电位接近于零。系统由于有了中性点的接地线，也可保证继电保护的可靠性。

③防止雷击和静电的危害。防雷接地是将雷电流引向防雷装置并安全导入地内，从而使被保护的建筑物和设备免遭雷击。

设备移动或物体在管道中流动，因摩擦产生静电，它聚集在管道、容器和储罐加工设备上，形成很高电位，对人体安全及对设备和建筑物都有危险。电气设备作静电接地后，一旦静电产生就通过静电接地装置导入地中，以清除其聚集静电的可能。

第二节　低压配电系统的接地形式

低压配电系统的接地形式有三种：IT 系统、TT 系统、TN 系统。

一、IT 系统

IT 系统即保护接地系统，保护接地是最古老的安全措施。到目前为止，保护接地仍然是应用最广泛的安全措施之一，不论是交流设备还是直流设备，不论是高压设备还是低压设备，都采用保护接地作为必需的安全技术措施。

（一）IT 系统的安全原理

在中性点不接地的低压配电系统中，当电气设备一相绝缘损坏漏电使设备金属外壳带电时，操作人员误触及漏电设备，故障电流将通过人体和线路对地绝缘阻抗构成回路，如图 3-4（a）所示。如各相对地绝缘阻抗对称，则可运用戴维南定理可以比较简单地求出人体承受的电压和流经人体的电流，其人体承受的电压和流经人体的电流为：

$$U_r = \frac{R_r}{R_r + Z/3}U = \frac{3R_r}{3R_r + Z}U \tag{3-1}$$

$$I_e = \frac{U}{R_r + Z/3} = \frac{3U}{3R_r + Z} \tag{3-2}$$

式中：U ——相电压；

　　　U_r ——人体电压；

　　　I_e ——人体电流；

　　　R_r ——人体电阻；

Z——各相对地绝缘阻抗。

由于绝缘阻抗是绝缘电阻和分布电容的并联组合，其人体承受的电压和接地电流的大小与线路绝缘的好坏、分布电容的大小及电网对地电压的高低成正比；线路的绝缘越坏，对地分布电容越大、电压越高、触电的危险性越大。所以说，在不接地的低压配电网中，单相电击的危险性决定于配电网电压、配电网对地绝缘阻抗和人体电阻等因素。

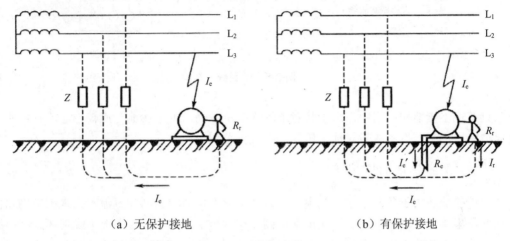

（a）无保护接地　　　　　　　　　　（b）有保护接地

图 3-4　保护接地原理

【例题】设低压配电网各相对地电压均为 220 V，各相对地绝缘阻抗为 5 000 Ω，人体电阻为 1 500 Ω，试判断单相电击的危险性。

解：根据式（3-1）、式（3-2），可求得人体电压和人体电流分别为：

$$U_r = \frac{3R_r}{3R_r + Z}U = \frac{3 \times 1\,500}{3 \times 1\,500 + 5\,000} \times 220 = 104.2 \ (V)$$

$$I_e = \frac{3U}{3R_r + Z} = \frac{3 \times 220}{3 \times 1\,500 + 5\,000} = 69.5 \ (mA)$$

通过例题的计算可以说明，即使是在不接地的低压配电网中，单相电击也有致命的危险。

如图 3-4（b）所示，若漏电设备已采取保护接地措施时，情况将发生极大的变化。这时，接地电阻 R_e 与人体电阻 R_r 并联，一般情况下 $R_e \ll R_r$，所以漏电设备故障对地电压可表示为：

$$U_r = \frac{3R_e}{3R_e + Z}U$$

由于 $R_e \ll |Z|$。故漏电设备故障对地电压将大大降低。只要适当控制 R_e 的大小，即可限制该故障电压在安全范围之内。例如，在例题给定数据的条件下，如果 $R_e = 4\Omega$，则人体电压降低为 0.53V，人体电流减小为 0.265 mA。

上面这种做法，即将在故障情况下可能呈现危险对地电压的金属部分经接地线、接地体同大地紧密地连接起来，把故障电压限制在安全范围以内的做法就称为保护接地。在不接地配电网中应采用保护接地系统，这种系统即为 IT 系统。如图 3-5 所示。字母"I"表示配电网不接地或经高阻抗接地，字母"T"表示电气设备外壳接地。

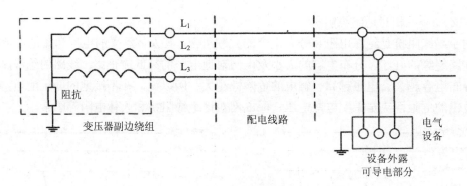

图 3-5　IT 系统

只有在不接地配电网中，由于其对地绝缘阻抗较高，单相接地电流较小，才有可能通过保护接地把漏电设备故障对地电压限制在安全范围之内。

（二）保护接地的应用范围

保护接地适用于各种不接地配电网，包括交流不接地配电网和直流不接地配电网，也包括低压不接地配电网和高压不接地配电网。在这类配电网中，凡由于绝缘损坏或其他原因而可能呈现危险电压的金属部分，除另有规定外，均应接地。它们主要包括：

①电机、变压器、电器、携带式或移动式用电器具的金属底座和外壳；

②电气设备的传动装置；

③屋内外配电装置的金属或钢筋混凝土构架，以及靠近带电部分的金属遮栏和金属门；

④配电、控制、保护用的屏（柜、箱）及操作台等的金属框架和底座；

⑤交、直流电力电缆的金属接头盒、终端头和膨胀器的金属外壳和电缆的金属护层，可触及的金属保护管和穿线的钢管；

⑥电缆桥架、支架和井架；

⑦装有避雷线的电力线路杆塔；

⑧装在配电线路杆上的电力设备；

⑨在非沥青地面的居民区内，无避雷线的小接地短路电流架空电力线路的金属杆塔和钢筋混凝土杆塔；

⑩电除尘器的构架；

⑪封闭母线的外壳及其他裸露的金属部分；

⑫六氟化硫封闭式组合电器和箱式变电站的金属箱体；

⑬电热设备的金属外壳；

⑭控制电缆的金属护层。

（三）IT 系统的安全条件

IT 系统除应满足接地电阻和接地装置的要求外，还应符合过电压防护、绝缘监视、等电位连接等条件。

1. 过电压防护

配电网中出现过电压的原因很多。由于外部原因造成的有雷击过电压、电磁感应过电压和静电感应过电压；由内部原因造成的有操作过电压、谐振过电压以及来自变压器高压侧的过渡电压或感应电压。

对于不接地配电网，由于电网本身没有抑制过电压的功能，为了减轻过电压的危险，可将中性点经击穿熔断器接地，如图 3-6 所示。正常情况下，击穿熔断器处在绝缘状态，配电系统不接地。当中性点上出现数百伏的电压时，击穿熔断器的空气间隙被击穿，中性点直接接地。中性点接地后，其对地电压为接地电流和接地电阻的乘积，降低接地电阻，可将过电压限制在一定的范围内。

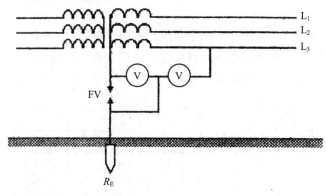

图 3-6　过电压保护及监视

正常情况下，击穿熔断器必须保持绝缘良好。否则，不接地配电网变成接地配电网，用电设备上的保护接地将不足以保证安全。因此，对击穿熔断器的状态应经常检查，或如图 3-6 所示，接入两只相同的高内阻电压表进行监视。正常时，两只电压表的读数各为相电压的一半。如果击穿保险器内部短路，一只电压表的读数降低至零；另一只电压表的读数上升至相电压。必要时，防护装置应当设置监视击穿熔断器绝缘的声、光双重报警信号。为了不降低系统保护接地的可靠性，监视装置应具有很高的内阻。

2. 绝缘监视

低压电网的绝缘监视可用三只规格相同的高内阻电压表来实现，其接线如图 3-7（a）所示。电网对地绝缘正常时，三只电压表指示均为相电压；当某相故障接地时，该相电压表指示急剧降低，另两相电压表指示显著升高；即使电网没有故障接地，而是一相或两相对地绝缘严重恶化，三只电压表也会给出不同的指示。

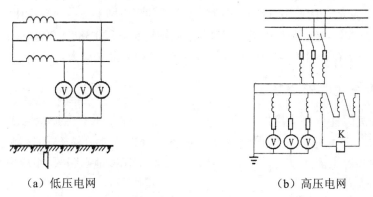

（a）低压电网　　　　　　　　　　（b）高压电网

图 3-7　绝缘监视线路

高压电网的绝缘监视线路如图 3-7（b）所示。图中电压互感器有两组低压线圈；一组接成星形，供绝缘监视仪器和其他仪表及一般继电保护用；另一组接成开口三角形，开口处接信号继电器。对地绝缘正常时，三只电压表指示相同，三角形开口处电压为零，信号继电器不动作；当某相故障接地或一相、两相对地绝缘严重恶化时，三只电压表给出不同指示，同时三角形开口处出现电压，信号继电器动作并发生信号。为减轻电压互感器一、二次绕组短接的危险，互感器二次绕组必须接地；为保证绝缘监视的灵敏性，互感器一次绕组中性点和三只电压表的中性点也必须接地。

3．等电位连接

图 3-8 所示为等电位连接线路，图中虚线将两台设备接在一起或将其接地装置接成整体，当发生双重故障时，相间短路电流将使保护装置动作，迅速切断两台设备或其中一台的电源，以保证安全，如不能实现等电位连接，则应安装漏电保护器。

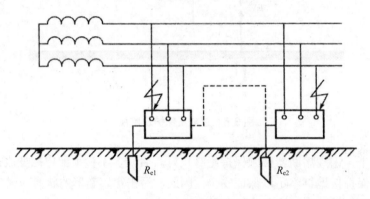

图 3-8　等电位连接线路

二、TT 系统

我国绝大部分地面企业的低压配电网都采用星形接法的低压中性点直接接地的三相四线制配电网，如图 3-9 所示。这不仅是因为这种配电网能提供一组线电压和一组相电压，便于动力和照明由同一台变压器供电，而且还在于这种配电网具有较好的过电压防护性能，且一相故障接地时单相电击的危险性较小，故障接地点比较容易检测等优点。低压中性点的接地叫做工作接地，中性点引出的导线叫做中性线。由于中性线是通过工作接地与零电位大地连在一起的，因而中性线也叫做零线。这种配电网的额定供电电压为 0.23/0.4 kV（相电压为 0.23 kV，线电压为 0.4 kV），额定用电电压为 220/380 V（相电压为 220 V，线电压为 380 V）。220 V 用于照明设备和单相设备，380V 用于动力设备。

（一）TT 系统的安全原理

对于低压侧中性点直接接地系统中的电气设备，如不采取保护接地或保护接零的措施，一旦电气设备漏电，人体误触及漏电设备外壳时，加在人体的接触电压为相电压（220V），接地短路电流通过人体的电阻 R_r 与变压器工作接地电阻 R_N 组成串联电路，通过人体的接地电流为：

$$I_r = \frac{U}{R_r + R_N} \qquad (3-3)$$

式中： I_r ——流经人体的电流；

U ——漏电设备外壳对地电压（220 V）；

R_r ——人体电阻；

R_N ——变压器中性点接地电阻。

变压器中性点的工作接地电阻，一般规定在 4 Ω 以下，如果人体电阻取 1 500 Ω，则通过人体的电流为：

$$I_r = \frac{U}{R_r + R_N} = \frac{220}{1\,500 + 4} \approx 0.146\text{A} = 146\ \text{mA}$$

这样大的电流通过人体足以使人致命，是非常危险的。

若漏电设备已采用保护接地时，则人体电阻和保护接地电阻并联。由于人体电阻比保护接地电阻大得多，所以接地短路电流绝大部分从接地电阻上通过，这样就减轻了对人体触电伤害程度，如图 3-9 所示。

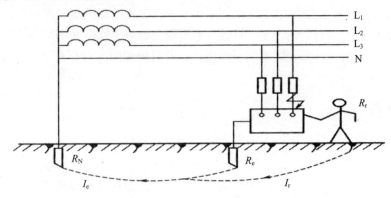

图 3-9　中性点直接接地系统采用保护接地时人体触及漏电设备外壳的示意图

现假设工作接地电阻 R_N 和保护接地电阻 R_e 都为 4Ω，电气设备一相绝缘破坏，接地短路电流为：

$$I_e = \frac{U}{R_N + \dfrac{R_r R_e}{R_r + R_e}} = \frac{220}{4 + \dfrac{1\,500 \times 4}{1\,500 + 4}} \approx \frac{220}{4 + 3.99} \approx 27.53\text{A}$$

那么通过人体的电流为：

$$I_r = \frac{U - I_e R_N}{R_r} = \frac{220 - 27.53 \times 4}{1\,500} \approx 0.073\text{A} = 73\ \text{mA}$$

从上述分析可知，中性点直接接地的电网采用保护接地虽比没有保护接地时触电的危险性有所减小，但通过人体的接地短路电流仍有可能使人致命，因此，在三相四线制中性点直接接地的低压配电系统中，电气设备如采用保护接地，为了保证安全，所采用的保护接地应与低压配电系统的中性点直接接地无关。

在中性点直接接地的低压配电系统中，电气设备的外露可导电部分通过保护线接至与低压配电系统接地点无直接关联的接地极，这种系统称为 TT 系统。如图 3-10 所示。前后两个字母"T"分别表示配电网的中性点和电气设备金属外壳接地。

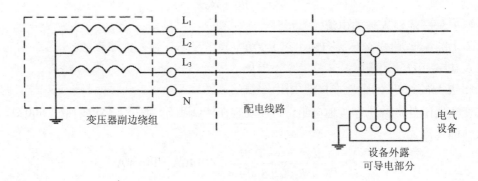

L₁
L₂
L₃
N

配电线路

变压器副边绕组

电气设备

设备外露可导电部分

图 3-10　TT 系统

（二）TT 系统的应用范围

在 TT 系统中，保护线可以各自设置，由于各自设置的保护线互不相关，因此电磁环境适应性较好，但人身安全性较差。目前 TT 系统主要用于低压共用用户，即用于未装备配电变压器，从外面引进低压电源的小型用户。并且根据国际 IEC 标准，在 TT 系统中应装设漏电保护器。

三、TN 系统

目前我国地面上低压配电网大多数都采用中性点直接接地的三相四线制配电网。在这种配电网中，由于负荷较大，大多数都装备有配电变压器，并且在低压配电系统中各自设置的保护线通过接地体与大地连接是与低压配电系统的中性点直接接地相关联的，根据对图 3-9 的分析可知，这种系统中的电气设备直接采用保护接地是不安全的。

（一）TN 系统的安全原理

从 TT 系统的分析可知，在中性点直接接地的三相四线制系统中，如果电气设备不采取任何保护措施，当其中任何一相绝缘损坏而使设备外壳带电时，人体误触及设备外壳就有触电的危险。

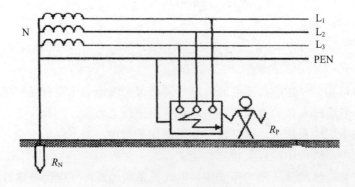

N　L₁　L₂　L₃　PEN　R_P　R_N

图 3-11　保护接零原理图

如图 3-11 所示，为了确保系统中人身的安全性，应将系统中的电气设备的外露可导电部分通过保护线与低压配电系统的零线（中性线）紧密连接，当电气设备的某相出现"碰壳"故障时，就形成相线和零线的短路；由于相—零回路阻抗很小，所以短路电流很大，使线路上的保护装置（如断路器、熔断器等）迅速动作，切断故障设备的电源，从而起到防止人身触电的保护作用，并减少设备损坏的机会。

在低压配电系统正常运行时，由于零线（中性线）通过工作接地与大地相连，忽略零线（中性线）上的阻抗和工作接地电阻，那么零线（中性线）上的对地电压近似为零，人体触摸电气设备的外壳就等于触摸零线，人体并无触电的危险。

在中性点直接接地的低压配电系统中，电气设备的外露可导电部分通过保护线（或中性线）接至低压配电系统的接地点的系统，统称为 TN 系统，又称为电气设备接零的保护接零系统。如图 3-11 所示。字母"T"表示配电网的中性点接地，字母"N"表示电气设备的外壳与配电网中性点之间金属性的连接。

（二）TN 系统种类及应用范围

按照中性线与保护线组合方式的不同，TN 系统可以分为三种基本形式：TN-C 系统、TN-S 系统、TN-C-S 系统。

1. TN-C 系统

在 TN 接零保护系统中，如果中性线或零线既作为工作零线使用，又作为接地保护线使用，这时中性线或零线要用 PEN 线表示。即将工作零线 N 与保护零线 PE 合一使用，这种工作零线 N 与保护零线 PE 合一使用的接零保护系统称为 TN-C 系统，其组成形式如图 3-12 所示。TN-C 系统是一种三相四线制供电系统。

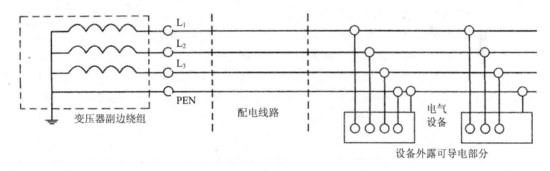

图 3-12　TN-C 系统

TN-C 系统可用于无爆炸危险、火灾危险性不大、用电设备较少、用电线路简单且安全条件较好的场所。这种系统投资较省，可节约导线，在一般情况下，如开关保护装置和 PEN 线的截面选择适当，是能够满足供电的可靠性和用电的安全性要求的。TN-C 系统目前在我国应用最为普遍。

2. TN-S 系统

在 TN 系统中，如果中性线或零线分为两条线，其中一条零线用作工作零线，用 N 表示；另一条零线用作接地保护线，用 PE 表示，即将工作零线与保护零线分开使用，这样的接零保护系统称为 TN-S 系统，其组成形式如图 3-13 所示。TN-S 系统是一种三相五线制供电系统。

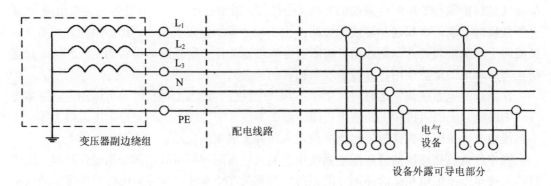

图 3-13　TN-S 系统

TN-S 系统的优点是：

①一旦 N 线断线，只影响用电设备不能正常工作，而不会导致在断线点后的设备外壳上出现危险电压。

②即使负荷电流在零线上产生较大的电位差，与 PE 线相连的设备外壳上仍能保持零电位，而不至于出现危险电压。

③由于 PE 线在正常情况下没有电流通过，因此用电设备之间不会产生电磁干扰，这种系统适于对数据处理、精密检测装置的供电。

鉴于 TN-S 系统上述的优点，TN-S 系统可用于有爆炸危险、火灾危险性较大或环境条件较差，对安全可靠性要求较高及设备对电磁干扰要求较严的场所。但 TN-S 系统存在消耗的导电材料较多，投资较大等缺点。

3．TN-C-S 系统

在 TN 系统中，前一部分（电源侧）工作零线与保护零线合一，后一部分（用电侧）工作零线与保护零线分开，这样的接零保护系统称为 TN-C-S 系统，其组成形式如图 3-14 所示。其中，后一部分（用电侧）亦叫单独视为局部 TN-S 系统。在局部 TN-S 系统中，N 线和 PE 线通常要在其分开点处作重复接地。

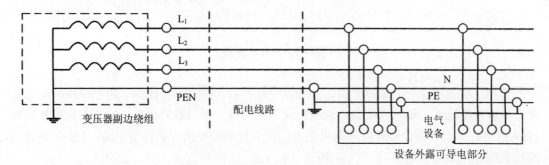

图 3-14　TN-C-S 系统

TN-C-S 系统兼有 TN-C 系统和 TN-S 系统的特点，保护性能介于两者之间。它常用于系统内设有总变电站，而系统的末端环境条件较差或有数据处理等设备的场所及民用楼房。

（三）重复接地

根据以上分析可知，重复接地就是指零线上除工作接地以外的其他点的再次接地。按照国际电工委员会的提法，重复接地是为了保护导体在故障时尽量接近大地电位的在其他附加点的接地。其实质与上述的定义基本上是一致的。重复接地是提高 TN 系统安全性能的重要措施。

1. 重复接地的作用

接地总是会限制对地电压的，但如果仅仅这么说就不太具体了。为此，从以下几方面详细说明重复接地的作用。

（1）减小零线断线时的触电危险

如果零线上没有采用重复接地时发生零线断线，而且在断线后面的某一电气设备又发生一相碰壳接地短路故障，故障电流通过触及漏电设备的人体和变压器的工作接地构成回路。如图 3-15（a）所示。因为人体电阻比工作接地电阻 R_N 大得多，所以人体几乎承受了全部相电压，造成严重的触电危险。

当零线采用了重复接地后，这时接地短路电流通过重复接地电阻 R_S 和 R_N 形成了回路。如图 3-15（b）所示。在零线断线以后，电气设备外壳对地电压为 $U_e = I_e R_S$；在断线以前，电气设备外壳对地电压为 $U'_e = I_e R_N$。由于 U_e 和 U'_e 都小于相电压，所以降低了触电危险程度。

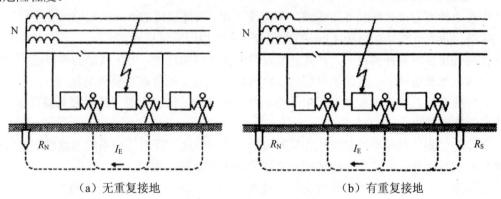

（a）无重复接地　　　　　　　　　　　　（b）有重复接地

图 3-15　零线断线与设备漏电

（2）降低漏电设备外壳的对地电压

如图 3-16 所示。当没有采用重复接地时，一旦发生设备漏电，设备外壳对地电压 U_e 等于单相短路电流 I_e 在零线电阻上产生的压降 U_N，即 $U_e = U_N$；当采用了重复接地后，设备外壳对地电压仅为零线压降 U_N 的一部分，即：

$$U_e \approx \frac{R_S}{R_N + R_S} U_N \tag{3-4}$$

式中：U_e——设备对地电压；

　　　R_S——重复接地电阻；

　　　R_N——中性点接地电阻；

　　　U_N——零线上的电压降。

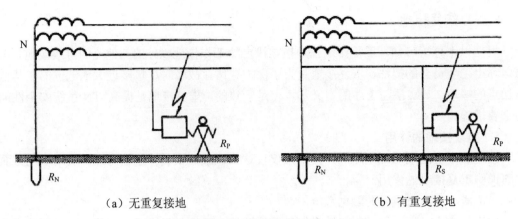

（a）无重复接地　　　　　　　　　　（b）有重复接地

图 3-16　重复接地降低设备漏电对地电压

（3）缩短故障持续时间

当发生碰壳接地短路时，因为重复接地在短路电流返回的途径上增加了一条并联支路，使单相短路电流增大，加速了线路保护装置的动作，缩短了故障持续时间。

（4）改善配电线路的防雷性能

架空线路零线上的重复接地，对雷电流具有分流作用，因此有利于防止雷电过电压。

2．重复接地的要求

①在中性点直接接地的低压线路中架空线末端、长度超过 200 m 的架空线分支处和分支线末端、没有分支线的每隔 1 km 的直线段其零线均应重复接地。

②高低压线路共杆架设时，在共杆架设段的两端终端杆上，低压线路的零线应重复接地。此时，如低压线引出支线长度超过 500 m 时，在分支处零线也要重复接地。

③没有专用芯线作零线或利用电缆金属外皮作零线的低压电缆线路也要重复接地，其要求与架空线相同。

④使电位相等及减小接触电压，车间内金属结构和地下管道等应当用接地线连接起来组成环形重复接地，但整个车间还应有必要的集中重复接地装置。

⑤线路引入车间及大型建筑物的第一面配电柜处（进户处）应重复接地。

⑥采用金属配管线时，金属管与保护零线连接后做重复接地；采用塑料管配管时，另行敷设保护零线并做重复接地。

⑦当工作接地电阻不大于 4 Ω 时，每处重复接地电阻不得大于 10 Ω；在配电变压器容量为 100 kVA 及以下、变压器低压侧中性点工作接地电阻允许不大于 10 Ω 的场合，每一重复接地电阻允许不超过 30 Ω，但不应少于 3 处。

第三节　接地装置

接地保护中的接地装置主要目的是使电气设备与其所在的位置处于等电位，当人触及其金属外壳时，不会发生触电事故，使其运行中电气设备的接地装置应当始终保持在良好状态。接地装置主要由接地体（接地极）和接地线连接组合而成。

一、接地体

将埋入地中直接与地接触的金属物体称为接地体。接地体一般分为自然接地体和人工接地体两种。

（一）自然接地体

自然接地体是指原已埋入地下并可兼做接地用的金属物体。例如原已埋入地中的直接与地接触的钢筋混凝土基础中的钢筋结构体、金属钢管、非燃气金属管道、铠装电缆（铅包电缆除外）的金属外皮等，均可作为自然接地体。但可燃液体或气体、供暖系统等管道禁止用作保护接地体。

利用自然接地体不但可以节省钢材和施工费用，还可以降低接地电阻。如果有条件，应当优先利用自然接地体。当自然接地体的接地电阻符合要求时，可不敷设人工接地体（发电厂和变电所除外）。在利用自然接地体的情况下，应考虑到自然接地体在拆装或检修时，接地体被断开，断口处出现的电位差及接地电阻发生变化的可能性。自然接地体至少应有两根导体在不同地点与接地网相连（线路杆塔除外）。

（二）人工接地体

人工接地体是指人为埋入地中直接与地接触的金属物体。简而言之，即人工埋入地中的接地体。用作人工接地体的金属材料通常可以钢管、角钢、圆钢或废钢铁等材料制成，但不得采用螺纹钢或铝材。人工接地体宜采用垂直接地体，多岩石地区可采用水平接地体。垂直埋设的接地体可采用直径为 40～50 mm 的钢管或 40 mm×40 mm×4 mm 至 50 mm×50 mm×5 mm 的角钢。垂直接地体可以成排布置，也可以作环形布置。水平埋设的接地体可采用 40 mm×4 mm 的扁钢或直径为 16 mm 的圆钢。水平接地体多呈放射形布置，也可成排布置或环形布置。

变电所经常采用以水平接地体为主的复合接地体，即人工接地网。复合接地体的外缘应闭合，并做成圆弧形。

为了保证足够的机械强度，并考虑到防腐蚀的要求，钢质接地体的最小尺寸见表 3-1。电力线路杆塔接地体引出线应镀锌，截面积不得小于 50 mm^2。

表 3-1　钢质接地体和接地线的最小尺寸

材料种类		地　上		地　下	
		室内	室外	交流	直流
圆钢直径/mm		6	8	10	12
扁钢	截面/mm^2	60	100	100	100
	厚度/mm	3	4	4	6
角钢厚度/mm		2.0	2.5	4.0	6.0
钢管管壁厚度/mm		2.5	2.5	3.5	4.5

二、接地线

接地线的最小尺寸亦不得小于表 3-1 规定的数值。接地线也可以分为自然接地线和人工接地线。

（一）自然接地线

自然接地线是指设备本身原已具备的接地线。如钢筋混凝土构件的钢筋、穿线钢管、铠装电缆（铅包电缆除外）的金属外皮等。自然接地线可用于一般场所各种接地的接地线，但在有爆炸危险场所只能用作辅助接地线。自然接地线各部分之间应保证电气连接，严禁采用不能保证可靠电气连接的水管和既不能保证电气连接又有引起爆炸危险的燃气管道作为自然接地线。

（二）人工接地线

人工接地线是指人为设置的接地线。人工接地线一般可采用圆钢、钢管、角钢、扁钢等钢质材料，但接地线直接与电气设备相连的部分以及采用钢质接地线有困难时，应采用绝缘铜线。

三、接地装置的敷设

接地装置的敷设应遵循下述原则和要求：

①应充分利用自然接地体。当无自然接地体可利用、自然接地体电阻不符合要求、自然接地体运行中各部分连接不可靠或有爆炸危险场所，则需敷设人工接地体。

②应尽量利用自然接地线。当无自然接地线可利用、自然接地线不符合要求、自然接地线运行中各部分连接不可靠或有爆炸危险场所，则需要敷设人工接地线。

③人工接地体可垂直敷设或水平敷设。垂直敷设时，接地极相互间距不宜小于其长度的 2 倍，顶端埋没深度一般为 0.8 m；水平敷设时，接地极相互间距不宜小于 5 m，埋深一般不小于 0.8 m。

④接地体各部分接地极间及接地体与接地线的连接均应采用焊接。

⑤接地线连接处应采用搭接焊。其中扁钢的搭接长度应为其宽度的 2 倍；圆钢的搭接长应为其直径的 6 倍。

⑥接地线及其连接处如位于潮湿或腐蚀介质场所，应涂刷防潮、防腐蚀油漆。

⑦每一组接地装置的接地线应采用两根及以上导体，并在不同点与接地体焊接。

⑧接地线与接地设备的连接可用焊接或螺栓连接。用螺栓连接时，应设防松螺帽或加防松垫片。

⑨接地体周围不得有垃圾或非导体杂物，且应与土壤紧密接触。

四、接地电阻的确定

接地装置中接地电阻的大小，是根据配电系统对接地装置的设计要求来确定的，所以接地电阻大小的确是尤为重要的。

（一）各种接地电阻的要求

1. 当采用 IT 接地保护系统时，各种保护接地的接地电阻的要求如下

（1）低压设备接地电阻

在 380 V 不接地低压系统中，单相接地电流很小，为限制设备漏电时外壳对地电压不超过安全范围，一般要求保护接地电阻 $R_E \leq 4 \, \Omega$。

当配电变压器或发电机的容量不超过 100 kVA 时，由于配电网分布范围很小，单相故障接地电流更小，可以放宽对接地电阻的要求，取 $R_E \leq 10 \, \Omega$。

在高土壤电阻率地区，接地电阻难以达到要求数值时，接地电阻允许值可以适当提高。例如，低压设备接地电阻允许达到 10～30 Ω。

（2）高压设备接地电阻

①小接地短路电流系统。

如果高压设备与低压设备共用接地装置，要求设备对地电压不超过 120 V，其接地电阻为：

$$R_E \leq \frac{120}{I_E} \tag{3-5}$$

式中：R_E ——接地电阻，单位为欧[姆]（Ω）；

I_E ——接地电流，单位为安[培]（A）。

如果高压设备单独装设接地装置，设备对地电压可放宽至 250 V 其接地电阻为：

$$R_E \leq \frac{250}{I_E} \tag{3-6}$$

小接地短路电流系统高压设备的保护接地电阻除应满足式（3-5）和式（3-6）的要求外，还不应超过 10 Ω。在高土壤电阻率地区，接地电阻难以达到要求数值时，接地电阻允许达到 30 Ω。以上两个式子中的 I_E 为配电网的单相接地电流，应根据配电网的特征计算和确定。

②大接地短路电流系统。

在大接地短路电流系统中，由于接地短电流很大，很难限制设备对地电压不超过某一范围，而是靠线路上的速断保护装置切除接地故障。要求其接地电阻为：

$$R_E \leq \frac{2\,000}{I_E} \tag{3-7}$$

但当接地短路电流 $I_E > 4\,000$ A 时，可采用：

$$R_E \leq 0.5 \, \Omega$$

（3）架空线路和电缆线路的接地电阻

①小接地短路电流系统中，无避雷线的高压电力线路在居民区的钢筋混凝土杆宜接地，金属杆塔应接地，其接地电阻不宜超过 30 Ω。

②三相三芯电力电缆两端的金属外皮均应接地。

③变电所电力电缆的金属外皮可利用主接地网接地。与架空线路连接的单芯电力电缆进线段，首端金属外皮应接地。如果在负荷电流下，末端金属外皮上的感应电压超过 60V，末端宜经过接地器或间隙接地。

④在高土壤电阻率地区，发电厂和区域变电站的接地电阻允许达到 15 Ω。

2. 当采用 TN 接零保护系统时，对各接地电阻的要求如下

（1）工作接地装置

电力变压器或发电机的工作接地电阻值一般不得大于 4 Ω，单台容量不超过 100 kVA 的变压器或发电机的工作接地电阻不得大于 10 Ω。在土壤电阻率大于 1 000 Ω·m 的地区，当达到上述电阻值有困难时，工作接地电阻值可提高到 30 Ω，但在接地电气设备周围应设置操作和维修绝缘台，并需保证操作、维修人员不致偶然触及此设备。

（2）重复接地装置

PE 线每一处重复接地装置的接地电阻值，一般场所不应大 10 Ω，在工作接地电阻值允许达到 10 Ω 的电力系统中，所有重复接地装置的并联等效电阻值不应大于 10 Ω。

（3）防雷接地装置

防雷装置一般要求其接地装置的冲击接地电阻值不得大于 30 Ω。如防雷接地与重复接地共用同一接地装置，则接地电阻值应满足重复接地的要求。

（4）防静电接地装置

防静电接地装置的接地电阻一般可不大于 1 000 Ω。

3. 当采用 TT 接地保护系统时，对各接地电阻的要求如下

工作接地电阻、防雷接地电阻、防静电接地电阻的要求与采用 TN 接零保护系统时相同，不同点是设备单独或共同保护接地装置的接地电阻值不应大于 4 Ω。

（二）降低接地电阻的施工方法

1. 高土壤电阻率地区

在高土壤电阻率地区，可采用下列各种方法降低接地电阻。

①外引接地法。将接地体引至附近的水井、泉眼、水沟、河边、水库边、大树下等土壤电阻率较低的地方，或者敷设水下接地网，以降低接地电阻。外引接地装置应避开人行道，以防跨步电压电击；穿过公路的外引线，埋设深度不应小于 0.8 m。

外引接地对于工频接地电流是有效的。对于冲击接地电流或高频接地电流，由于外引接地线本身感抗急剧增加，可能达不到预期的目的。

②接地体延长法。延长水平接地体，增加其与土壤的接触面积，可以降低接地电阻。但采用这种方法同样应当注意外引接地法可能遇到的问题。

③深埋法。在不能用增大接地网水平尺寸的方法来降低流散电阻的情况下，如果周围土壤电阻率不均匀，可在土壤电阻率较低的地方深埋接地体以减小接地电阻。

深埋接地体具有流散电阻稳定，受地面施工影响小，地面跨步电动势低，便于土壤化学处理等优点。

④化学处理法。即应用减阻剂来降低接地电阻。一种是用无反应型减阻剂，即将盐、硫酸铵、碳粉等和泥土一起分层填入接地体坑内，并在地面上留有小井，不定期补充衡盐水，以降低接地电阻。一种是用反应型减阻剂，即用预先配制的长效减阻剂处理土壤，这些能在几年内保持良好的效果。采用化学处理方法，能将接地电阻降低为处理前的 40%～60%，而且土壤电阻率越高，效果越显著。采用化学处理法要注意防止对接地体的腐蚀，接地体应采用镀锌元件。

这种方法是在接地周围置换或加入低电阻率的固体或液体材料，以降低流散电阻。

⑤换土法。这是指给接地坑内换上低电阻土壤以降低接地电阻的方法。这种方法可用于多岩石地区。

2．冻土地区

在冻土地区，为提高接地质量，可以采用下列各种措施：

①将接地体敷设在融化地带或融化地带的水池、水坑中；

②敷设深钻式接地体，或充分利用井管或其他深埋在地下的金属构件作接地体；

③在房屋融化盘内敷设接地体；

④除深埋式接地体外，再敷设深度为 0.5 m 的延长接地体，以便在夏季地层表面化冻时起流散作用；

⑤在接地体周围人工处理土壤，以降低冻结温度和土壤电阻率。

（三）接地电阻的测量

各种接地装置的接地电阻应当定期测量，以检查其可靠性，一般应当在雨季前或其他土壤最干燥的季节测量。雨天一般不应测量接地电阻，雷雨天不得测量防雷装置的接地电阻。对于易于受热、受腐蚀的接地装置，应适当缩短测量周期。凡新安装或设备大修后的接地装置，均应测量接地电阻。

接地电阻可用电流表—电压表法测量或接地电阻测量仪法测量。由于接地电阻测量仪本身能产生交变的接地电流，不需外加电源，电流极和电压极也是配套的，使用简单，携带方便，而且抗干扰性能较好，因此应用十分广泛。接地电阻测量仪的使用详见第一章。

五、接地装置的检查和维护

对接地装置进行定期检查的主要内容有：各部位连接是否牢固，有无松动，有无脱焊，有无严重锈蚀，接地线有无机械损伤或化学腐蚀，涂漆有无脱落，人工接地体周围有无堆放强烈腐蚀性物质，地面以下 50 cm 以内接地线的腐蚀和锈蚀情况如何，接地电阻是否合格。

对接地装置进行定期检查的周期为：变配电站接地装置，每年检查一次，并于干燥季节每年测量一次接地电阻；对车间电气设备的接地装置，每两年检查一次，并于干燥季节每年测量一次接地电阻；防雷接地装置，每年雨季前检查一次；避雷针的接地装置，每 5 年测量一次接地电阻；手持电动工具的接零线或接地线，每次使用前进行检查；有腐蚀性的土壤内的接地装置，每 5 年局部挖开检查一次。

应对接地装置进行维修的情况有：焊接连接处开焊，螺丝连接处松动，接地线有机械损伤、断股或有严重锈蚀、腐蚀，锈蚀或腐蚀30%以上的应予以更换，接地体露出地面，接地电阻超过规定值。

第四章
双重绝缘、加强绝缘、安全电压和漏电保护

双重绝缘和加强绝缘是在基本绝缘的直接接触电击防护的基础上，通过结构上附加绝缘或加强绝缘，使之具备了间接接触电击防护功能的安全措施。安全电压和漏电保护的保护原理，本质上都是将作用于人体的电流能量限制到没有危险的程度，不同之处是：前者的着眼点在于对带电部分的电压值进行限制，后者的着眼点在于对作用于人体的电流强度和作用时间进行限制。双重绝缘、加强绝缘、安全电压和漏电保护均属兼有直接接触电击和间接接触电击防护的安全措施。

第一节　双重绝缘和加强绝缘

一、双重绝缘和加强绝缘的结构

典型的双重绝缘和加强绝缘的结构如图 4-1 所示。现将各种绝缘的意义介绍如下：

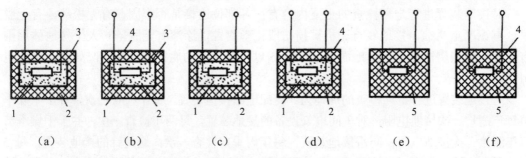

(a)　　　　　(b)　　　　　(c)　　　　　(d)　　　　　(e)　　　　　(f)

1—工作绝缘；2—保护绝缘；3—不可触及的金属件；4—可触及的金属件；5—加强绝缘

图 4-1　双重绝缘和加强绝缘

双重绝缘指工作绝缘（基本绝缘）和保护绝缘（附加绝缘）。前者是带电体与不可触及的导体之间的绝缘，是保证设备正常工作和防止触电的基本绝缘；后者是不可触及的导体与可触及的导体之间的绝缘，是当工作绝缘损坏后用于防止触电击的绝缘。

加强绝缘，是基本绝缘经改进后，在绝缘强度和机械性能上具备了与双重绝缘同等防触电能力的单一绝缘，在构成上可以包含一层或多层绝缘材料。

具有双重绝缘和加强绝缘的设备属Ⅱ类设备。按外壳特征分为以下三类Ⅱ类设备：

第一类，全部绝缘外壳的Ⅱ类设备。此类设备其外壳上除了铭牌、螺钉、铆钉等小

金属外，其他金属件都在连接无间断的封闭绝缘外壳内，外壳成为加强绝缘的补充或全部。

第二类，全部金属外壳的Ⅱ类设备。此类设备有一个金属材料制成的无间断的封闭外壳。其外壳与带电体之间应尽量采用双重绝缘；无法采用双重绝缘的部件可采用加强绝缘。

第三类，兼有绝缘外壳和金属外壳两种特征的Ⅱ类设备。

二、双重绝缘和加强绝缘的安全条件

由于具有双重绝缘或加强绝缘，Ⅱ类设备无须再采取接地、接零等安全措施，因此，对双重绝缘和加强绝缘的设备可靠性要求较高。双重绝缘和加强绝缘的设备应满足以下安全条件。

（一）绝缘电阻和电气强度

绝缘电阻在直流电压为 500 V 的条件下测试，工作绝缘的绝缘电阻不得低于 2 MΩ，保护绝缘的绝缘电阻不得低于 5 MΩ，加强绝缘的绝缘电阻不得低于 7 MΩ。

交流耐压试验的试验电压：工作绝缘为 1 250 V、保护绝缘为 2 500 V、加强绝缘为 3 750 V。对于有可能产生谐振电压者，试验电压应比 2 倍谐振电压高出 1 000 V。耐压持续时间为 1 min，试验中不得发生闪络或击穿。

直流泄漏电流试验的试验电压，对于额定电压不超过 250 V 的Ⅱ类设备，应为其额定电压上限值或峰值的 1.06 倍；于施加电压 5 s 后读数，泄漏电流允许值为 0.25 mA。

（二）外壳防护和机械强度

Ⅱ类设备应能保证在正常工作时以及在打开门盖和拆除可拆卸部件时，人体不会触及仅由工作绝缘与带电体隔离的金属部件。其外壳上不得有易于触及上述金属部件的孔洞。

若利用绝缘外护物实现加强绝缘，则要求外护物必须用钥匙或工具才能开启，其上不得有金属件穿过，并有足够的绝缘水平和机械强度。

Ⅱ类设备应在明显位置标上作为Ⅱ类设备技术信息一部分的"回"形标志。例如标在额定值标牌上。

（三）电源连接线

Ⅱ类设备的电源连接线应符合加强绝缘的要求，电源插头上不得有起导电作用以外的金属件，电源连接线与外壳之间至少应有两层单独的绝缘层。

电源线的固定件应使用绝缘材料（如使用金属材料），应加以保护绝缘等级的绝缘。

对电源线截面的要求见表 4-1。

此外，电源连线还应经受得起电源连接线拉力试验标准的拉力试验而不被损坏。

一般场所使用的手持电动工具应优先选用Ⅱ类设备。在潮湿场所或金属构架上工作时，除选用安全电压的工具之外，也应尽量选用Ⅱ类工具。

表 4-1　电源连线截面积

额定电流 I_N/A	电源线截面积/mm^2
$I_N \leq 10$	0.75
$10 < I_N \leq 13.5$	1
$13.5 < I_N \leq 16$	1.5
$16 < I_N \leq 25$	2.5
$25 < I_N \leq 32$	4
$32 < I_N \leq 40$	6
$40 < I_N \leq 63$	10

注：当额定电流在 3 A 以下、长度在 2 m 以下时，允许截面积为 0.5 mm^2。

三、不导电环境

利用不导电的材料制成地板、墙壁等，使人员所处的场所成为一个对地绝缘水平较高的环境，这种场所称为不导电环境或非导电场所。不导电环境应符合如下的安全要求：

①地板和墙壁每一点对地的电阻：500 V 及以下者不应小于 50 k Ω；500 V 以上者不应小于 100 k Ω。

②保持间距或设置屏障，使得在电气设备工作绝缘失效的情况下，人体也不可能同时触及不同电位的导体。

③为了维持不导电的特征，场所内不得设置保护零线或保护地线，并应有防止场所内高电位引出场所外和场所外低电位引入场所内的措施。

④场所的不导电性能应具有永久性特征，不应因受潮或设备的变动等原因使安全水平降低。

第二节　安全电压

安全电压又称为安全特低电压，是属于兼有直接接触触电和间接接触触电防护的安全措施。其保护原理是：通过对系统中可能作用于人体的电压进行限制，从而使触电时流过人体的电流受到抑制，将触电危险性控制在没有危险的范围内。安全电压的大小取决于人体允许电流和人体阻抗。

一、人体允许电流

在摆脱电流范围内，人触电以后能自主地摆脱带电体，解除触电的危险，因此可以将摆脱电流看作是允许的电流。一般情况下，8～10 mA 以下的工频交流电流，50 mA 以下的直流电流可以作为人体允许的安全电流，但这些电流长时间通过人体也是有危险的。在装有防止触电的速断保护装置的场合，人体允许的工频交流电流可按 30 mA 考虑；在空中、水面等可能因电击造成严重二次事故的场合，人体允许的工频交流电流应按不引起强烈痉挛的 5 mA 考虑。

二、人体阻抗

当人体接触带电体时，人体就被当作电路元件接入电路。人体的不同部分（如皮肤、血液、肌肉等）对电流呈现出一定的阻抗，该阻抗就称为人体阻抗。人体的总阻抗通常包括外部阻抗（与触电者当时所穿衣服、鞋袜以及身体的潮湿情况有关，从几千欧至几十兆欧不等）和内部阻抗（又称为人体阻抗）。人体阻抗是由人体内阻抗和皮肤阻抗两部分组成。

人体内阻抗是指与人体接触的两电极之间的阻抗。忽略频率对人体内阻的容性及感性分量影响，那么人体内阻抗基本上可以看成电阻，虽然受电流路径的影响，但其值一般在500 Ω左右。

皮肤阻抗是指皮肤表皮与皮下导电组织两电极之间的阻抗，可看成一个电阻和一个电容并联的等效阻抗。一般认为干燥的皮肤在低电压下具有相当高的阻抗，约100 kΩ。表皮具有这样高的阻抗是因为它没有毛细血管；手指某部位的皮肤还有角质层，角质层的阻抗值更高，而不经常摩擦部位的皮肤的阻抗值是最小的。当接触电压在 50 V 以内时，其数值受接触面积大小、温度、呼吸作用等因素影响而变化显著；当接触电压在 50～100 V 时，其数值大大降低；当接触电压在 500～1 000V 时，这一数值便下降为 1 kΩ；当皮肤被击穿后其阻抗可忽略不计，这时的人体阻抗近似等于体内阻抗。当皮肤阻抗随着电流增加而减小时，可以看到电流所留下的伤痕。皮肤阻抗是人体阻抗的重要部分，在限制低压触电事故的电流时起着非常重要的作用。

人体阻抗不是纯电阻，它包括人体皮肤、血液、肌肉、细胞组织及其结合部在内的含有电阻和电容的阻抗。人体阻抗取决于一定因素，特别是电流路径、接触电压、电流持续时间、频率、皮肤潮湿度、接触面积、施加的压力和温度等。一般在干燥环境中，人体电阻大约在 2 kΩ；皮肤出汗时，约为 1 kΩ左右；皮肤有伤口时，约为 800 Ω。在工频电压下，人体的阻抗随接触面积增大、电压愈高而变得愈小。国际电工委员会（IEC）综合了历年来关于人体阻抗的研究成果，得出人体在 50/60 Hz 交流电时，成人的人体阻抗在 1 kΩ左右。一般情况下，人体阻抗可按 1～2 kΩ考虑。

此外，女性的人体阻抗比男性的小、儿童的比成人的小、青年人的比中年人的小。遭受突然的生理刺激时，人体阻抗可能明显降低。

影响人体阻抗的因素有以下几点：

①按年龄因素来说，人体阻抗会随着年龄的增长而增加。因为随着人体的成熟和衰老，表皮、真皮、肌肉组织都老化，细胞含水量下降后都会使人体阻抗加大。

②性别因素静态的时候，男性人体阻抗大于女性的值。但动态时不好确定，因为男性的汗腺发达，出汗情况会影响人体阻抗。

③皮肤阻抗还与人体的接触面积及压力有关。

④人体健康状况。人体健康状况与人体阻抗的关系比较复杂，但依然有规律。如果疾病引起水肿、多汗、皮肤湿润的，会使人体阻抗变小；反之，疾病使皮肤干燥粗糙、人体失水等症状的，会使人体阻抗增加。

⑤接触电压大小最直接的现象就是人体阻抗会随着接触电压的增高而显著降低。这是由人体的特性决定的，人体电容属于易极化的电容，加在这种电容上的电压越高，极化程

度也越高，电容量就增大，这才是最根本的原因。

⑥皮肤的状况。有的人天生皮肤干燥，有的人则多汗、湿润。皮肤干燥的人的人体阻抗比潮湿的人的人体阻抗大 1 倍以上。

⑦频率因素。人体阻抗为容性阻抗，显然会随着流经人体电流的频率不同而有所变化，并且，人体的电导率和介电常数也是一个随频率而变化的量。

频率对人体阻抗的影响具有以下特点：在 0～30 Hz 范围内，人体阻抗随着频率的升高而减小；当频率大于 100 Hz 时，因为涡流损耗的增加，人体阻抗又会恢复上升。

⑧随着电流增加，皮肤局部发热增加，使汗液增多，人体阻抗下降。电流持续时间越长，人体阻抗下降越多，可以看到电流所留下的伤痕。

三、安全电压

把可能加在人身上的电压限制在某一范围之内，使得在这种电压下，通过人体的电流不超过允许的范围这种电压就叫做安全电压，也叫做安全特低电压。但应注意，任何情况下都不能把安全电压理解为绝对没有危险的电压。

安全电压是为防止触电事故而采用的由特定电源供电的电压系列。这个电压系列的上限值，在任何情况下，两导体间或任一导体之间均不得超过交流（50 Hz）有效值 50 V。我国标准规定工频安全电压（有效值）额定值的电压等级为：42 V、36 V、24 V、12 V 和 6 V。

特别危险环境使用的携带式电动工具应采用 42 V 安全电压；有电击危险环境使用的手持照明灯和局部照明灯应采用 36 V 或 24 V 安全电压；金属容器内、隧道内、水井内以及周围有大面积接地导体等工作地点狭窄，行动不便的环境应采用 12 V 安全电压；水上作业等特殊场所应采用 6 V 安全电压。

具有安全电压的设备属于Ⅲ设备。当电气设备采用超过 24 V 的安全电压时，必须采取防止直接接触带电体的保护措施。

通常采用安全隔离变压器作为安全电压的电源。安全隔离变压器的一次边与二次边之间应有良好的绝缘，保持电气隔离，不得与大地、保护接零（地）或其他电气回路连接；并且一次、二次边均应装设短路保护元件。安全电压的插销座不得与其他电压的插销座有插错的可能。

第三节　漏电保护

漏电保护是利用漏电保护装置来防止电气事故的一种安全技术措施。漏电保护装置又称为剩余电流保护装置（Residual Current Operated Protective Device，RCD），它是一种在规定条件下电路中漏（触）电电流（mA）值达到或超过其规定值时能自动断开电路或发出报警的装置。漏电保护装置作为一种低压安全保护电器，主要用于单相电击保护，也用于防止由漏电引起的火灾，还可用于检测和切断各种一相接地故障。漏电保护装置的功能是提供间接接触电击保护，在其他保护措施失效时，也可作为直接接触电击的补充保护，但不能作为基本的保护措施。

实践证明，漏电保护装置和其他电气安全技术措施配合使用，在防止电气事故方面有显著的作用。本节就漏电保护装置的原理及应用进行介绍。

一、漏电保护装置的原理

电气设备和线路漏电时，将呈现出异常的电流信号，即漏电电流信号。当漏电电流超过允许值时，漏电保护装置通过检测此漏电电流信号，经信号处理，促使执行机构动作，再借助开关设备迅速地自动切断电源或报警，以保证人身安全。

现代漏电保护装置，就其工作机理来说都属于电流动作型，因为电流型漏电保护装置得到了迅速的发展，并占据了主导地位。目前，国内外漏电保护装置的研制生产及有关技术标准均以电流型漏电保护装置为对象。下面主要对电流型漏电保护装置（RCD）进行介绍。

（一）漏电保护装置的组成

图 4-2 是电流型漏电保护装置的组成方框图。其构成主要有三个基本环节，即检测元件、中间环节（包括放大元件和比较元件）和执行机构。另外，还具有辅助电源和试验装置。

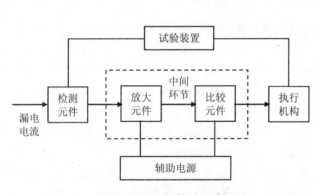

图 4-2　漏电保护器组成框图

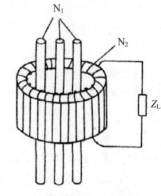

图 4-3　漏电电流互感器

①检测元件。它是一个零序电流互感器，如图 4-3 所示。图中，被保护主电路的相线和中性线穿过环行铁芯构成了互感器的一次线圈 N_1，均匀缠绕在环行铁芯上的绕组构成了互感器的二次线圈 N_2。检测元件的作用是将漏电电流信号转换为电压或功率信号输出给中间环节。

②中间环节。该环节对来自零序电流互感器的漏电信号进行处理。中间环节通常包括放大器、比较器、脱扣器（或继电器）等，不同型式的漏电保护装置在中间环节的具体构成上型式各异。

③执行机构。该机构用于接收中间环节的指令信号，实施动作，自动切断故障处的电源。执行机构多为带有分励脱扣器的自动开关或交流接触器。

④辅助电源。当中间环节为电子式时，辅助电源的作用是提供电子电路工作所需的低压电源。

⑤试验装置。这是对运行中的漏电保护装置进行定期检查时所使用的装置。通常是用

一只限流电阻和检查按钮相串联的支路来模拟漏电的路径，以检验装置能否正常动作。

（二）漏电保护装置的工作原理

图 4-4 是某三相四线制供电系统的漏电保护电气原理图。通过此图对漏电保护装置的原理进行说明。图中 TA 为零序电流互感器，QF 为主开关，YR 为主开关 QF 的分励脱扣器线圈。

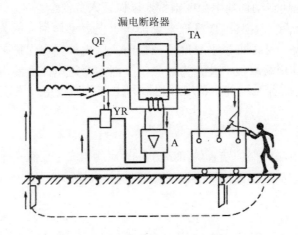

图 4-4　漏电保护器工作原理

在被保护电路工作正常、没有发生漏电或触电的情况下，由克希荷夫定律可知，通过 TA 一次侧电流的相量和等于零。这使得 TA 铁芯中磁通的相量和也为零。TA 二次侧不产生感应电动势。漏电保护装置不动作，系统保持正常供电。

当被保护电路发生漏电或有人触电时，由于漏电电流的存在，通过 TA 一次侧各相负荷电流的相量和不再等于零，即产生了剩余电流。这就导致了 TA 铁芯中磁通的相量和也不再为零，即在铁芯中出现了交变磁通。在此交变磁通作用下，TA 二次侧线圈就有感应电动势产生。此漏电信号经中间环节 A 进行处理和比较，当达到预定值时，使主开关分励脱扣器线圈 YR 通电，驱动主开关 QF 自动跳闸，迅速切断被保护电路的供电电源，从而实现保护。

二、漏电保护装置的分类

（一）按漏电保护装置中间环节的结构特点分类

1. 电磁式漏电保护装置

其中间环节为电磁元件，有电磁脱扣器和灵敏继电器两种型式。电磁式漏电保护装置因全部采用电磁元件，使得其耐过电流和过电压冲击的能力较强，因而无需辅助电源，当主电路缺相时仍能起漏电保护作用。但其灵敏度不易提高，且制造工艺复杂，价格较高。

2. 电子式漏电保护装置

其中间环节使用了由电子元件构成的电子电路，有的是分立元件电路，有的是集成电路。中间环节的电子电路用来对漏电信号进行放大、处理和比较。其特点是灵敏度高、动作电流和动作时间调整方便、使用耐久。但电子式漏电保护装置对使用条件要求严格，抗电磁干扰性能较差，当主电路缺相时，可能会因失去辅助电源而丧失保护功能。

（二）按结构特征分类

1. 开关型漏电保护装置

开关型漏电保护装置是一种将零序电流互感器、中间环节和主开关组合安装在同一机壳内的开关电器，通常称为漏电开关或漏电断路器。其特点是：当检测到触电或漏电后，保护器本身即可直接切断被保护主电路的供电电源。这种保护器有的还兼有短路保护及过载保护功能。

2. 组合型漏电保护装置

组合型漏电保护装置是一种由漏电继电器和主开关通过电气连接组合而成的漏电保护装置。当发生触电、漏电故障时，由漏电继电器进行信号检测、处理和比较，通过其脱扣器或继电器动作，发出报警信号；也可通过控制触点去操作主开关切断供电电源。漏电继电器本身不具备直接断开主电路的功能。

（三）按极数和线数分类

按照主开关的极数和穿过零序电流互感器的线数可将漏电保护装置分为：单极二线漏电保护装置、二极漏电保护装置、二极三线漏电保护装置、三极漏电保护装置、三极四线漏电保护装置和四极漏电保护装置。其中，单极二线漏电保护装置、二极三线漏电保护装置、三极四线漏电保护装置均有一根直接穿过零序电流互感器而不能被主开关断开的中性线。

（四）按运行方式分类

按运行方式分：一是不需要辅助电源的漏电保护装置；二是需要辅助电源的漏电保护装置。此类中又分为辅助电源中断时可自动切断的漏电保护装置和辅助电源中断时不可自动切断的漏电保护装置。

（五）按动作时间分类

按动作时间可将漏电保护装置分为：快速动作型漏电保护装置、延时型漏电保护装置和反时限型漏电保护装置。

（六）按动作灵敏度分类

按动作灵敏度可将漏电保护装置分为：高灵敏度型漏电保护装置、中灵敏度型漏电保护装置和低灵敏度型漏电保护装置。

三、漏电保护装置的主要技术参数

（一）漏电动作性能的技术参数

漏电动作性能的技术参数是漏电保护装置最基本的技术参数，包括漏电动作电流和漏电动作时间。

1. 额定漏电动作电流（$I_{\triangle n}$）

它是指在规定的条件下，漏电保护装置必须动作的漏电动作电流值。该值反映了漏电保护装置的灵敏度。

我国标准规定的额定漏电动作电流值为：6 mA，10 mA，（15 mA），30 mA，（50 mA），（75 mA），100 mA，（200 mA），300 mA，500 mA，1 000 mA，3 000 mA，5 000 mA，10 000 mA，20 000 mA 共 15 个等级（带括号的值不推荐优先采用）。其中，30 mA 及其以下者属高灵敏度，主要用于防止各种人身触电事故；30 mA 以上至 1 000 mA 者属中灵敏度，用于防止触电事故和漏电火灾；1 000 mA 以上者属低灵敏度，用于防止漏电火灾和监视一相接地事故。

2. 额定漏电不动作电流（$I_{\triangle no}$）

它是指在规定的条件下，漏电保护装置必须不动作的漏电不动作电流值。为了防止误动作，漏电保护装置的额定不动作电流不得低于额定动作电流的 1/2。

3. 漏电动作分断时间

它是指从突然施加漏电动作电流开始到被保护电路完全被切断为止的全部时间。为适应人身触电保护和分级保护的需要，漏电保护装置有快速型、延时型和反时限型 3 种。快速型适用于单级保护，用于直接接触电击防护时必须选用快速型的漏电保护装置。延时型漏电保护装置人为地设置了延时，主要用于分级保护的首端。反时限型漏电保护装置是配合人体安全电流—时间曲线而设计的，其特点是漏电电流愈大，则对应的动作时间愈小，呈现反时限动作特性。

快速型漏电保护装置动作时间与动作电流的乘积不应超过 30 mA·s。

我国标准规定漏电保护装置的动作时间见表 4-2，表中额定电流≥40 A 的一栏适用于组合型漏电保护装置。

表 4-2　漏电保护装置的动作时间

额定动作电流 $I_{\triangle n}$/mA	额定电流/A	动作时间/s			
		$I_{\triangle n}$	$2I_{\triangle n}$	0.5A	$5I_{\triangle n}$
≤30	任意值	0.2	0.1	0.04	—
>30	任意值	0.2	0.1	—	0.04
	≥40	0.2	—	—	0.15

延时型漏电保护装置延时时间的优选值为：0.2 s、0.4 s、0.8 s、1 s、1.5 s、2 s。

（二）其他技术参数

漏电保护装置的其他技术参数的额定值主要有：

额定频率为 50 Hz；

额定电压为 220 V 或 380 V；

额定电流（I_n）为 6 A，10 A，16 A，20 A，25 A，32 A，40 A，50 A，（60A），63 A，（80A），100A，（125A），160A，200A，250A（带括号值不推荐优先采用）。

（三）接通分断能力

漏电保护装置的接通分断能力应符合表 4-3 的规定。

表 4-3　漏电保护开关的分断能力

额定动作电流 $I_{\triangle n}$/mA	接通分断电流/A
$I_{\triangle n} \leqslant 10$	$\geqslant 300$
$10 < I_{\triangle n} \leqslant 50$	$\geqslant 500$
$50 < I_{\triangle n} \leqslant 100$	$\geqslant 1\,000$
$100 < I_{\triangle n} \leqslant 150$	$\geqslant 1\,500$
$150 < I_{\triangle n} \leqslant 200$	$\geqslant 2\,000$
$200 < I_{\triangle n} \leqslant 250$	$\geqslant 3\,000$

四、漏电保护装置的应用

（一）漏电保护装置的选用

选用漏电保护装置应首先根据保护对象的不同要求进行选型，既要保证在技术上有效，还应考虑经济上的合理性。不合理的选型不仅达不到保护目的，还会造成漏电保护装置的拒动作或误动作。正确合理地选用漏电保护装置，是实施漏电保护措施的关键。

1. 动作性能参数的选择

①防止人身触电事故。用于直接接触电击防护的漏电保护装置应选用额定动作电流为 30 mA 及其以下的高灵敏度、快速型漏电保护装置。

在浴室、游泳池、隧道等场所，漏电保护装置的额定动作电流不宜超过 10 mA。

在触电后，可能导致二次事故的场合，应选用额定动作电流为 6 mA 的快速型漏电保护装置。

漏电保护装置用于间接接触电击防护时，着眼点在于通过自动切断电源，消除电气设备发生绝缘损坏时因其外露可导电部分持续带有危险电压而产生触电的危险。例如，对于固定式的电机设备、室外架空线路等，应选用额定动作电流为 30 mA 及其以上的漏电保护装置。

②防止火灾。对木质灰浆结构的一般住宅和规模小的建筑物，考虑其供电量小、泄漏电流小的特点，并兼顾到电击防护，可选用额定动作电流为 30 mA 及其以下的漏电保护装置。

对除住宅以外的中等规模的建筑物，分支回路可选用额定动作电流为 30 mA 及其以下的漏电保护装置；主干线可选用额定动作电流为 200 mA 以下的漏电保护装置。

对钢筋混凝土结构的建筑，内装材料为木质时，可选用 200 mA 以下的漏电保护装置；内装材料为不燃物时，应区别情况，可选用 200 mA 到数安的漏电保护装置。

③防止电气设备烧毁。由于作为额定动作电流选择的上限，选择数安的电流一般不会造成电气设备的烧毁，因此，防止电气设备烧毁所考虑的主要是与防止触电事故的配合和满足电网供电可靠性问题。通常选用 100 mA 到数安的漏电保护装置。

2．其他性能的选择

对于连接户外架空线路的电气设备，应选用冲击电压不动作型漏电保护装置。

对于不允许停转的电动机，应选用漏电报警方式而不是漏电切断方式的漏电保护装置。

对于照明线路，宜根据泄漏电流的大小和分布，采用分级保护的方式。支线上选用高灵敏度的漏电保护装置，干线上选用中灵敏度的漏电保护装置。

漏电保护装置的极线数应根据被保护电气设备的供电方式选择，单相 220 V 电源供电的电气设备应选用二极或单极二线式漏电保护装置；三相三线 380 V 电源供电的电气设备应选用三极式漏电保护装置；三相四线 220/380 V 电源供电的电气设备应选用四极或三极四线式漏电保护装置。

漏电保护装置的额定电压、额定电流、分断能力等性能指标应与线路条件相适应。漏电保护装置的类型应与供电线路、供电方式、系统接地类型和用电设备特征相适应。

（二）漏电保护装置的安装

1．需要安装漏电保护装置的场所

带金属外壳的Ⅰ类设备和手持式电动工具，安装在潮湿或强腐蚀等恶劣场所的电气设备，建筑施工工地的电气施工机械设备，临时性电气设备，宾馆类的客房内的插座，触电危险性较大的民用建筑物内的插座，游泳池、喷水池或浴室类场所的水中照明设备，安装在水中的供电线路和电气设备，以及医院中直接接触人体的电气医疗设备（胸腔手术室除外）等均应安装漏电保护装置。

对于公共场所的通道照明及应急照明电源，消防电梯及确保公共场所安全的电气设备的电源，消防设备（如火灾报警装置、消防水泵、消防通道照明等）的电源，防盗报警装置的电源，以及其他不允许突然停电的场所或电气装置的电源，若在发生漏电时上述电源被立即切断，将会造成严重事故或重大经济损失。因此，在上述情况下，应装设不切断电源的漏电报警装置。

2．不需要安装漏电保护装置的设备或场所

使用安全电压供电的电气设备，一般环境情况下使用的具有双重绝缘或加强绝缘的电气设备，使用隔离变压器供电的电气设备，在采用了不接地的局部等电位联结安全措施的场所中适用的电气设备，以及其他没有间接接触电击危险场所的电气设备。

3．漏电保护装置的安装要求

漏电保护装置的安装应符合生产厂家产品说明书的要求，应考虑供电线路、供电方式、系统接地类型和用电设备特征等因素。漏电保护装置的额定电压、额定电流、额定分断能力、极数、环境条件以及额定漏电动作电流和分断时间，在满足被保护供电线路和设备的运行要求时，还必须满足安全要求。

漏电保护装置的正确使用接线方法可见表 4-4。

表 4-4　漏电保护装置使用接线方法

系　统	接　　　　　　　　　　　　　　线
三相 220/380V 接零保护系统	专用变压器供电 TN-S 系统
	三相四线制供电局部 TN-S 系统

注：L_1、L_2、L_3—相线；N—工作零线；PE—保护零线、保护线；1—工作接地；2—重复接地；T—变压器；RCD—漏电保护器；H—照明器；W—电焊机；M—电动机。

①安装漏电保护装置之前，应检查电气线路和电气设备的泄漏电流值和绝缘电阻值。所选用漏电保护装置的额定不动作电流应不小于电气线路和设备正常泄漏电流最大值的 2 倍。当电气线路或设备的泄漏电流大于允许值时，必须更换绝缘良好的电气线路或设备。

②安装漏电保护装置不得拆除或放弃原有的安全防护措施，漏电保护装置只能作为电气安全防护系统中的附加保护措施。

③漏电保护装置标有电源侧和负载侧，安装时必须加以区别，按照规定接线，不得接反。如果接反，会导致电子式漏电保护装置的脱扣线圈无法随电源切断而断电，以致长时间通电而烧毁。

④安装漏电保护装置时，必须严格区分中性线和保护线。使用三极四线式和四极四线式漏电保护装置时，中性线应接入漏电保护装置。经过漏电保护装置的中性线不得作为保护线、不得重复接地或连接设备外露可导电部分。

⑤保护线不得接入漏电保护装置。

⑥漏电保护装置安装完毕后应操作试验按钮试验 3 次，带负载分合 3 次，确认动作正常后才能投入使用。

⑦漏电保护器的安装、检查等应由专业电工负责进行。对电工应进行有关漏电保护器

知识的培训、考核。内容包括漏电保护器的原理、结构、性能、安装使用要求、检查测试方法、安全管理等。

（三）漏电保护装置的运行

1. 漏电保护装置的运行管理。为了确保漏电保护装置的正常运行，必须加强运行管理

①漏电保护器投入运行后，每月需在通电状态下，按动试验按钮，检查漏电保护器动作是否可靠。雷雨季节应增加试验次数。

②为检验漏电保护装置使用中动作特性的变化，应定期对其动作特性（包括漏电动作电流值、漏电不动作电流值及动作时间）进行试验。

③运行中漏电保护器跳闸后，应认真检查其动作原因，排除故障后再合闸送电。

2. 漏电保护装置的误动作和拒动作分析

（1）误动作

它是指线路或设备未发生预期的触电或漏电时漏电保护装置产生的动作。误动作的原因主要来自两方面：一方面是由漏电保护装置本身的原因引起；另一方面是由来自线路的原因引起。

由漏电保护装置本身引起误动作的主要原因是质量问题。如装置在设计上存在缺陷，选用元件质量不良，装配质量差，屏蔽不良等，均会降低保护器的稳定性和平衡性，使可靠性下降，从而导致误动作。

由线路原因引起误动作的原因主要有：

①接线错误。例如，保护装置后方的零线与其他零线连接或接地，或保护装置的后方的相线与其他支路的同相相线连接，或将负载跨接在保护装置电源侧和负载侧等。

②绝缘恶化。保护器后方一相或两相对地绝缘破坏或对地绝缘不对称降低，都将产生不平衡的泄漏电流，从而引发误动作。

③冲击过电压。冲击过电压产生较大的不平衡冲击泄漏电流，从而导致误动作。

④不同步合闸。不同步合闸时，先于其他相合闸的一相可能产生足够大的泄漏电流，从而引起误动作。

⑤大型设备启动。在漏电保护装置的零序电流互感器平衡特性差时，大型设备的大起动电流作用下，零序电流互感器一次绕组的漏磁可能引发误动作。

此外，偏离使用条件，制造安装质量低劣，抗干扰性能差等都可能引起误动作的发生。

（2）拒动作

它是指线路或设备已发生预期的触电或漏电而漏电保护装置却不产生预期的动作。拒动作较误动作少见，然而其带来的危险不容忽视。造成拒动作的原因主要有：

①接线错误。错将保护线也接入漏电保护装置，从而导致拒动作。

②动作电流选择不当。额定动作电流选择过大或整定过大，从而造成拒动作。

③线路绝缘阻抗降低或线路太长。由于部分电击电流经绝缘阻抗再次流经零序电流互感器返回电源，从而导致拒动作。

此外，零序电流互感器二次线圈断线，脱扣元件粘连等各种各样的漏电保护装置内部故障、缺陷均可造成拒动作。

第五章

用电设备安全

绝大多数用电设备是低压用电设备。低压用电设备种类很多，本章所涉及的用电设备是一些最常用的、危险性较大的低压用电设备，主要包括电动机、手持电动工具、照明装置等电气设备。

第一节　工作环境对电气设备的要求

空气中介质的状态，以及其他环境参数都影响触电的危险性。例如，潮湿、导电性粉尘、腐蚀性蒸气和气体对电气设备的绝缘起破坏作用，大幅度降低其绝缘电阻，可能造成电气设备的外壳、机座等金属部件带上危险的电压，并由此酿成触电事故。在这种情况下，如果环境温度较高，人体电阻降低，将更加增大触电的危险性。又如，导电性地板以及电气设备附近有金属接地物体存在，使得容易构成电流回路，从而增大触电的危险性。因此，应根据电气设备所在环境触电危险的程度，选用适当防护型式的电气设备。电气设备的结构及所采取的安全措施应能防护所在环境中各种不安全因素的影响。

一、工作环境的分类

按照电击的危险程度，工作环境可分为三类：普通环境、危险环境和高度危险环境。

（一）普通环境（无较大危险的环境）

普通环境属于无较大危险的环境，或者说这些环境不具备有较大危险和特别危险环境的特征。在正常情况下，这类环境必须是干燥（相对湿度不超过 75%）、无导电性粉尘的环境，而且这类环境中其金属物品、构架、机器设备不多，金属占有系数不超过 20%；此外，这类环境的地板是绝缘地板（如木地板、沥青或瓷砖）等非导电性材料制成的。普通住房、办公室、某些实验室、仪表装配车间等均属于无较大危险的环境。

（二）危险环境（有较大危险的环境）

凡是有下列条件之一者，均属于有较大危险的环境：
①空气相对湿度经常超过 75%的潮湿环境；
②环境温度经常或昼夜间周期性地超过 35℃的炎热环境；
③含导电性粉尘，即生产过程中排出工艺性导电粉尘（如煤尘、金属尘等），并沉积在导线上或进入机器、仪器内的环境；

④有金属、泥土、钢筋混凝土、砖等导电性地板或地面的环境；

⑤工作人员同时一方面接触接地的金属构架、金属结构、工艺装备；另一方面又接触电气设备的金属壳体的环境。

机械厂的金工车间和锻工车间，冶金厂的压延车间、拉丝车间、电炉电极车间、电刷车间、煤粉车间、水泵房、空气压缩站、成品库、车库等都属于有较大危险的环境。

（三）高度危险环境（特别危险的环境）

1. 凡是有下列条件之一者均属于特别危险的环境

①相对湿度接近 100% 的特别潮湿的环境；

②室内经常或长时间存在对电气设备的绝缘或导电部分产生破坏作用的腐蚀性蒸气、气体、液体等化学活性介质或有机介质的环境；

③具有两种及两种以上有较大危险环境特征的环境（例如，有导电性地板的潮湿环境、有导电性粉尘的炎热环境等）。

很多生产厂房，如铸造车间、酸洗车间、电镀车间、电解车间、漂染车间、化工厂的大多数车间，以及发电厂的所有车间、室外电气装置设置区域、电缆沟等，都属于特别危险环境。

2. 电气设备的类型及适用范围

①开启式。开启式设备的带电部分没有任何防护，人很容易触及其带电部分。这种设备只用于触电危险性小，而且人不易接近的环境。

②防护式。防护式设备的带电部分有罩或网加以防护，人不易触及其带电部分，但潮气、粉尘等能够侵入。这种设备只宜于触电危险性小的环境。

③封闭式。封闭式设备的带电部分有严密的罩盖，潮气、粉尘等不易侵入。这种设备可用于触电危险性大的环境。

④密闭式和防爆式。密闭式和防爆式设备内部与外部完全隔绝，可用于触电危险性大、有爆炸危险或有火灾危险的环境。

二、电气设备触电防护分类

按照触电防护方式，电气设备分为以下 5 类：

①0 类：这种设备仅仅依靠基本绝缘来防止触电。0 类设备外壳上和内部的不带电导体上都没有接地端子。

②0 I 类：这种设备也是依靠基本绝缘来防止触电的，但是，这种设备的金属外壳上装有接地（零）的端子，不提供带有保护芯线的电源线。

③ I 类：这种设备除依靠基本绝缘外，还有一个附加的安全措施。I 类设备外壳上没有接地端子，但内部有接地端子，自设备内引出带有保护插头的电源线。

④ II 类：这种设备具有双重绝缘和加强绝缘的安全防护措施。

⑤ III 类：这种设备依靠超低安全电压供电以防止触电。

手持电动工具没有 0 类和 0 I 类产品，市售产品基本上都是 II 类设备。移动式电气设备大部分是 I 类产品。

三、电气设备外壳防护等级

电机和低压电器的外壳防护包括两种防护：第一种防护是对固体异物进入内部的防护以及对人体触及内部带电部分或运动部分的防护；第二种防护是对水进入内部的防护。

根据 GB 4208—84 标准，外壳防护等级按如下方法标志：

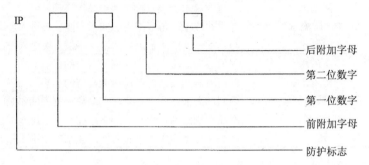

第一位数字表示第一种防护型式等级；第二位数字表示第二种防护型式等级。仅考虑一种防护时，另一位数字用"×"代替。前附加字母是电机产品的附加字母，W 表示气候防护式电机，R 表示管道通风式电机；后附加字母也是电机产品的附加字母，S 表示在静止状态下进行第二种防护型式试验的电机，M 表示在运转状态下进行第二种防护型式试验的电机。如无需特别说明，附加字母可以省略。

第一种防护分为 7 级。各级防护性能见表 5-1。

表 5-1　电气设备第一种防护性能

防护等级	简称	防护性能
0	无防护	没有专门的防护
1	防护大于 50mm 的固体	能防止直径大于 50mm 的固体异物进入壳内；能防止人体的某一大面积部分（如手）偶然或意外触及壳内带电或运动部分，但不能防止有意识地接近这些部分
2	防护大于 12mm 的固体	能防止直径大于 12mm 的固体异物进入壳内；能防止手指触及壳内带电或运动部分①
3	防护大于 2.5mm 的固体	能防止直径大于 2.5mm 的固体异物进入壳内；能防止厚度（或直径）大于 2.5mm 的工具、金属线等触及壳内带电或运动部分①、②
4	防护大于 1mm 的固体	能防止直径大于 1mm 的固体异物进入壳内；能防止厚度（或直径）大于 1mm 的工具、金属线等触及壳内带电或运动部分
5	防尘	能防止灰尘进入达到影响产品正常运行的程度；能完全防止触及壳内带电或运动部分①
6	尘密	能完全防止灰尘进入壳内；能完全防止触及壳内带电或运动部分①

注：① 对用同轴外风扇冷却的电动机，风扇的防护应能防止其风叶或轮辐被试指触及；在出风口，直径 50mm 的试指插入时，不能通过护板；

　　② 不包括泄水孔，泄水孔不应低于第 2 级的规定。

第二种防护分为 9 级。各级防护性能见表 5-2。

表 5-2　电气设备第二种防护性能

防护等级	简称	防护性能
0	无防护	没有专门的防护
1	防滴水	垂直的滴水不能直接进入产品的内部
2	15°防滴水	与垂线成 15°角范围内的滴水不能直接进入产品的内部
3	防淋水	与垂线成 60°角范围内的淋水不能直接进入产品的内部
4	防溅水	任何方向的溅水对产品应无有害的影响
5	防喷水	任何方向的喷水对产品应无有害的影响
6	防海浪或强力喷水	强烈的海浪或强力喷水对产品应无有害的影响
7	浸水	产品在规定的压力和时间下浸在水中，进水量应无有害影响
8	潜水	产品在规定的压力下长时间浸在水中，进水量应无有害影响

第二节　电动机

电动机是工业企业最常用的用电设备。其作用是把电能转换为机械能。作为动力机，电动机具有结构简单、操作方便、价格低、效率高等优点。因此，在各方面被广泛应用。厂矿中电动机消耗的电能占总能耗量的 50% 以上。由此可见，电动机的安全运行是保证厂矿正常生产的基本条件之一。

一、电动机的选用

电动机的种类很多，有直流电动机和交流电动机。交流电动机又分为同步电动机和异步电动机（感应电动机），异步电动机又分为绕线式电动机和鼠笼式电动机。

电动机的电磁机构由定子部分和转子部分组成。直流电动机的定子上装有极性固定的磁极，直流电源经整流子（换向器）接入转子（电枢），转子电流与定子磁场相互作用产生机械力矩使转子旋转。直流电动机结构复杂，可靠性较低，但具有良好的调速性能和启动性能。直流电动机主要用于电机车、轧钢机、大中型提升机等调速或启动要求高的设备。

交流电动机的定子（电枢）上装有不同型式的交流绕组，接通交流电源后即产生旋转磁场。

同步电动机转子上装有极性固定的磁极。定子接通交流电源后，转子开始旋转；至转速达到同步转速（旋转磁场转速）的 95% 时，转子经滑环接通直流电源，电动机进入同步运转。同步电动机的结构也比较复杂，但同步电动机可以通过励磁电流的调节改变定子电流的相位，使同步电动机成为容性负载。因此，同步电动机可为电网提供无功功率。同步电动机主要用于不需调速的、不频繁启动的大型设备。

异步电动机转子上都不接电源，由定子产生的旋转磁场在转子绕组中产生感应电动势和感应电流，感应电流再与旋转磁场作用产生电磁转矩，拖动转子旋转。工作在电动机状态的异步电动机，转速必定低于同步转速。否则，其间不发生感应（转子不切割磁力线），不产生电磁转矩。绕线式电动机转子绕组经滑环与外部电阻器等元件连接，用以改变启动特性和调速。绕线式电动机主要用于启动、制动控制频繁和启动困难的场合，如起重机械和一些冶金机械等。

鼠笼型电动机的转子绕组是笼状短路绕组，结构简单，工作可靠，维护方便，但启动性能和调速性能差。鼠笼型电动机广泛用于各种机床、泵、风机等多种机械的电力拖动，是应用最多的电动机。

应根据环境条件，选用相应防护等级的电动机。例如，多尘、水土飞溅或火灾危险场所应选用封闭式电动机，爆炸危险场所应选用防爆型电动机等。

电动机的功率必须与生产机械负荷的大小及其持续和间断的规律相适应。电动机功率太小，势必造成电动机过负载工作，造成电动机过热。过热对电动机的绝缘是很不利的，它不仅会加速绝缘的老化，还会缩短电动机的使用年限，而且还可能由于绝缘损坏而造成触电事故。

二、电动机安全运行条件

新安装的三相笼型异步电动机在投入运行前应检查接法是否正确，与电源电压是否相符，防护是否完好（Y 系列电动机防护等级为 IP44），外壳接零或接地是否良好，绝缘电阻是否合格，各部螺丝是否紧固，盘车是否正常，启动装置是否完好。带负荷前应空载运行一段时间，空载试运行时转向、转速、声音、振动、电流应无异常。

（一）基本要求

电动机在运行时，其电压、电流、频率、温升等运行参数应符合要求。

①电动机的电压波动不得太大。由于三相电压的波动对电动机转矩的影响很大，所以电压波动不得超过额定电压的-5%～10%。

②电动机的三相电压不平衡不得太大。由于三相电压不平衡会引起电动机额外的发热，所以三相电压不平衡不得超过额定电压的 5%。

③三相电流不平衡不得太大。当各项电流均未超过额定电流时，三相最大不平衡电流不得超过额定电流的 10%。

④当环境温度为 35℃时，电动机的允许温升可参考表 5-3 所列数值；环境温度低于 35℃时，电动机功率可增加（35–t）%，但最多不得超过 8%～10%；环境温度高于 35℃时，电动机功率应降低（t–35）%。

表 5-3　电动机允许温升

部　位	绝缘等级					测量方法
	A	E	B	F	H	
绕　组	70	85	95	105	130	电阻法
铁　芯	70	85	95	105	130	温度计法
滑　环	70					温度计法
滚动轴承	80					温度计法
滑动轴承	45					温度计法

⑤电动机的各项绝缘指标应符合第二章的要求，其绝缘电阻见表5-4。

表5-4　电动机绝缘电阻允许值

额定电压/V	6 000			<500			≤42		
绕组温度/℃	20	45	75	20	45	75	20	45	75
交流电动机定子绕组/MΩ	25	15	6	3	1.5	0.5	0.15	0.1	0.05
线绕式转子绕组和滑换/MΩ	—	—	—	3	1.5	0.5	0.15	0.1	0.05
直流电动机电枢绕组和换向器/MΩ	—	—	—	3	1.5	0.5	0.15	0.1	0.05

⑥电动机振动的双幅值不应超过 0.05～0.12 mm。

⑦电动机的声音应当轻而均匀；电动机的滑动接触处只允许有不连续的或微弱的火花。

⑧直流电动机在运行时，其换向器上可能出现火花。如无特殊要求，且在额定工作状态下运行时，滑动接触处的火花不应大于 $1\frac{1}{2}$ 级，在短时过电流时或短时过转矩时不应大于 2 级，仅在无变阻器直接启动或逆转瞬间允许达到 3 级。各级火花特征如下：

$1\frac{1}{4}$ 级——电刷边缘小部分有轻弱的火花或红色小火花；

$1\frac{1}{2}$ 级——电刷边缘大部分或全部有轻弱的火花；

2 级——电刷边缘全部或大部分有较强烈的火花；

3 级——电刷整个边缘有强烈的火花并有大火花飞出。

（二）电动机起动前的要求

1. 对新投入或大修后投入运行的电动机的要求

①三相交流电动机定子绕组、线绕式导步电动机的转子绕组的三相直流电阻偏差应不小于 2%。对某些只要换个别线圈的电动机，其直流电阻偏差应不超过 5%，但当电源的三相电压平衡时，三相电流中任一相与三相平均值的偏差不得超过 10%。

②直流电动机电枢绕组与换向片焊接后，片间电阻相差应小于 5%～8%。

③电动机定子与转子之间的气隙不均匀度不允许超过表5-5 所列的数值。

表5-5　电动机定子与转子间气隙不均匀度允许值

公称气隙/mm	不均匀度
0.2～0.5	±25%
0.5～0.75	±20%
0.75～1.0	±18%
1.0～1.3	±15%
>1.40	±10%

④直流电动机或滑动环式电动机的换向器、滑环的电刷及刷架应完好，弹簧压力及电刷与刷盒的配合以及电刷与滑环或换向器的接触面应符合要求。

⑤电动机绕组的绝缘电阻应符合规定，电动机的绝缘电阻一般应大于表5-4的规定。

2. 长时间（如3个月以上）停用的电动机，投入运行前的要求

①用手电筒检查内部是否清洁，有无脏物，并用压缩空气（不超过两个大气压）或"皮老虎"吹扫干净。

②检查线路电压和电动机接法是否符合铭牌规定，电动机引出线与线路连接是否牢固，有无松动或脱落，机壳接地是否可靠。

③熔断器、断电保护装置、信号保护装置、自动控制装置均应调试到符合要求。

④检查电动机润滑系统。油质是否符合标准，有无缺油现象。对于强迫润滑的电动机，起动前还应检查油路系统有无阻塞，油温是否合适，物质循环油量是否合乎要求。电动机应经过试运行正常后方可起动。

⑤各紧固螺丝不得松动。

⑥测量绝缘电阻是否符合规定要求。

⑦检查传动装置。皮带不得过松或过紧，连接要可靠，无伤裂迹象，联轴器螺丝帽及销子应完整、坚固，不得松动少缺。

⑧通风系统应完好，通风装置和空气滤清器等部件应符合有关规定要求。

三、电动机的运行监视与维护

（一）电动机的运行监视

①电动机电流是否超过允许值。

②轴承的温度及润滑是否正常。电动机轴承的最高允许温度，应遵守制造厂的规定。无制造厂的规定时，可按照下列标准：滑动轴承不得超过80℃，滚动轴承不得超过100℃。

③电动机有无异常音响。

④对直流电动机和电刷经常压在滑环上运行的线绕式转子电动机，应注意电刷是否有冒火或其他异常现象。

⑤注意电动机及其周围的温度，保持电动机附近的清洁，电动机周围不应有煤灰、水汽、油污、金属导线、棉纱头等，以免被卷入电动机内。

⑥由外部用管道引入空气冷却的电动机，应保持管道清洁畅通，连接处要严密，闸门应在正确位置上。对大型密闭式冷却的电动机，应检查其冷却水系统运行是否正常。

⑦按规定时间，记录电动机表计的计数，电动机起动停止的时间及原因，并记录所发现的一切异常现象。

（二）电动机运行中的事故停机

电动机在运行中，如出现异常现象，除应加强监视，迅速查明原因外，还应报告有关人员。如发生下列情况之一，应立即切断电源或去掉负荷，紧急停机。

①发生人身事故与运行中的电动机有关；

②电动机所拖动的机械发生故障；

③电动机冒烟起火；

④电动机轴承温度超过了允许值，不停机将造成损坏；

⑤电动机电流超过铭牌规定值，或在运行中电流猛增，原因不明并无法消除；

⑥电动机在发热和发出异声的同时，转速急剧变化；

⑦电动机内部发生冲击（扫膛、中轴）；

⑧传动装置失灵或损坏；

⑨电动机强烈振动；

⑩电动机的起动装置、保护装置、强迫润滑或冷却系统等附属设备发生事故，并影响电动机的正常运行。

（三）电动机的维护

电动机保养、维护的周期及要求。应根据电动机的容量大小、重要程度、使用状况及环境条件等因素决定，并纳入现场规程中，现就一般情况按周期分别介绍如下：

1．交接班时进行的工作

①检查电动机各部位的发热情况

②电动机和轴承运转的声音。

③各主要连接外的情况，变阻器、控制设备等的工作情况。

④直流电动机和交流滑环式电动机的换向器、滑环和电刷的工作情况。

⑤润滑油的油面高度。

2．每月应进行的工作

①擦拭电动机外部的油污及灰尘，吹扫内部的灰尘及电刷粉末等。

②测定电动机的运行转速和振动情况。

③拧紧各紧固螺钉。

④检查接地装置。

3．每半年应进行的工作

①清扫电动机内部和外部的灰尘、污物和电刷粉尘等。

②调整电刷压力，更换或研磨已损坏的电刷。

③检查并擦拭刷架、刷握、滑环和换向器。

④全面检查润滑系统，补充润滑脂或更换润滑油。

⑤检查、调整通风、冷却系统。

⑥检查、调整传动机构。

4．每年应进行的工作

①解体清扫电动机绕组、通风沟、接线板。

②测量绕组的绝缘电阻，必要时应进行干燥。

③检查滑环、换向器的不平度、偏摆度，超差时应修复。

④调整刷握与滑环、换向器之间的距离。

⑤检查清洗轴承及润滑系统，测定轴承间隙，更换磨损超出规定的滚动轴承，对损坏较重的滑动轴承应重新挂锡。

⑥更换已损坏的转子绑箍钢丝。

⑦测量并调整电动机定、转子间的气隙。

⑧清扫变阻器、起动器与控制设备、附属设备及其他机构，更换已损坏的电阻、触头、元件、冷却油及其他损坏的零部件。

⑨检查、修理接地装置。

⑩调整传动装置。

⑪检查、校核、测试和记录仪表。

⑫检查开关及熔断器的完好状况。

第三节　手持式电动工具和移动式电气设备

一、手持式电动工具及安全要求

（一）分类

手持式电动工具依据不同的参照标准有多种分类方法，下面主要介绍由应用范围和触电防护方式而进行分类的两种方法。

1.按照应用范围分类

①金属切削类：电钻、磁座钻、电绞刀、电动刮刀、电剪刀、电冲剪、电动曲线锯、电动锯管机、电动往复锯、电动型材切割机、电动型攻丝机、多用电动工具。

②砂磨类：电动砂轮机、电动砂光机、电动抛光机。

③装配类：电扳手、电动螺丝刀、电动脱管机。

④林木类：电刨、电动开槽机、电插、电动带锯、电动木工砂光机、电链锯、电圆锯、电动木钻、电动木铣、电动打枝机、电动木工刀具砂轮机。

⑤农牧类：电动剪毛机、电动采茶机、电动剪枝机、电动粮食插秧机、电动喷油机。

⑥建筑道路类：电动混凝土振动器、冲击电钻、电锤、电镐、电动地板刨光机、电动打夯机、电动地板砂光机、电动水磨石机、电动砖瓦铣沟机、电动钢筋切断机、电动混凝土钻机。

⑦铁道类：铁道螺丝钉电扳手、枕木电钻、枕木电镐。

⑧矿山类：电动凿岩机、岩石电钻。

⑨其他类：电动骨钻、电动胸骨钻、石膏电钻、电动卷花机、电动地毯剪、电动裁布机、电动雕刻机、电动除锈机、电喷枪、电动锅炉去垢机。

2.按照触电防护方式分类

手持式电动工具按电击防护方式，分为Ⅰ类工具、Ⅱ类工具和Ⅲ类工具。

①Ⅰ类工具（普通型电动工具）。工具在防止触电的保护方面不仅依靠基本绝缘，而且它还包含一个附加的安全预防措施，其方法是将可触及的可导电的零件与已安装的固定线路中的保护（接地）导线连接起来，以这样的方法来使可触及的可导电的零件在基本绝缘损坏的事故中不成为带电体。这类工具一般都采用全金属外壳。

②Ⅱ类工具（绝缘结构全部为双重绝缘结构的电动工具）。在防止触电的保护方面不

仅依靠基本绝缘，而且还提供双重绝缘或加强绝缘的附加安全预防措施。这类工具的外壳有金属和非金属两种，但手持部分是非金属，在工具的明显部位标有Ⅱ类结构符号"回"。

③Ⅲ类工具（特低电压的电动工具）。在防止触电的保护方面依靠由安全特低电压供电和在工具内部不含产生比安全特低电压高的电压。

（二）合理选用

根据各类电动工具的触电保护特性的不同，在不同场所应选用不同类型的电动工具，并配备相应的保护装置，以保证使用者的安全。

1. **各类电动工具的特点**

目前，Ⅰ、Ⅱ类工具的电压一般是 220 V 或 380 V，Ⅲ类工具过去都采用 36 V，现国家标准规定为 42 V，需要专用变压器，此类工具很少使用。根据国内外情况来看，Ⅱ类工具是发展方向，使用起来安全可靠，略加必要的安全措施又能代替Ⅲ类工具要求，因此发展使用Ⅱ类工具势在必行。

由电动工具造成的触电死亡事故的统计分析可知，几乎都是由Ⅰ类电动工具引起的。Ⅰ类电动工具的接地接零虽能抑制危险电压，但它的触电保护效果还是不够的，其原因是此类电动工具主要依靠工具本身的基本绝缘的好坏及接地装置的完整性，而且还要依靠使用场所的接地接零系统来保证。由于目前许多工矿企业的接地装置的维护还不够完备，有的接地电阻太大，有的接地不良，有的甚至还没有接地装置；所以今后在使用Ⅰ类工具时还必须采用其他附加安全保护措施，如漏电保护器、安全隔离变压器等。

Ⅱ类电动工具比Ⅰ类电动工具安全可靠，其表现为工具本身除基本绝缘外，还有一层独立的附加绝缘，当基本绝缘损坏时，操作者仍能与带电体隔离，不致触电。

Ⅲ类电动工具（42 V 以下安全电压工具），由于采用了安全隔离变压器作为独立电源，在使用时，即使外壳漏电，因流过人体的电流很小，一般不会发生触电事故。

2. **选用规则**

①在一般工作场所，为保证使用的安全，应选用Ⅱ类工具，并装设漏电保护器和安全隔离变压器等。否则，使用者必须戴绝缘手套，穿绝缘鞋或站在绝缘垫上。

②在潮湿导电的场所或金属构架上作业时，必须使用Ⅱ类或Ⅲ类工具。

如果使用Ⅰ类工具，必须装设额定漏电动作电流不大于 30 mA、动作时间不大于 0.1 s 的漏电保护器。

③在狭窄场所如锅炉、金属容器、管道等内作业时，应使用Ⅲ类工具。如果使用Ⅱ类工具，必须装设额定漏电动作电流不大于 15 mA、动作时间不大于 0.1 s 的漏电保护器。

Ⅲ类工具的安全隔离变压器，Ⅱ类工具的漏电保护器及Ⅱ类、Ⅲ类工具的控制箱和电源连接器等必须放在外面，同时应有人在外监护。

④在特殊环境如湿热、雨雪以及存在爆炸性或腐蚀性气体的场所中作业时，使用的工具必须符合相应防护等级的安全技术要求。

3. **手持式电动工具使用的安全要求**

①辨认铭牌，检查工具或设备的性能是否与使用条件相适应。

②应设专人负责保管，定期检修和制定健全的管理制度。

③每次使用前必须经过外观检查（如防护罩、防护盖、手柄防护装置等有无损伤、变

形或松动）和电气检查（如电源开关是否失灵、是否破损、是否牢固，接线有无松动等），其绝缘强度必须保持在合格状态。

④电源线应采用橡皮绝缘软电缆；单相用三芯电缆，三相用四芯电缆；电缆不得有破损或龟裂，中间不得有接头。

⑤Ⅰ类设备应有良好的接零或接地措施，且保护导体应与工作零线分开；保护零线（或地线）应采用截面积 0.75～1.5 mm² 以上的多股软铜线，且保护零线（地线）最好与相线、工作零线在同一护套内。

⑥使用Ⅰ类手持电动工具应配合绝缘用具，并根据用电特征安装漏电保护器或采取电气隔离及其他安全措施。

⑦手持式电动工具的绝缘电阻值应为：Ⅰ类工具不低于 2 MΩ，Ⅱ类工具不低于 7 MΩ，Ⅲ类工具不低于 10 MΩ。

⑧装设合格的短路保护装置。

⑨Ⅱ类和Ⅲ类手持电动工具修理后，不得降低原设计确定的安全技术指标。

⑩使用手持式电动工具，如遇停电或中止工作时必须切断电源；高空作业必须用安全带；并有监护和安全措施。

⑪使用手持式电动工具，应在干燥、无腐蚀性气体、无导电灰尘的场所使用，雨、雪天气不得露天工作。

⑫挪动手持式电动工具时，只能手提握柄，不得提导线、卡头。

⑬使用完毕应及时切断电源，并妥善保管。

上述手持式电动工具的使用要求对于一般的移动式设备也是适用的。

二、移动式电气设备及安全要求

常用移动式电气设备，有电焊机、潜水泵、无齿锯、少先吊车、振捣器和蛤蟆夯等。移动式电气设备都是属于体积较小，无固定地脚螺丝，工作时随着需要而经常移动的电气设备。

（一）用电特点及一般要求

1. 用电特点

移动式电气设备的特点是工作环境经常变化，其电源接到设备上的线路多是临时性的，这些设备工作时，操作人员在手中紧握，振动较大，极容易发生线路碰壳事故，线路的绝缘由于拉、磨和其他机械损伤而遭到损坏的情况较多，有较大的触电危险性。

2. 一般的安全要求

针对移动式电气设备的用电特点，对这一类设备要求有专人管理，每次使用前都要进行外观和电气检查，一次线长不得超过 2 m，要使用橡套线；每次接电源前，都要查看保护电器是否合格（如熔断器）；设备的金属外壳要有可靠的接地（接零），导线两端必须连接牢固；要按照设备铭牌的要求去接电源；带电动机设备接线后应点动试运转；室外使用应有防雨措施。在使用移动式电气设备时必须采取有关安全措施，严格执行有关规定要求，避免事故发生。

移动式电气设备使用基本要求，与手持式电动工具的使用基本要求相同。

使用移动式电气设备，除必须共同执行移动式电气设备使用基本要求外，还必须分别执行以下规定要求。

（二）交流电焊机

交流电焊机具有结构简单、使用年限长、维修方便、效率高、节省电能和材料，焊接时不产生磁偏吹等优点，因此得到了广泛应用。

交流电焊机由电焊变压器 T、电抗器 L、引线电缆、焊钳及焊件（工件）等组成。交流电焊机的一次侧额定电压为 380（220）V，通过电焊变压器将一次侧电压降低到二次侧 60～75 V 的电压（空载电压），供安全操作用；当焊钳与工件之间产生电弧时，这时电焊变压器、电抗器、焊钳和工件组成一闭合回路，如图 5-1 所示，电焊变压器的二次侧工作电流达数十安至数百安，电弧温度高达 6 000℃，由于在电抗线圈上产生了较大的电压降，所以在焊接过程中使焊钳与工件之间的工作电压维持在 30 V 左右。当停止焊接时，电压即回升到 60～75 V。电抗器起限流作用，可以通过调节电抗线圈上的电抗值，以适应焊接电流变动的需要。

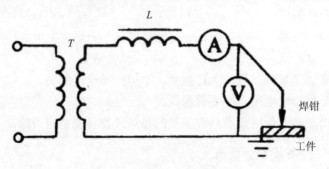

图 5-1　交流电焊机原理接线图

根据交流电焊机的工作参数可知，交流电焊机的火灾危险和电击危险都比较大。安装和使用交流电焊机时的安全要求：

①安装前应检查电焊机是否完好；绝缘电阻是否合格（一次侧绝缘电阻不应低于 1 MΩ，二次侧绝缘电阻不应低于 0.5 MΩ）。

②电焊机应与安装环境条件相适应，并应安装在干燥、通风良好处，不应安装在易燃易爆环境、有腐蚀性气体的环境、有严重尘垢的环境或剧烈振动的环境，并应避开高温、水池处。室外使用的电焊机应采取防雨雪、防尘土的措施。工作地点远离易燃易爆物品，焊接处的周围和下方有可燃物品时应采取适当的安全措施。

③电焊机一次侧额定电压与电源电压相符合，接线应正确，应经端子排接线。多台焊机尽量均匀地分接于三相电源，以尽量保持三相平衡。

④电焊机的电源线一般不应超过 5 m，每台应单独控制，并且应装设有隔离电器、主开关和短路保护电器。

⑤电焊机一次侧熔断器的熔体额定电流略大于电焊机的额定电流即可；但熔体的额定电流应小于电源线导线的允许电流。

⑥二次侧线长度一般不应超过 20～30 m，否则，应验算电压损失。

⑦电焊机外壳应当接零（或接地）。

⑧固定使用的电焊机的电源线与普通配电线路同样要求；移动使用的电焊机的电源线应按临时线处理。电焊机的二次线路最好采用 2 条绝缘线。

⑨电焊机外露导电部分应采取保护接零（或接地）措施。为了防止高压窜入低压造成的危险和危害，交流电焊机二次侧应当接零（或接地）。但必须注意二次侧接焊钳的一端是不允许接零或接地的，二次侧的另一条线也只能一点接零（或接地），以防止部分焊接电流经其他导体构成回路。

⑩电弧熄灭时焊钳电压较高，为了防止触电及其他事故，电焊工人应当戴帆布手套、穿胶底鞋。在金属容器中工作时，还应戴上头盔、护肘等防护用品。电焊工人的防护用品还应能防止烧伤和射线伤害。

⑪移动焊机时必须停电进行。

为了防止运行中的电焊机熄弧时 70 V 左右的二次侧电压带来电击的危险，可以装设空载自动断电安全装置，这种装置还能减少电焊机的无功损耗。

（三）移动式起重设备（少先吊车）

安装和使用移动式起重设备时的安全要求：

①在使用中要注意周围环境，起升和摆动的范围内不许有架空线路，与线路的最近距离不得小于下列数值：距 1 kV 以下时为 1.5 m，距 10 kV 以下时为 2 m，距 35 kV 以下时为 4 m。

②吊车的电源开关应就近安装，负荷线路要架设牢固，必要时设排线装置而不准落地拖线。

③吊车需要挪动场地时，首先必须切断总电源。

④在室外使用时，电机、开关、电气箱均应有防雨措施。

（四）潜水泵、无齿锯

安装和使用潜水泵、无齿锯设备时的安全要求：

①潜水泵应使用橡塑护套多芯软线，中间不得有接头，导线进线口要密封合格。

②当工作需要移动时，必须切断电源。移动潜水泵时，严禁提拉导线。

③无齿锯手柄开关应完好有效。

（五）振捣器、蛤蟆夯

安装和使用振捣器、蛤蟆夯设备时的安全要求：

①这类设备是属于在比较危险环境中使用的，保护地线（零线）必须联接牢固。电机应用全封闭式，并有铁外罩防护。电源侧应加装漏电保护器。操作人员应穿绝缘靴。

②设备本身设有开关，在施工现场附近应再设开关，并有专人负责监护，以便随时断电。

③使用橡套线应随时调整。使用中不能受拉、受压、受砸。

第四节　照明装置及安全要求

根据统计分析，人们获取信息的 87%来源于视觉，而照明又是视觉必不可少的先决条件，可见照明对人的意义是多么的重要，电气照明广泛用于生产和生活的各个领域。充足的照明是改善劳动环境、保障安全生产的必要条件。电气照明的原则是：安全、适用、经济、美观。

照明装置不正常运行就可能导致火灾，也可能导致人身事故。下面主要介绍照明装置的使用和安全要求。

一、照明方式和种类

照明方式：一般照明、局部照明和混合照明。

照明种类：正常照明、应急照明、值班照明、警卫照明、障碍照明、装饰照明、艺术照明、泛光照明、景观照明、水下照明、定向照明、适应照明、过渡照明、造型照明、立体照明等。

二、照明器的选择

照明器是一种将电能转化为光能，同时并伴随有热能产生的用电设备，并且被广泛地使用在生活和生产的场所中，所以照明器的选择必须充分考虑其使用场所的环境条件和其本身发光、发热特征，使所选照明器的结构型式与其使用场所环境条件相适应。具体地说，应符合以下要求。

①正常湿度（相对湿度≤75%）的一般场所，可选用普通开启式照明器。例如普通型灯泡、日光灯、碘钨灯、高压水银灯、钠灯等。

②潮湿或特别潮湿（相对湿度＞75%）场所，属于触电危险场所，必须选用密闭型防水照明器或配有防水灯头的开启式照明器。户外也应选用防水照明器（即防水型灯具）。浴室照明可采用墙上开孔，孔底装反射镜、孔口装玻璃板密封的照明方式。

③含有大量尘埃但无爆炸和火灾危险的场所，属于触电危险一般场所，必须选用防尘型照明器，以防尘埃影响到照明器安全发光。

④有爆炸和火灾危险的场所，例如存在大量可燃粉尘、可燃气体、可燃液体或者可燃固体等场所，亦属于触电危险场所。对这些危险场所应具体按危险场所等级选用适宜的防爆型照明器，详见现行国家标准《爆炸和火灾危险环境电力装置设计规范》（GB 50058—1992）。假设火灾场所按上述国家标准规定，属于火灾危险区域划分的 23 区，即具有固体状可燃物质，而且在数量和配置上属于能引起火灾危险的环境，按该规范规定，照明灯具的防护结构应为 IP2X 级。

⑤存在较强振动的场所，例如在隧道或大型孔洞内采用盾构机等大型施工机械的现场照明，由于这种施工现场一般具有较为强烈的振动，所以必须按规定选用防振型照明器。

⑥有酸碱等强腐蚀介质的场所，由于这些强腐蚀介质对灯具的电气结构和绝缘结构均有强烈的腐蚀作用，易于引发电接触不良或绝缘损坏，甚至灯头过热或短路烧毁，所以

必须选用耐酸碱型照明器。

以上各类型照明器的共同要求是：所选照明装置应是符合国家现行有关强制性标准规定的合格产品，即具有 3C 认证的产品，不得选用不合格的产品，不得使用绝缘老化、结构破损的器具和器材。

三、照明供电的选择

照明供电的选择主要是指根据现场照明装置所处的环境条件选择相适应的供电电压，以及选择照明线路导线和配套器具（包括选择照明变压器、照明灯具等）。

（一）供电电压

照明供电电压要与照明器工作环境条件相适应。

①一般场所，照明供电电压宜为 220 V，即可选用额定电压为 220 V 的照明器。

②隧道、人防工程、高温、有导电灰尘、比较潮湿或灯具离地面高度低于规定 2.5 m 等较易触电的场所，照明电源电压不应大于 36 V。

③潮湿和易于触及带电体的触电危险场所，照明电源电压不得大于 24 V。

④特别潮湿、导电良好的地面、锅炉或金属容器等触电高度危险场所，照明电源电压不得大于 12 V。

⑤行灯电压不得大于 36 V。

⑥照明电压偏移值最高为额定电压的–10%～15%。

（二）照明器配套器具

1．照明变压器

非一般的特殊场所，应借助照明变压器提供 36 V 及以下的电源电压。照明变压器必须是双绕组型安全隔离变压器，其绝缘水平与Ⅱ类手持式电动工具相当，即采用双重绝缘或加强绝缘。严禁使用自耦变压器，因其电源电压不宜稳定，且在故障情况下易将一次绕组电压串至二次绕组，危及照明器及其接触人员的安全。

2．灯座分卡口灯座和螺口灯座

卡口灯座的带电部分封闭在里面，比较安全，但卡口灯座能承受的重量较小。螺口灯座虽承受的重量较卡口灯座要重，但螺口灯座的螺旋部分容易暴露在外，造成不安全的因素。为了安全起见，应采用带电部分不暴露在外的螺口灯座。为了防止火灾，除敞开式灯具外的 100 W 及其以上的照明器应采用瓷灯座。从安全角度考虑，灯座不宜带有开关或插座。

3．照明器灯具

行灯的灯具与手柄应坚固、绝缘良好并耐热耐潮湿；灯具与灯头应结合牢固，灯头应无开关；灯泡外部应有金属保护网；金属网、反光罩、悬吊挂钩应固定在灯具的绝缘部位上。

（三）线路导线

①携带式照明变压器的一次侧电源线应采用橡皮护套或塑料护套铜芯软电缆，中间不

得有接头，长度不宜超过 3 m。

②工作零线（N 线）截面应符合以下要求：一是单相线路中，零线截面与相线截面相同；二是三相四线制线路中，零线截面不小于相线截面的 50%；当照明器为气体放电灯时，零线截面按最大负荷相的电流选择；三是在逐相切断的三相照明电路中，零线截面与最大负荷的相线截面相同。

③照明配线应采用额定电压 500 V 的绝缘导线。重要的政治活动场所、易燃易爆场所、重要的仓库等均应采用金属管配线。重要的政治活动场所、重要的控制回路和二次回路、移动的导线和剧烈振动处的导线、特别潮湿场所和严重腐蚀场所等均应采用铜导线。照明线路应避开暖气管道，其间距不得小于 30 cm。

④暂设工程内的照明线路必须固定，不得悬空敷设。

⑤车间照明线路的绝缘电阻，每伏工作电压不得低于 1 000 Ω；在特别潮湿的环境，可以放宽至每伏工作电压 500 Ω。

四、照明装置的设置

照明装置是由灯具、灯座、线路和开关等设备组成，照明装置的设置包括照明装置的安装、控制和保护。其安全要求如下。

（一）灯具的安装

①安装高度：户内吊灯灯具高度一般不应小于 2.5 m。在干燥的非生产环境，如受条件限制，户内吊灯灯具高度允许降低为 2～2.2 m；户内吊灯灯具位于桌面上方等人碰不到的地方时，则灯具高度允许降低为 1.5 m。户外灯具高度一般不应小于 3 m，墙上灯具高度可减为 2.5 m；不足上述高度时应加防护。其他灯具安装高度可参考表 5-6 所列数据。

表 5-6　照明灯具安装高度

光源种类	反射器类型	灯泡容量/W	最小高度/m
白炽灯	搪瓷反射器	≤100	2.5
		100～200	3.0
		300～500	3.5
		>500	4.0
	乳白玻璃漫射罩	≤100	2.0
		100～150	2.5
		300～500	3.0
高压汞灯	搪瓷反射器	≤250	5.0
	铝抛光反射器	≥400	6.0
高压钠灯	搪瓷反射器	250	6.0
	铝抛光反射器	400	7.0
卤钨灯	搪瓷反射器	500	6.0
	铝抛光反射器	1 000～2 000	7.0
金属卤化物灯	搪瓷反射器	500	6.0
	铝抛光反射器	1 000～2 000	≥14.0

②灯具安装应牢固可靠。户外灯具除要考虑承受本身重量外，还要考虑承受风力。1 kg 以下的灯具可采用软导线自身吊装，吊盒及灯座内均应做防拉脱结扣。1～3 kg 的灯具应采用吊链或吊管安装，采用吊链安装者导线应编叉在吊链内；采用吊管安装者吊管直径不得小于 10 mm，管内导线不得有接头。质量在 3 kg 以上的灯具应采用预埋件，用吊管安装。带自在器的软导线应穿软塑料管并应采用安全型灯座。

③照明灯具、日光灯镇流器等发热元件不能紧贴可燃物安装，其间应留有足够的距离，周围可燃物不得阻碍灯具通风。

④对易燃易爆物的防护距离：普通灯具不宜小于 300 mm；聚光灯及碘钨灯等高热灯具不宜小于 500 mm，且不得直接照射易燃物。达不到防护距离时，应采取隔热措施。

⑤灯具若带电金属件、金属吊管和吊链应采取接零（或接地）措施。

（二）灯具的安装接线

螺口灯头的中心触头应与相线连接，螺口应与零线（N）连接；碘钨灯及其他金属卤化物灯的灯线应固定在专用接线柱上；灯具的内接线必须牢固，外接线必须做可靠的防水绝缘包扎。

（三）插座的安装接线

①非生产环境的单相插座应按每个 2.5 A 计入照明负荷。安装插座应注意插座不得贴近平开关安装，也不得安装在床头或桌面上，以免误触插孔内带电导体。

②明装插座的高度一般不应低于 1.3 m，暗装插座的高度不应低于 0.3 m。在托儿所、幼儿园等小孩容易触及的环境，插座的高度不宜低于 1.8 m，否则，必须使用安全型插座。

③单相插座遵循"上相（L）下零（N）、右相（L）左零（N）"的原则。插座的保护线（PE 线）插孔应位于上方，凡要求接零或接地的环境，均应采用带有保护插孔的插座，即单相设备用三孔插座。

④在同一用电区域，不同电压等级的插座应有明显区别，以防止互相插错。

⑤连接具有金属外罩灯具的插座和插头均应有接 PE 线的保护触头。

（四）灯具的控制与保护

①任何灯具必须经照明开关箱配电与控制，配置完整的电源隔离、过载与短路保护及漏电保护电器。

②路灯还应该逐灯另设熔断器保护。

③配电箱内单相照明线路的开关必须采用双极开关；照明器具的单极开关必须装在相线上。照明开关应排列整齐，便于操作；相邻开关相线、零线的配置及开、合的位置都应当一致。接线必须保证开关在断开位置时灯具不得带电。

④暂设工程的照明灯具宜采用拉线开关控制，其安装高度为距地 2～3 m。宿舍区禁止设置床头开关。

⑤照明线路的相线和工作零线上都应装有熔断器。熔断器熔体的额定电流原则上按过载保护确定。熔体额定电流不应大于线路导线的允许电流，熔体的临界熔断电流不应大于线路导线允许电流的 1.45 倍。从不影响线路正常工作的角度考虑，熔体额定电流应符合下

式要求：

$$I_{FU} \leqslant K \cdot I_L \tag{5-1}$$

式中：I_{FU}——熔体额定电流；

I_L——计算负荷电流；

K——无量纲计算系数。对于白炽灯、碘钨灯和荧光灯，取 $K=1$；对于高压水银灯，RL 系列熔断器取 $K=1.3\sim1.7$，RC 系列熔断器取 $K=1\sim1.5$。

⑥对于照明线路上低压断路器的热脱扣器，其动作电流按下式确定：

$$I_{FR} \leqslant (0.8\sim1) I_C \tag{5-2}$$

式中：I_{FR}——热元件的整定电流；

I_C——导体允许电流。

⑦每一照明支路上熔断器熔体的额定电流不应超过 $15\sim20$A，每一照明支路上所接的灯具，室内原则上不超过 20 盏（插座应按灯计入），室外原则上不超过 10 盏（节日彩灯除外）。

第六章
低压电气设备安全

低压电器可分为控制电器和保护电器。控制电器主要用来接通和断开线路以及用来控制用电设备。刀开关、低压断路器、减压启动器、电磁启动器属于低压控制电器。保护电器主要用来获取、转换和传递信号，并通过其他电器对电路实现保护控制；比如：熔断器、热继电器、过流（压）缝电器等。

第一节　低压控制电器

一、低压控制电器通用安全要求

低压控制电器种类很多。不同控制电器有不同的特点，安全要求也不完全一致。但是，由于控制电器都具有接通和断开线路的功能，其相互之间有很多共同之处。其共同的安全要求如下：

①电压、电流、断流容量、操作频率、温升等运行参数符合要求。

②结构型式与使用的环境条件相适应。

③灭弧装置（包括灭弧罩、灭弧触头、灭弧用绝缘板）完好。

④触头接触表面光洁，接触紧密并有足够的接触压力。各极触头应当同时动作。

⑤防护完善，门或盖上的联锁装置可靠，外壳、手柄、漆层无变形和损伤。

⑥安装合理、牢固，操作方便，且能防止自行合闸；与邻近设施的间距符合安装要求。一般情况下，电源线应接在固定触头上；接线应紧密，接触应良好，电压 500 V 及其以下者不同相间最小净距为 10 mm，500 V 以上至 1 200 V 及其以下者为 14 mm。

⑦正常时不带电的金属部分接地（或接零）良好。

⑧绝缘电阻符合要求。

二、刀开关

刀开关又称隔离开关，它是手控电器中最简单而使用又较广泛的一种低压电器。由于刀开关没有或只有极为简单的灭弧装置，无力切断短路电流；所以刀开关主要用于配电设备中隔离电源，以确保电路和设备维修的安全，或作为不频繁地接通和分断额定电流以下的负载（如小型电动机、电阻炉等）。

（一）刀开关型号的含义和符号

刀开关的型号意义和在电气原理图中的符号，如图6-1所示。

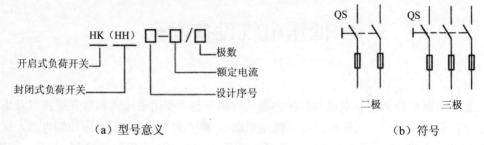

（a）型号意义   （b）符号

图6-1　刀开关型号及符号

（二）刀开关的种类及结构

刀开关的种类很多，常用的有 HK 型瓷底胶盖刀开关和 HH 型铁壳开关等几种系列。

1. 瓷底胶盖刀开关（开启式负荷开关）

瓷底胶盖刀开关又称为开启式负荷开关，由于它的断流能力有限，因此，在刀开关的下方应装有熔体或熔断器。对于容量较大的线路，刀开关必须与有切断短路电流能力的其他开关串联使用。

①外形及结构。常用的 HK 系列开启式负荷开关（图6-2）由刀开关和熔断体（熔丝）组成。开关的瓷底板上装有进、出线座、熔断丝、静触头及三个刀片式（或两个刀片式）的动触头，并罩有胶木盖以保证用电安全。

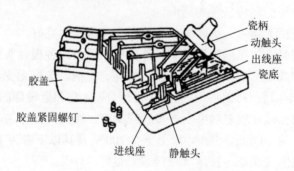

图6-2　HK 系列开启式负荷开关

②安装与使用。闸刀开关单独使用时不宜用于控制大容量线路，通常用来控制照明电路和功率为 5.5 kW 以下的三相电动机。刀开关的额定电压必须与线路电压相适应。380 V 的动力线路，应采用 500 V 的闸刀开关；220 V 的照明线路，可采用 250 V 的刀开关。对于照明负荷刀开关的额定电流大于负荷电流即可；对于动力负荷，开关的额定电流应大于负荷电流的 3 倍。还应注意：闸刀开关所配用熔断器和熔体的额定电流不得大于开关的额定电流；并且闸刀开关在拉合闸时动作要迅速，使电弧较快地熄灭。

闸刀开关必须垂直安装在控制屏或开关板上，并装接熔断器作为开关的短路保护；绝不允许闸刀开关倒装，以防手柄因自重落下，引起误合闸。在更换闸刀开关中的熔体时，必须拉开闸刀；所换熔体的规格应与原来的相同；换接时，注意不要使熔体受到机械损伤。

2. 铁壳开关（封闭式负荷开关）

铁壳开关又称为封闭式负荷开关，因其外壳为铁制壳，故俗称为铁壳开关。铁壳开关的灭弧性能、操作及通断负载的能力和安全防护性能都优于 HK 系列瓷底胶盖刀开关，但其价格比瓷底胶盖刀开关贵。

①外形及结构。常用的 HH 系列封闭式负荷开关（图 6-3）主要由刀形触头、熔断器、铁制外壳、操作手柄等几部分组成。开关的三个 U 形双刀片装在与手柄相连的转动杆上，熔断器有瓷插式或填料封闭管式；操作机构上装有速断弹簧和机械联锁装置。速断弹簧使电弧快速熄灭，降低刀片的磨损；机械联锁装置供手动快速接通和分断负荷电路，并保证箱盖打开时开关不能闭合及开关闭合后箱盖不能打开，以确保使用安全。

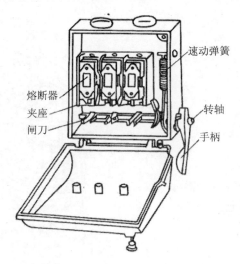

图 6-3　HH 系列封闭式负荷开关

②安装与使用。由于铁壳开关借助专门的弹簧和凸轮机构使拉闸、合闸迅速地进行，有的铁壳开关带有简单的灭弧装置，所以，铁壳开关的断流能力较强，能用来控制 15 kW 以下的三相电动机。其额定电流也应按电动机额定电流的 1.5～2 倍选用。

铁壳开关的外壳应有可靠的接地导线，以防止意外的漏电事故。开关电源的进出线应按要求连接。60 A 及以下的开关电源进线座在下端，60 A 以上的开关电源进线座在上端。

三、组合开关

组合开关又称为转换开关，主要用于接通或分断电源电路，改变测量三相电压的接线、调节电加热设备的串并联阻值，也可用于小容量电动机的控制。

（一）组合开关的型号含义和符号

组合开关的型号意义和符号，如图 6-4 所示。

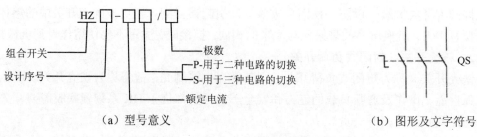

| （a）型号意义 | （b）图形及文字符号 |

图 6-4　组合开关型号及符号

（二）组合开关的外形及结构

HZ10-10/3 型组合开关的外形及结构示意如图 6-5 所示。

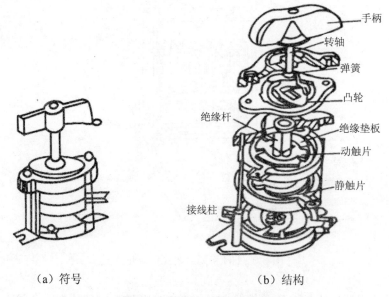

（a）符号　　　　　　　　　（b）结构

图 6-5　HZ10-10/3 型组合开关

　　HZ10-10/3 型组合开关手柄可以在 360°范围内旋转，无固定方向、无定位限制。它由多节触片分层组合而成，开关的动触片和静触片分别装在数层成型的胶木绝缘垫板内，绝缘垫板可以一层一层地堆叠起来。动触片由两片磷铜片或硬紫铜片与具有良好消弧性能的绝缘钢纸板铆合而成。它们一起套在附有手柄的方形绝缘转轴上，两个静触片则分别置于胶木绝缘垫板边缘上的两个凹槽内。当方轴转动时，便带动动触片与静触片接触或分离，达到接通或分断电路的目的。

（三）安装与使用

　　由于组合开关具有多触点、多位置、体积小、性能可靠、操作方便、安装灵活等优点，多用于在机床电气控制线路中作为电源引入开关，也可以用于不频繁的接通和断开电路、换接电源、负载以及控制 5 kW 以下的小容量电动机。组合开关的前面最好加装刀开关，以避免停机时由某种偶然因素碰撞转换开关的手柄而可能发生的误操作。组合开关和插座的前面应加装熔断器。

四、低压断路器

低压断路器又称为自动空气开关，简称自动开关，它是一种既有开关作用，又能进行自动保护的低压电器。低压断路器的应用十分广泛，它不但能带负载接通和分断电路，而且能对所控制的电路有短路、过载、欠（失）压和漏电保护等作用。

（一）低压断路器型号的意义和符号

低压断路器型号的意义和符号，如图6-6所示。

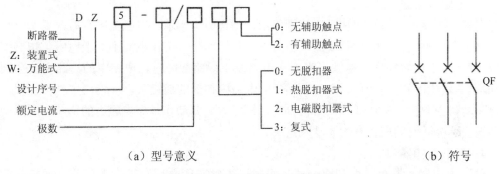

（a）型号意义　　　　　　　　　　（b）符号

图6-6　低压断路器的型号和符号

（二）低压断路器的基本结构

低压断路器主要由触头系统、灭弧装置、操作机构以及各种脱扣机构组成，如图6-7所示。

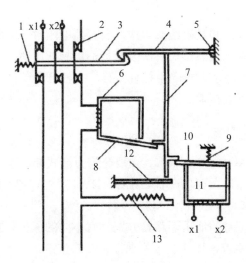

1—弹簧；2—主触头；3，4，5—自由脱扣机构；6，8—电磁脱扣器；

7—主杠杆；9，10，11—欠压脱扣器；12，13—过载脱扣器

图6-7　低压断路器的基本结构

1. 触头系统和灭弧装置

触头系统是低压断路器的执行机构，主触头用于实现主电路的接通和断开，其配套的辅助触头用于控制电路中的联锁控制。灭弧装置用于主触头的熄弧。

2. 操作机构和自由脱扣机构

操作机构和自由脱扣机构是低压断路器的机械传动部分，主要实现低压断路器主触头和辅助触头的接通和断开，其操作方法有手柄操作、杠杆操作、电磁铁操作和电动机操作。低压断路器的自动脱扣由短路、过载、欠压三种保护装置实现，当电路传来故障信号时，相应的脱扣装置动作，最终顶主杠杆上移。主杠杆驱动自由脱扣机构而使其挂钩摘除，主触头靠反力弹簧的作用实现分断，电路得到保护。

3. 电磁脱扣器

电磁脱扣器由开口铁芯和励磁线圈组成，如图 6-7 所示。主触头闭合后，工作电流流过主触头和电磁脱扣器的励磁线圈，当电路正常工作时（工作电流不大于电磁脱扣器整定的电流值），电磁脱扣器的衔铁不吸合；电路发生短路故障时，电路中的短路电流会剧增（一般是工作电流的 5～7 倍、10～14 倍），电磁脱扣器的衔铁吸合并推动主杠杆上移，主杠杆驱动自由脱扣机构使低压断路器分断。短路时，其动作是靠电磁力的影响，所以动作时间很快。分断时间应在 0.02 s 以内完成。

4. 过载脱扣器

过载脱扣器由发热元件和双金属片组成。主触头闭合后，工作电流流过加热元件，当电路正常工作时（工作电流不大于过载整定的电流值），双金属片虽发生变形，但不足以推动主杠杆。电路发生过载故障时，发热元件产生的热量增加，致使双金属片发生较大的变形并推动主杠杆上移，主杠杆驱动自由脱扣机构使低压断路器分断。过载时，发热元件和双金属片的动作受惯性的影响而不能瞬间动作，其动作时间和当前电流值成反时限特性。

5. 欠压脱扣器

欠压脱扣器由开口铁芯和励磁线圈组成。当有外电压时（电压应来自主触头的上口），欠压脱扣器的励磁线圈有电流流过，衔铁吸合且不影响低压断路器的正常分断；当外电压失压或电压偏低时，衔铁释放并推动主杠杆上移，主杠杆驱动自由脱扣机构使低压断路器分断，此时低压断路器不能接通。

（三）低压断路器的种类

低压断路器的结构和型号种类很多，主要分为万能式断路器和塑料外壳式断路器两大类，目前我国万能式断路器主要生产有 DW15、DW16、DW17（ME）、DW45 等系列，塑壳断路器主要生产有 DZ20、CM1、TM30 等系列。

应注意的是，不同型号的低压断路器分别具有不同的保护机构和参数的整定方法，使用时应根据电路的保护要求选择其型号并进行参数的整定。

1. 万能式低压断路器

万能式低压断路器额定电压 400 V、690 V、交流 50 Hz，额定电流为 400～6 300 A，主要在配电系统中用来分配电能和保护线路电源设备免受过载，短路、单相接地、欠电压等的危害，该断路器具有多种智能保护功能，可做到选择性保护，且动作精确、避免不必要的停电，提高供电可靠性。以 DW 为例，其外形如图 6-8（a）所示。

（a）万能式低压断路器的外形图　　　　　（b）塑料外壳式低压断路器的外形图

图 6-8　低压断路器的外形图

2. 塑料外壳式低压断路器

塑料外壳式低压断路器一般作为配电之用，亦可作为保护电动机之用。在正常情况下，断路器可分别作为线路的不频繁转换及电动机的不频繁启动之用。配电用的断路器，在配电系统中用来分配电能且作为线路及电源设备的过载、短路和欠电压保护；保护电动机用的断路器，在配电系统中用于电动机的启动和分断，也可用于电动机的过载、短路和欠电压的保护。以 DZ5-20 型系列为例，其外形如图 6-8（b）所示。

（四）安装与使用

在选用低压断路器时，应当注意断路器的额定电压及其欠电压脱扣器的额定电压不得低于线路额定电压，断路器的额定电流及其过电流脱扣器的额定电流不应小于线路计算负荷电流，断路器的极限通断能力不应小于线路最大短路电流，低压断路器瞬时（或短延时）过电流脱扣器的整定电流应小于线路末端单相短路电流的 2/3 等。

低压断路器的瞬时动作过电流脱扣器的整定电流应大于线路上可能出现的峰值电流。低压断路器的瞬时动作过电流脱扣器动作电流的调整范围多为其额定电流的 3～10 倍。长延时动作过电流脱扣器应按照线路计算负荷电流或电动机额定电流整定，具有反时限特性，以实现过载保护。短延时动作过电流脱扣器一般都是定时限的，延时为 0.1～0.4 s。该脱扣器亦按线路峰值电流整定，但其值应大于或等于下级低压断路器短延时或瞬时动作过电流脱扣器整定值的 1.2 倍。一台低压断路器可能装有以上 3 种过电流脱扣器，也可能只装有其中的一种或两种。

1. 安装

在安装低压断路器前，应将电磁铁表面的防锈油擦干净，以免影响电磁机构的动作值；为保证安全，低压断路器前面可装置熔断器。

2. 使用

低压断路器在使用中，若遇分断短路电流，应及时检查触头系统，发现严重电灼烧痕，应及时修理或更换。低压断路器是一种比较复杂的电器，除正确选用和调整外，还须妥善维护，才能保证其安全运行。为此，应注意以下几点：

①使用前将电磁铁工作面上的防锈油脂擦净，以免影响其动作值；

②定期检修时清除落在自动开关上的灰尘，以免降低其绝缘；

③使用一定次数后，应清除触头表面的毛刺、颗粒等物，以保证接触良好，触头磨损超过原来厚度的 1/3 时，应予更换；

④经分断短路电流或多次正常分断后，清除灭弧室内壁和栅片上的金属颗粒和黑烟，以保持良好的绝缘和灭弧性能；

⑤必要时，给操作机构的转动部位加润滑油；

⑥定期检查各脱扣器的整定值和延时。

五、交流接触器

交流接触器是利用电磁吸力及弹簧的反作用力配合动作，使触头系统闭合或断开的一种自动控制电器。在各种电力传动系统中，交流接触器用来频繁地接通和断开带有负载的主电路或大容量的控制电路，便于实现远距离自动控制。

（一）交流接触器的型号含义和符号

交流接触器的型号意义和符号，如图 6-9 所示。

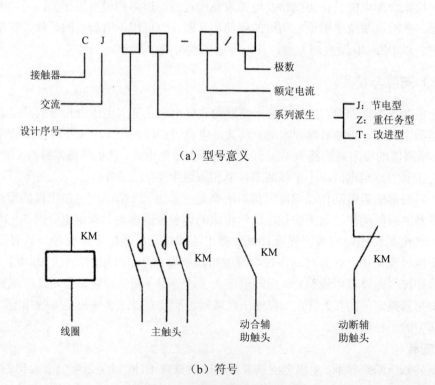

（a）型号意义

（b）符号

图 6-9　交流接触器的型号和符号

（二）外形及结构

交流接触器主要是由电磁系统、触头系统、灭弧装置等部件组成。其外形及结构如图 6-10 所示。

1．电磁系统

电磁系统由动铁芯、静铁芯，吸引线圈和反作用弹簧组成。

2．触头系统

触头系统由主触头和辅助触头组成。主触头是由三对常开触头（动合触头）组成；辅助触头是由常开触头（动合触头）和常闭触头（动断触头）组成。

3．灭弧装置

常采用双断口灭弧、纵缝灭弧和栅片灭弧。

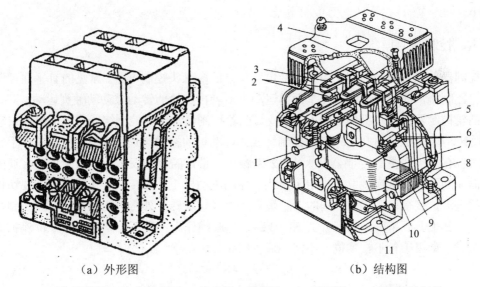

（a）外形图　　　　　　　　　　（b）结构图

1—反作用弹簧；2—主触头；3—触头压力弹簧片；4—灭弧罩；5—动断辅助触头；

6—动合辅助触头；7—动铁芯；8—缓冲弹簧；9—静铁芯；10—短路环；11—线圈

图 6-10　交流接触器的外形及结构图

（三）选用、安装与使用

1．选用

一般根据以下原则来选择接触器：

①类型的选择。交流接触器在交流电动机或交流负载中使用，通常应根据所控制的电动机、负载电流的种类、主辅触头的数量等，来选择不同型号的接触器。

②额定电压。通常主触头的额定电压应大于或等于负载回路的额定电压。吸引线圈的额定电压应与被控电路的电压等级一致。

③额定电流。通常主触头的额定电流应大于或等于负载回路的额定电流。

2．安装和使用

安装交流接触器之前应先检查线圈电压是否符合使用要求；然后将铁芯极面上的防锈油擦净，以免造成线圈断电或铁芯不释放；最后检查活动部分，如触头是否接触良好，是否有卡阻现象，并测量产品的绝缘电阻。

安装交流接触器时，底面与安装处平面的倾斜角应小于 5°；若有散热孔，则应将有孔的一面放在垂直方向上，以利于散热，并按规定留有适当的飞弧空间，以免飞弧烧坏相邻器件；安装接线时，注意勿使零件失落掉入电器内部。安装孔的螺钉应装有弹簧垫圈和平垫圈，并拧紧螺钉以防松脱。

交流接触器安装完毕后，应检查灭弧罩是否完整无缺且固定牢靠；检查接线正确无误后，在主触头不带电的情况下操作几次，然后测量产品的动作值，所测数值必须符合产品规定的要求。

使用交流接触器时，其主触头应接于主电路中，辅助触头和电磁铁的线圈应接于控制电路中。

六、控制器

控制器是电力传动控制中用来改变电路状态的多触头控制电器。常见的有平面控制器和凸轮控制器，前者的动触头在平面内运动；后者由凸轮的转动推动动触头运动。

凸轮控制器的触头机构如图 6-11 所示。凸轮控制器常用来控制绕线式电动机的启动和正、反转。图 6-12 是用凸轮控制器控制绕线式电动机的接线原理图。控制器的操作手轮零位左右各有 5 个位置。控制器有大小 12 副触头。带点的位置表示相应的触头是接通的。最上面 4 副触头用来换接电动机定子接线，控制电动机正、反转。这 4 副触头需要切换比较大的电流，装有灭弧装置中间的 5 副触头是逐级切除转子外接电阻用的。下面 3 副是辅助触头，其上两副串联于行程开关 SL 线路，起联锁作用；其下一副是用作零位保护的，即停车时，如果手轮不在零位，不能接通主线路。

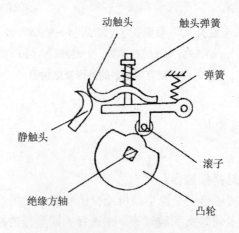

图 6-11 凸轮控制器的触头机构

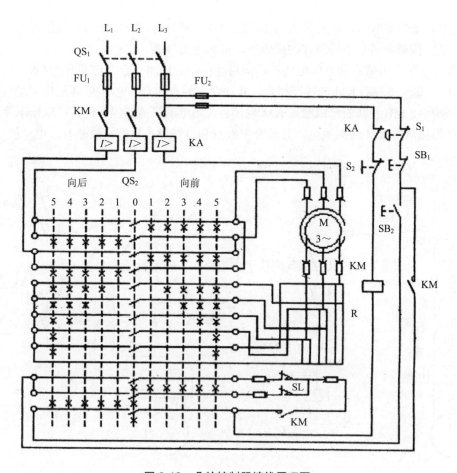

图 6-12 凸轮控制器接线原理图

电动机的主线路靠接触器 KM 操作，主线路由熔断器 FU_1 和过电流继电器 KA 分别担任短路保护和过载保护。接触器 KM 的控制线路中装有熔断器 FU_2、紧急闸刀开关 S_1、停车按钮 SB_2、启动按钮 SB_1、过电流继电器的常闭触头 KA、门窗安全开关 S_2、凸轮控制器的零位保护触头等元件。与启动按钮并联的联锁分支装有接触器的常开触头 KM、行程开关 SA、凸轮控制器的辅助触头等元件。上述元件对人身安全和设备安全起着重要作用。例如，FU_2 作短路保护之用，S_1 作紧急停车之用，KA 作过载保护之用，S_2 作安全联锁之用，SA 作行程限制之用等。

控制器的安装应便于操作，手轮高度以 1～1.2 m 为宜。接线时应注意手轮方向与机械运动。

七、电磁启动器（电磁开关）

电磁启动器属于自动化电器，广泛用于电动机等多种电气设备的启动、制动、反转控制和保护。作为控制电器，电磁启动器有很多优点，比如：可实现自动和远程操作，可适用于频繁操作，并且操作安全等。在用电领域，用电磁启动器控制的电能占全部用电能量的 50% 以上。

电磁启动器是由接触器、热继电器、按钮、外壳和底板等元件组成。接触器的吸引线圈通电时，衔铁被吸合，带动触头动作；吸引线圈断电时，在反作用弹簧作用下，衔铁被迅速拉开。接触器带有不同型式的灭弧室，灭弧能力较强。

图 6-13 是用电磁启动器作电动机单向启动控制的线路。合上电源开关 QS，按下启动按钮 SB$_2$，交流接触器 KM 的线圈得电，其动合主触点闭合，电动机 M 通电启动旋转。同时与启动按钮 SB$_2$ 并联的自锁触点 KM 也闭合。当电动机需要停车时，可以按下停止按钮 SB$_1$，使得接触器 KM 线圈失电，其动合主触点和自锁触点也都复位断开，电动机 M 断电停止运转。

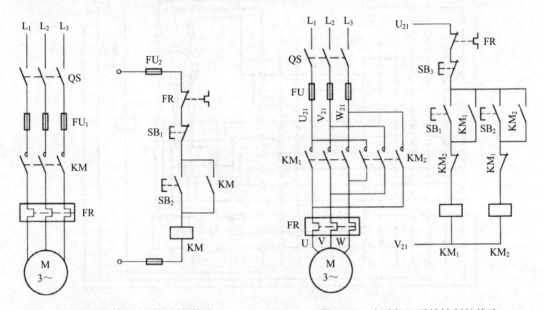

图 6-13　电动机单向启动控制的线路　　　　图 6-14　电动机正反转控制的线路

图 6-14 是用电磁启动器作电动机正反转控制的线路。合上开关 QS，按下按钮 SB$_1$，接触器 KM$_1$ 线圈得电，其主触点闭合，自锁动合触点闭合，联锁动断触点断开（切断反转控制电路），电动机 M 正转。按下按钮 SB$_3$，接触器 KM$_1$ 线圈失电，其主触点断开，自锁动合触点断开，联锁动断触点闭合（为接通反转控制电路做好准备），电动机 M 停转。按下按钮 SB$_2$，接触器 KM$_2$ 线圈得电，其主触点闭合，自锁触点闭合，联锁触点断开（切断正转控制电路，使接触器 KM$_1$ 线圈不能得电），电动机 M 反转。

电磁启动器本身能实现失压保护和过载保护。为了实现短路保护，需另装熔断器。启动器的前面，应装设隔离用的刀开关。

使用电磁启动器比较安全，但应防止误触启动按钮机器突然运转的危险。电磁启动器的金属外壳或支架应采取接零（或接地）措施，应注意防止控制线路绝缘损坏可能造成的突然启动。为此，控制线路应采用良好的绝缘线。

八、减压启动器

常见的减压启动器有星形-三角形启动器、延边三角形启动器、电阻减压启动器、电抗减压启动器和自耦减压启动器。减压启动器的选用见表 6-1。

表 6-1　减压启动器选用

负载性质	启动要求		负载举例
	限制启动电流	减小启动机械冲击	
无载或轻载启动	星形-三角形启动器 电阻启动器 电抗启动器		金属切削机床、圆锯、带锯、带有离合器的卷扬机、绞盘及带有离合器的其他机械、带卸料的破碎机、电动发电机组
负载转矩与转速平方成正比	自耦减压启动器 延边三角形启动器 电抗启动器		离心泵、叶轮泵、螺旋泵、轴流泵、离心式风机和压缩机、轴流式风机和压缩机
摩擦负载	延边三角形启动器 电阻启动器 电抗启动器	电阻启动器	水平传送带、台车、粉碎机、混砂机、压碾机、电动门等
阻力矩小的惯性负载	星形-三角形启动器 延边三角形启动器 自耦减压启动器 电抗启动器		离心式分离机、脱水机、曲柄式压力机
恒转矩负载	延边三角形启动器 电阻启动器 电抗启动器	电阻启动器 电抗启动器	活塞和压缩机、罗茨鼓风机、容积机、挤压机
重力负载		电抗启动器	卷扬机、倾斜式传带类机械、升降机、自动扶梯类机械
恒值负载		电抗启动器	纺织机、卷纸机、夹送辊、长距离皮带运输机

第二节　低压保护电器

低压保护电器主要包括熔断器、热继电器、电磁式过电流继电器以及低压断路器、减压启动器、电磁接触器里安装的各种脱扣器。继电器和脱扣器的区别在于：前者带有触头，通过触头进行控制；而后者没有触头，直接由机械运动进行控制。

一、低压常用保护方式

短路保护、过载保护、失压（欠压）保护是低压最常用的保护方式。

（一）短路保护

短路电流极大，破坏性很强。因此，如发生短路故障，应瞬时切断电源。短路保护是指线路或设备发生短路时，迅速切断电源的一种保护。熔断器、电磁式过电流继电器和脱扣器都是常用的短路保护元件。应当注意，在中性点直接接地的三相四线系统中，当设备发生碰壳短路时，短路保护元件应该迅速切断电源，以防发生电击事故。在这种情况下，短路保护元件直接承担保护人身安全和设备安全两方面的任务。

（二）过载保护

过载保护是当线路或设备的载荷超过允许范围时，能延时切断电源的一种保护。热继电器和热脱扣器是常用的过载保护元件；熔断器可用作照明线路或其他没有冲击载荷的线路或设备的过载保护元件；具有延时特性的电磁式过电流继电器也可作为线路和设备的过载保护元件。由于设备损坏往往造成人身伤亡事故，过载保护对人身安全也有很大意义。

（三）失压（欠压）保护

失压或欠压保护是当电源电压消失或低于某一限度时，能自动断开线路的一种保护。其作用是当电压恢复时，设备不致突然启动，造成事故；同时，能避免设备在过低的电压下勉强运行而损坏。失压（欠压）保护由失压（欠压）脱扣器等元件执行。

二、熔断器

熔断器俗称保险，其熔体俗称保险丝。熔断器是用来对电网和用电设备起短路保护的安全保护电器。在使用时，熔断器应串联在所保护的电路中。当电路发生短路故障时，通过熔断器的电流达到或超过某一规定值，以其自身产生的热量使熔体熔断而自动切断电路，起到短路保护作用。

（一）熔断器的型号含义和符号

熔断器的型号意义以及在电气原理图中的符号如图 6-15 所示。

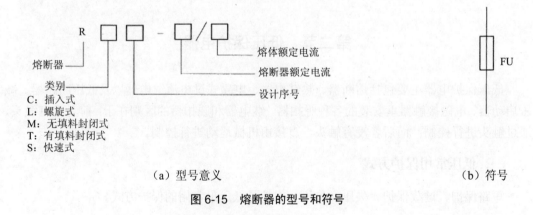

（a）型号意义   （b）符号

图 6-15　熔断器的型号和符号

（二）外形及结构

熔断器的种类很多，按结构形式可分为插入式熔断器、螺旋式熔断器、封闭式熔断器、快速熔断器和自复式熔断器等，如图 6-16 所示。

（三）熔断器的选择

选择熔断器时，一般应先确定熔体的规格，再根据熔体的规格确定熔断器的规格。

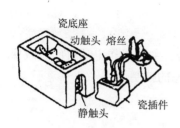

（a）插入式熔断器

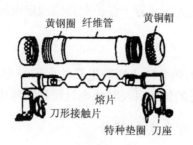

（b）纤维管式熔断器

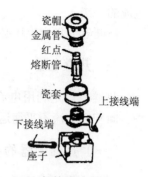

（c）螺旋式熔断器

（d）填料式熔断器

（e）盒式熔断器

（f）羊角式熔断器

图 6-16　熔断器

1. 熔体额定电流的选择

①一般（阻性）负载电路的熔体额定电流可按下式选择：

$$I_{RN} \geqslant \Sigma I_N \tag{6-1}$$

式中：I_{RN}——熔体的额定电流；

ΣI_N——该支路上所有负载的额定电流之和。

②单台电动机电路的熔体，可按下式选择：

$$I_{RN} = （1.5 \sim 2.5） I_N \tag{6-2}$$

式中：I_{RN}——熔体的额定电流；

I_N——电动机的额定电流。

如果电动机频繁启动，则可按下式选择：

$$I_{RN} = （2.3 \sim 3.1） I_N \tag{6-3}$$

③多台电动机由一个熔断器保护时的熔体，可按下式选择：

$$I_{RN} \geqslant I_m / 2.5 \tag{6-4}$$

式中：I_m——可能出现的最大电流。

如果几台电动机不同时启动，则 I_m 为容量最大的一台电动机的启动电流和其他各台电动机的额定电流之和。

如果几台电动机同时启动，则 I_m 为各台电动机启动电流之和。

当电动机功率较大而实际负载较小时，熔体额定电流可适当小一些，小到以电动机启动而熔体不断为准。

2. 熔断器的选择

选择熔断器时应主要考虑熔断器的种类、额定电压、熔体的额定电流和熔断器的额定电流的等级。

熔断器的额定电压必须大于或等于保护电路的额定电压。

三、热继电器

热继电器是利用电流的热效应来切断电路的保护继电器，主要用作电动机的过载保护、断相和电流不平衡运行的保护以及其他电气设备发热状态的控制。

（一）热继电器的型号含义和符号

热继电器的型号意义以及在电气原理图中的符号如图6-17所示。

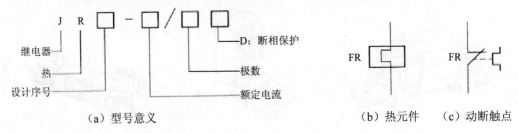

（a）型号意义 （b）热元件 （c）动断触点

图6-17 热继电器的型号和符号

（二）外形及结构

热继电器的形式有许多种，常用的热继电器有JR0和JR16系列，其中以双金属片式用得最多。双金属片式热继电器的基本结构由加热元件、主双金属片、温度补偿机构、动作机构、触点系统、电流整定装置和复位机构组成。双金属片式热继电器如图6-18所示。

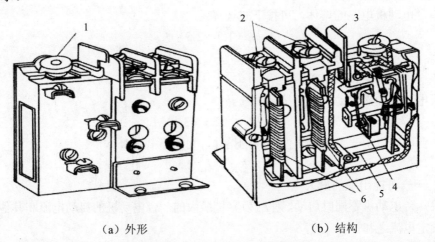

（a）外形 （b）结构

1—电流整定装置；2—主电路接线柱；3—复位按钮；4—常闭触头；5—动作机构；6—热元件

图6-18 双金属片式热继电器

四、电磁式继电器

电磁式过电流继电器（或脱扣器）是依靠电磁力的作用进行工作的，其工作原理如图 6-19 所示。电磁部分主要由线圈和铁芯组成。线圈串联在主线路中，当线路电流达到继电器（或脱扣器）的整定电流时，在电磁吸力的作用下，衔铁很快被吸合。衔铁运动或者带动触头实现控制（继电器），或者驱动脱扣轴实现控制（脱扣器）。

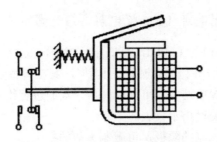

图 6-19　过电流继电器原理

交流过电流继电器的动作电流可在其额定电流 110%～350%的范围内调节，直流的可在其额定电流 70%～300%的范围内调节。

不带延时的电磁式过电流继电器（或脱扣器）的动作时间不超过 0.1 s；短延时的仅为 0.1～0.4 s，这两种都适用于短路保护。从人身安全的角度看，采用这种过电流保护电器有很大的优越性，因为它能大大缩短碰壳故障持续的时间，迅速消除触电的危险。长延时的电磁式过电流继电器（或脱扣器）的动作时间都在 1 s 以上，而且具有反时限特性，适用于过载保护。

失压（欠压）脱扣器也是利用电磁力的作用进行工作的，所不同的是正常工作时衔铁处在闭合位置，而且吸引线圈并联在线路上。当线路电压消失或降低至 40%～75%时，衔铁被弹簧拉开，通过脱扣机构，减压启动器或自动空气开关断开电源。

选用电磁式继电器时，除应注意工作电流（电压）、吸合电流（电压）、释放电流（电压）、动作时间等参数符合要求外，还应注意其触头的分断能力、机械寿命和电气寿命，以及工作制等技术数据。

第三节　配电装置

一、低压配电屏用途

低压配电屏又叫开关屏或配电盘、配电柜，它是将低压电路所需的开关设备、测量仪表、保护装置和辅助设备等，按一定的接线方案安装在金属柜内构成的一种组合式电气设备，用以进行控制、保护、计量、分配和监视等。适用于发电厂、变电所、厂矿企业作为额定工作电压不超过 380 V 低压配电系统中的动力配电、照明配电。

二、低压配电屏结构特点

我国生产的低压配电屏有固定式和手车式（抽屉式）两大类，基本结构形式可分为焊接式和组合式两种。常用的低压配电屏有：PGL 型交流低压配电屏、BFC 系列抽屉式低压配电屏、GCL 型低压配电屏、GGL 系列动力中心和 GCK 系列电动机控制中心。

现将以上几种低压配置电屏分别介绍。

（一）PGL 型低压配电屏（P—配电屏，G—固定式，L—动力用）

现在使用的通常有 PGL1 型和 PGL2 型低压配电屏，其中 1 型分断能力为 15 kA，2 型分断能力为 30 kA，是用于户内安装的低压配电屏，其结构特点如下：

①采用型钢和薄钢板焊接结构，可前后开启，双面进行维护。屏前有门，上方为仪表板，是一可开启的小门，装设指示仪表。

②组合屏的屏间加有钢制的隔板，可限制事故的扩大。

③主母线的电流有 1 000 A 和 1 500 A 两种规格，主母线安装于屏后柜体骨架上方，设有母线防护罩，以防止上方坠落物件造成主母线短路事故。

④屏内外均涂有防护漆层，始端屏、终端屏装有防护侧板。

⑤中性母线装置于屏的下方绝缘子上。

⑥主接地点焊接在下方的骨架上，仪表门有接地点与壳体相连，构成了完整、良好的接地保护电路。

（二）BFC 型低压配电屏（B—低压配电柜（板），F—防护型，C—抽屉式）

BFC 型低压配电屏的主要特点为各单元的主要电器设备均安装在一个特制的抽屉中或手车中，当某一回路单元发生故障时，可以换用备用抽屉或手车，以便迅速恢复供电。而且由于每个单元为抽屉式，密封性好，不会扩大事故，便于维护，提高了运行可靠性。BFC 型低压配电屏的主电器在抽屉或手车上均为插入式结构，抽屉或手车上均设有联锁装置，以防止误操作。

（三）GGL 型低压配电屏（G—柜式结构，G—固定式，L—动力用）

GGL 型低压配电屏为组装式结构，全封闭型式，防护等级为 IP30，内部选用新型的电器元件，内部母线按三相五线装置。此种配电屏具有分断能力强、动稳定性好、维修方便等优点。

（四）GCL 系列动力中心（G—柜式结构，C—抽屉式，L—动力中心）

GCL 系列动力中心适用于变电所、工矿企业大容量动力配电和照明配电，也可作电动机的直接控制使用。其结构型式为组装式全封闭结构，防护等级为 IP30，每一功能单元（回路）均为抽屉式，有隔板分开，可以防止事故扩大，主断路导轨与柜门有机械联锁，可防止误入有电间隔，保证人身安全。

（五）GCK系列电动机控制中心（G—柜式结构，C—抽屉式，K—控制中心）

GCK系列电动机控制中心是一种工矿企业动力配电、照明配电与电动机控制用的新型低压配电装置。根据功能特征分为JX（进线型）和KDD（馈线型）两类。

GCK系列电动机控制中心为全封闭功能单元独立式结构，防护等级为IP40级，这种控制中心保护设备完善，保护特性好，所有功能单元均可通过接口与编程序控制器或微处理机连接，作为自动控制系统的执行单元。

（六）GCD型交流低压配电柜（G—交流低压配电柜，C—固定安装，D—电力用柜）

GCD型交流低压配电柜是本着安全、经济、合理、可靠的原则设计的新型低压配电柜。其具有分断能力高，动热稳定性好，电气方案灵活，组合方便，系列性、实用性强，结构新颖，防护等级高等特点，可作为低压成套开关设备的更新换代产品。

GCD型配电柜的构架采用冷弯型钢材局部焊接拼接而成，主母线列在柜的上部后方，柜门采用整门或双门结构；柜体后面采用对称式双门结构，柜门采用镀锌转轴式铰链与构架相连，安装、拆卸方便。柜门的安装件与构架间有完整的接地保护电路。防护等级为IP30。

三、低压配电屏安装及投运前检查

安装时，配电屏相互间及其与建筑物间的距离应符合设计和制造厂的要求，且应牢固、整齐美观。若有振动影响，应采取防振措施，并接地良好。两侧和顶部隔板完整，门应开闭灵活，回路名称及部件标号齐全，内外清洁无杂物。

低压配电屏在安装或检修后，投入运行前应进行下列各项检查试验：

①柜体与基础型钢固定无松动，安装平直。屏面油漆应完好，屏内应清洁，无污垢。

②检查各开关操作是否灵活，有无卡涩，各触点接触是否良好。

③用塞尺检查母线连接处接触是否良好。

④检查二次回路接线是否整齐牢固，线端编号是否符合设计要求。

⑤检查接地是否良好。

⑥抽屉式配电屏应推拉灵活轻便，动、静触头应接触良好，并有足够的接触能力。

⑦试验各表计是否准确，继电器动作是否正常。

⑧用1 000 V兆欧表测量绝缘电阻，应不小于0.5 MΩ，并按标准进行交流耐压试验，一次回路的试验电压为工频1 kV，也可用2 500 V兆欧表试验代替。

四、低压配电屏巡视检查

为了保证对用电场所的正常供电，对配电屏上的仪表和电器应经常进行检查和维护，并做好记录，以便随时分析运行及用电情况，及时发现问题和消除隐患。

对运行中的低压配电屏，通常应检查以下内容：

①配电屏及电屏上的电气元件的名称、标志、编号等不得模糊、错误，盘上所有的操作把手、按钮和按键等的位置与现场实际情况不得不相符，固定不得松动，操作不得

迟缓。

②检查配电屏上表示"合"、"分"等信号灯和其他信号指示是否正确。

③隔离开关、断路器、熔断器和互感器等的触点是否牢靠，有无过热、变色现象。

④二次回路导线的绝缘不得破损、老化，并要测其绝缘阻。

⑤配电屏上标有操作模拟板时，模拟板与现场电气设备的运行状态是否对应。

⑥仪表或表盘玻璃不得松动，仪表指示不得错误，并清扫仪表和其他电器上的灰尘。

⑦配电室内的照明灯具是否完好，照度是否明亮均匀，观察仪表有无眩光。

⑧巡视检查中发现的问题应及时处理，并记录。

五、低压配电装置运行维护

①对低压配电装置的有关设备，应定期清扫和摇测绝缘电阻（对工作环境较差的应适当增加次数），如用 500 V 兆欧表测量母线、断路器、接触器和互感器的绝缘电阻，以及二次回路的对地绝缘电阻等均应符合规程要求。

②低压断路器故障跳闸后，应检修或更换触头和灭弧罩，在没有查明并消除跳闸原因前，不得再次合闸运行。

③对频繁操作的交流接触器，每三个月进行检查，测试项目有：检查时应清扫一次触头和灭弧栅，检查三相触头是否同时闭合或分断，摇测相间绝缘电阻。

④定期校验交流接触器的吸引线圈，在线路电压为额定值的 85%～105%时吸引线圈应可靠吸合，而电压低于额定值的 40%时则应可靠地释放。

⑤经常检查熔断器的熔体与实际负荷是否相匹配，各连接点接触是否良好，有无烧损现象，并在检查时清除各部位的积灰。

⑥注意铁壳开关的机械闭锁不得异常，速动弹簧不得锈蚀、变形。

⑦检查三相瓷底胶盖刀闸是否符合要求，用作总开关的瓷底闸内的熔体是否已更换为铜或铝导线，在开关的出线侧是否加装了熔断器与之配合使用。

第四节　低压电气设备安全工作的基本要求

为了保证对用电场所的正常供电，对配电屏上的仪表和电器应经常进行检查和维护，并做好记录，以便随时分析运行及用电情况，及时发现问题和消除隐患。

对运行中的低压配电屏，通常应检查以下内容：

一是配电屏及屏上的电气元件的名称、标志、编号等是否清楚、正确，盘上所有的操作把手、按钮和按键等的位置与现场实际情况是否相符，固定是否牢靠，操作是否灵活。

二是配电屏上表示"合"、"分"等信号灯和其他信号指示是否正确。

三是隔离开关、断路器、熔断器和互感器等的触点是否牢靠，有无过热、变色现象。

四是二次回路导线的绝缘是否破损、老化。

五是配电屏上标有操作模拟板时，模拟板与现场电气设备的运行状态是否对应。

六是仪表或表盘玻璃是否松动，仪表指示是否正确。

七是配电室内的照明灯具是否完好，照度是否明亮均匀，观察仪表时有无眩光。

八是巡视检查中发现的问题应及时处理，并记录。

第五节　低压带电作业

低压带电工作应设专人监护，使用有绝缘柄的工具，工作时站在干燥的绝缘物上，戴绝缘手套和安全帽，穿长袖衣，严禁使用锉刀、金属尺和带有金属物的毛刷、毛掸等工具。

在高低压同杆架设的低压带电线路上工作时，应先检查与高压线的距离，采取防止误碰高压带电设备的措施。

在低压带电导线未采用绝缘措施前，工作人员不得穿越。在带电的低压配电装置上工作时，要保证人体和大地之间、人体与周围接地金属之间、人体与其他导体或零件之间有良好的绝缘或相应的安全距离。应采取防止相同短路和单相连接地的隔离措施。上杆前先分清相线、中性线，选好工作位置。断开导线时，应先断开相线，后断开中性零线。搭接导线时，顺序应相反。因低压相间距离很小检修中要注意防止人体同时接触两根线头。

第七章
变配电安全

第一节　电力系统简介

一、我国电力工业的发展概况

在现代工业、农业和国民经济的各个部门中，电能已成为不可缺少的能源。电能具有以下优点：首先，电能可方便地转换为其他形式的能量，例如工厂中的电动机可以将电能转换为机械能用于带动各种机械；其次，电能便于输送，电能经高压输电线路可输送到远方，供给分散的用户；此外，随着现代工业的发展，计算机得到普遍应用，各个行业对自动化水平提出更高要求，用电进行控制容易实现自动化。电力工业必须坚决贯彻"安全第一"的方针，保证安全发电、输电、供电，向用户提供可靠的电能。电力工业在国民经济中占有十分重要的地位，电力必须先行才能满足工农业生产发展需要。

我国具有丰富的能源资源，全国可开发利用的水能蕴藏量约为 3.78 亿 kW，居世界首位；此外，我国的煤、石油、天然气等资源也很丰富。这些优越的自然条件为我国电力工业的发展提供了良好的物质基础。到 2005 年年底，我国发电装机总容量为 5 亿 kW·h；2007 年年底，我国发电装机容量达到 7 亿 kW·h。我国装机容量和发电量均位列世界第二。

二、电力系统概述

（一）电力系统的组成

随着生产和科学技术的发展，电能已成为工业、农业、国防和交通等部门不可缺少的二次能源，成为改善和提高人们物质文化生活的重要因素，一个国家电力工业的发展水平，已成为衡量一个国家综合国力和现代化水平的重要标志。

生产和科学技术的进步，使得发电机单机容量不断增大，发电厂的规模不断扩大，同时要求输送的电功率也相应地增多，输送距离增大，并且对可靠性提出了更高的要求。于是逐步地将一个个孤立的发电厂、变电所连接起来，形成强大的电力系统。

使用电能的单位，通常称为电力用户。电力用户一般分为工业用户、农业用户、公用事业用户和居民用户等。农业用户一般用电分散，耗电量少，耗电量与农业生产季节有关，平时对供电可靠性要求低；工业用户大多数用电集中，耗电量大，对供电可靠性要求高；公用事业和居民用电面广，形式多种多样而且与广大人民生活息息相关，随着人民生活水平的不断提高，公用事业和居民用电量也日益增加，要求供电可靠性越来越高。

现代化大型火力发电厂多数建设在能源产地（如煤炭、石油生产基地），以便减少发电厂所需燃料的巨额运输费用；现代化大型水电厂，必须建设在水利资源丰富的山区。然而，电力用户则集中在大城市、工业中心、矿山和农业发达地区。因此，发电厂与用户之间往往相距几百公里，甚至上千公里。为用户供电，就需要专门的电力线路传输电能，此电力线路又称为输电线路。在输电过程中，为了满足不同用户对经济供电与安全供电的要求，就得采用多种电压等级的方式输送电能。电力系统中电压的升高与降低，是通过电力变压器完成的。安装电力变压器和控制设备以及保护设备等装置的整体就称为变电所。用于升高输送电能电压的变电所，称为升压变电所；反之则称为降压变电所。

变电所和不同电压等级输电线路通称为电力网。由各种电压等级的电力线路将一些发电厂、变电所和电力用户联系起来的一个发电、输电、变电、配电和用电的整体叫做电力系统。图7-1是从发电厂到电力用户的送电过程示意图。

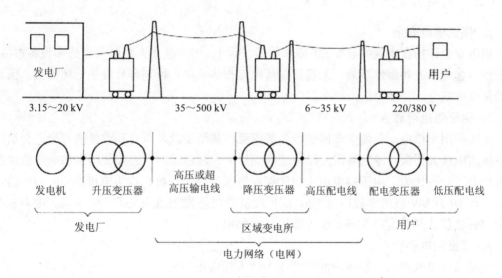

图7-1 发电、输电、变电过程

电力系统随着电力工业的发展，逐渐地扩大，这是因为电力系统在技术与经济上具有下列优越性。

①提高了供电的可靠性和电能质量；
②减少总备用容量的比重，提高设备利用率；
③可以采用高效率的大容量机组，提高经济效率；
④可以减少系统的负荷峰谷差值；
⑤充分利用水电厂的水能资源。

（二）电力系统运行特点

电能的生产、输送、分配和使用与其他工业部门产品相比具有下列明显的特点。

1. 电能不能大量储存

电能的生产、输送、分配和使用，可以说是在同一时刻完成的。发电厂在任何时刻生产的电能恰好等于该时刻用户所消耗的电能，即电力系统中的功率，在每时、每刻都必须保持平衡。

2. 暂态过程非常迅速

电能是以电磁波速度（300 km/ms）传送的，电力系统中任何一处的变化，都会迅速影响到其他部分的工作。在电力系统中，由于运行情况改变或发生事故而引起的电磁、机电暂态过程是非常短暂的。因此，要求电力系统中必须采用自动化程度高、动作快、工作可靠的继电保护与自动装置等设备。

3. 电力生产和国民经济各部门之间的关系密切

由于电能具有传输距离远，使用方便，控制灵活等优点，目前已成为国民经济的各个部门的主要动力，随着人民生活水平的提高，生活用电也日益增加。电能供应不足或突然停电都将给国民经济各部门造成巨大损失，给人民生产带来极大不方便。

（三）对电力系统的基本要求

1. 保证供电安全

供电安全是指在电能的分配、供应和使用过程中，不应发生人身触电事故和设备事故，也不致引起电火灾和爆炸事故。尤其是在特殊工作环境中，特别容易发生上述事故，因此要确保供电安全。

2. 保证供电可靠

中断向用户供电，会使生产停顿、生活混乱，甚至于危及人身和设备的安全，会给国民经济造成极大损失。停电给国民经济造成的损失，远远超出电力系统因少售电所造成的电费损失。一般认为，由于停电而引起国民经济损失的平均值，约为电价的 30～40 倍，例如一台 10 万 kW 机组事故停电 1 h，国民经济损失值为 25.5 万元左右。为此，电力系统运行的首要任务是对用户保证安全可靠地连续供电。

3. 保证供电质量

电能质量是以电压、频率和波形等 3 个技术指标衡量的。

①电压。电压质量对各类用电设备的安全经济运行有着直接的影响。用电设备是按额定电压设计的，实际供电电压过高或过低都会使用电设备的运行技术、经济指标下降，影响正常工作，甚至损坏电动机和其他用电设备。为此，一般规定供电电压偏移，不应超过额定电压值的±5%。

②频率。供电频率由发电厂保证。对于额定频率为 50 Hz 的工业用交流电，当电网低于额定频率运行时，所有电力用户的电动机转速都将相应降低，因而工厂的产品产量及质量都将不同程度受到影响。频率的变化还将对供配电系统的稳定性产生很大的影响，因此对频率的要求比对电压的要求还严格，其偏差不允许超过额定值±0.2～±0.5 Hz，即为额定频率的±0.4%～±1%。

③波形。通常要求电力系统的供电电压（或电流）的波形为正弦波。为此，要求发电机发出符合标准的正弦电压波。

4. 提高电力系统运行经济性

节约能源是当今世界上普遍关注的一个大问题。电能生产的规模很大，消耗能源很多。在电能生产、输送过程中应尽力节约、减少损耗，同时降低成本也成为电力部门的一项重要任务。为提高经济效益，就要采用高效、节能的大容量发电机组；降低发电过程中的能源消耗；合理发展电力系统，减少电能输送、分配过程中的损耗；电力系统选用最经济运行方式，合理分配各电厂的负荷，使发电机组处于最经济状态下运行。

三、发电厂、变配电所概述

（一）发电厂

发电厂是把各种天然能源（如煤炭、石油、天然气、水力等）转换成电能的工厂。煤炭、天然气、水力等随着自然界演化而生成的动力资源是能量的直接供应者，称为一次能源。电能是由一次能源转换而成的能源，称为二次能源。发电厂是电能生产的核心，它担负着将一次能源转换成电能的任务。根据发电厂所使用的一次能源不同，可将发电厂分为以下几种类型：

①燃烧煤、石油或天然气发电的火力发电厂；

②利用水的动能和势能的水力发电厂；

③利用核能发电的原子能发电厂；

④利用其他一次能源发电的，还有风力发电、潮汐发电、地热发电、太阳能发电等。

由于我国地域广阔，各种能源资源都很丰富，所以各种发电方式都会有极其广阔的发展前景。目前在我国发电厂中，火力发电仍占非常重要的地位。

（二）变配电所

不论是从配电网引进高压电源还是自己备有发电设备的工业企业，都必须有相应的变配电装置。完成变电和配电工作的场所叫做变配电所（站或室）。有的场所只有配电任务，没有变电任务，则根据电压的高低，叫做高压配电所或低压配电所。

1. 变配电所的组成

变配电所包括多种高压设备和一些低压设备，如变压器、互感器、避雷器、电力电容器、高低压开关、高低压母线等。变配电所是企业的动力枢纽。变配电设备的安全运行对企业的安全生产有着十分重要的意义。

35 kV 及其以上的变配电所，由于变配电设备体积较大，要求的安全间距也较大，为了节省投资，多建成户外变配电所。户外变配电所占地面积大，建筑面积小，土建费用低，但受环境的影响比较严重。10 kV 及其以下的，由于变配电设备的体积和安全间距较小，为了便于管理，多建成户内变配电所。户内变配电所占地面积小，建筑费用高，适用于市内居民密集的地区和周围空气受到污染的地区。一般变配电所由高压配电室、低压配电室、值班室、变压器室和电容器室等组成。

2. 变配电所容量

确定变配电所的容量有多种方法，比较常用的是按用电设备的配备进行负荷计算，并根据补偿后的结果确定变电所的容量。确定变配电所的容量时应考虑到未来的发展，留有一定的余量。

考虑到备用的必要和运行的经济性，有时应选用两台容量较小的变压器代替一台容量较大的变压器。但是，随着变压器数量的增加，维护管理费用也要增加，而且高、低压开关和网络也随着增加而复杂化。因此，变压器台数不宜太多，单台容量不宜太小。

（三）发电厂和变配电所中的电气设备

电能具有生产与消费同时进行的特点，需要发电厂和变电所时刻根据负荷变化，及时地进行必要的调整及操作。为满足上述要求，在发电厂、变电所中装设了大量的电气设备，其主要电气设备可分为以下几种。

1. 一次设备

直接生产和输配电能的设备称为一次设备。电能由发电机发出，经过一系列的一次设备直接送到用电器，从而完成电能的生产与使用的全过程。一次设备主要包括发电机、变压器、断路器、隔离开关、限流电抗器、母线、电缆和互感器等。

2. 二次设备

对一次设备的工作进行监视、测量、控制和保护的辅助设备，称为二次设备。二次设备主要包括仪表、信号、继电器和自动控制设备等。

第二节 高压变配电设备

高压变配电设备是电力系统的重要设备，在电能生产、传输和分配过程中，起着控制、保护和测量作用。它们的性能直接影响电力系统的稳定和安全运行。

高压变配电设备的种类很多，按照它们在电力系统中的作用可分为：

①变换设备是用来变换电压或电流的设备，如电力变压器、电压互感器和电流互感器。

②控制设备是用来控制电路通断的设备，如负荷开关、隔离开关，断路器等。

③保护设备是用来防护电路过电流或过电压的设备，如高压熔断器、避雷器等。

④限流设备是用来限制电流的设备，如电抗器、电阻器等。

⑤补偿设备是用来补偿电路的无功功率，提高系统功率因数的设备，如电力电容器。

⑥成套设备是按一定的线路方案将一次、二次设备组合而成的设备，如高压开关柜、高压电容器柜等。

下面对几种常用的高压变配电设备的结构、原理和维护作一简要介绍。

一、高压开关电器

（一）概述

1. 高压开关电器的作用

开关电器是发电厂、变电所以及各类配电装置中不可缺少的电气设备，它们的作用是：

①正常工作情况下可靠地接通或断开电路；

②在改变运行方式时进行切换操作；

③当系统中发生故障时迅速切除故障部分，以保证非故障部分的正常运行；

④设备检修时隔离带电部分，以保证工作人员的安全。

2．高压开关电器的分类

按安装地点的不同，高压开关电器分为：屋内式和屋外式。

按功能的不同，高压开关电器分为：高压隔离开关、高压负荷开关、高压断路器、高压熔断器等。

（二）高压隔离开关

1．高压隔离开关的用途

高压隔离开关是用来开断和切换电路的一种开关。这种开关没有专门的灭弧装置，所以不能开断负荷电流和短路电流。高压隔离开关的主要用途如下：

①将电气设备与带电的电网隔离，以保证被隔离的电气设备有明显的断开点，能安全地进行检修。

②倒换母线，改变运行方式。

③接通和断开小负荷电流。

2．高压隔离开关的类型

①按安装场所的不同，高压隔离开关分为户内和户外两大类；

②按极数的不同，高压隔离开关分为单极和三极两种；

③按绝缘支柱数目的不同，高压隔离开关分为柱式、双柱式和三柱式三种。

④按结构特点的不同，高压隔离开关分为闸刀式、旋转式和插入式等；

⑤按有无接地闸刀，高压隔离开关分为带接地刀开关和不带接地刀开关两种；

⑥按操动机构的不同，高压隔离开关可分为手动式、电动式、气动式和液压式等。

3．高压隔离开关的型号

高压隔离开关型号的表示和含义如下：

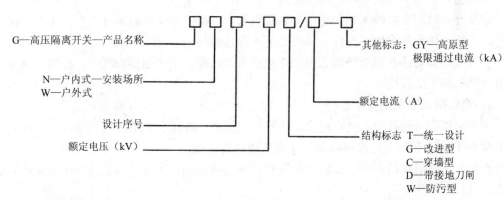

常用的高压隔离开关有户内 GN6 和 GN8 系列，户外 GW10 系列等。

4．高压隔离开关的结构

高压隔离开关的结构较简单，主要由片状静触头、双刀动触头、瓷绝缘、传动机构（转轴、拐臂）和框架（底座）组成。GN8 型和 GW5-35D 型高压隔离开关的结构如图 7-2所示。

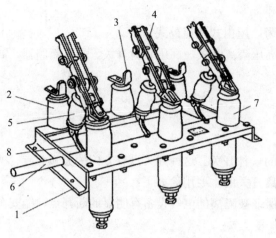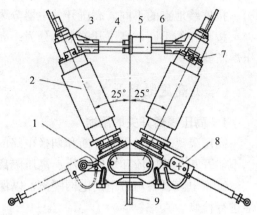

（a）GN8 型高压隔离开关　　　　　　（b）GW5-35D 型高压隔离开关

1—底座；2—支柱绝缘子；3—静触头；　　　1—底座；2—支柱绝缘子；3—触头座；

4—闸刀；5—拉杆瓷瓶；6—转轴；　　　　4、6—主闸刀；5—触头及防护罩；

7—套管绝缘子；8—拐臂　　　　　　　7—接地静触头；8—接地闸刀；9—主轴

图 7-2　高压隔离开关结构

5. 高压隔离开关的安全要求

按照隔离开关所担负的任务，应满足的要求为：

①隔离开关应具有明显的断开点。

②隔离开关断开点之间应有可靠的绝缘。

③隔离开关应具有足够的热稳定性和动稳定性。

④隔离开关的结构要简单，动作要可靠。

⑤带有接地闸刀的隔离开关必须有连锁机构，以保证先断开隔离开关后，再合上接地闸刀，先断开接地闸刀后，再合上隔离开关的操作顺序。

⑥隔离开关要装有和断路器之间的连锁机构，以保证正确的操作顺序，杜绝隔离开关带负荷操作的事故发生。

6. 高压隔离开关的安全运行

高压隔离开关运行中，应监视其动静触头的接触和联接头，不应有过热现象，允许运行温度不应超过 70℃。可选用示温片或变色漆进行监视。

在值班运行巡视检查中，如发现有缺陷，应及时消除，以保证隔离开关的安全运行，检查的项目内容如下：

①检查隔离开关的绝缘子，应完整无裂纹、无电晕和放电现象。

②动闸刀在合闸后，插入静触头座的深度，应不小于静触头长度的 90%。如果动闸刀插入静触头座的深度太浅（动、静触头接触面少），当通过较大的电流时，会产生过热；如果插入深度太深（超过静触头片长度的 90%）时，在合闸的冲击下，会把静触头座绝缘子损坏。

③动闸刀片和刀嘴应无脏污和烧伤的痕迹，弹簧片、弹簧和铜辫子应无断股、折断现象。

④动闸刀和刀嘴的消弧角应无烧伤、不变形、不锈蚀、不倾斜，否则会使触头接触不良。当触头接触不良时，会有较大的电流通过消弧角，引起两个消弧角发热、发红，严重时会焊接在一起，使隔离开关无法拉开。

⑤操动机构的连杆和机械部分应无损伤和锈蚀，各机件应坚固，位置应正确，无歪斜、松动和脱落等不正常现象。

⑥联锁装置应良好。在隔离开关拉开后，应检查电磁闭锁、机械闭锁的销子是否已锁牢。隔离开关的辅助接点位置是否正确。

（三）高压负荷开关

1. 高压负荷开关用途

高压负荷开关有比较简单的灭弧装置，专门用在高压侧中通断负荷电流；在分闸时，高压负荷开关有明显的断口，可起到隔离开关的作用。但因灭弧能力不高，故高压负荷开关不能切断短路电流，它必须和高压熔断器串联使用，靠熔断器切断短路电流。

2. 高压负荷开关的类型

按使用地点的不同，高压负荷开关可分为户内型和户外型；

按灭弧方式的不同，高压负荷开关可以分为产气式、压气式、压缩空气式、油浸式、真空式、SF6 式等，近年来真空式发展很快，在配电网中得到了广泛应用。

按是否带熔断器，高压负荷开关可分为带熔断器和不带熔断器。

3. 高压负荷开关的型号

高压负荷开关型号的表示和含义如下：

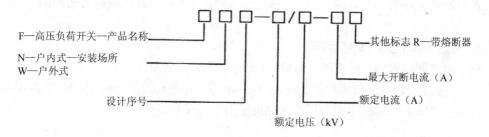

常用 FN3-10RT 型等户内高压负荷开关，一般配用 CS2 或 CS3 型手动操作机构来进行操作。

4. 高压负荷开关的结构

高压负荷开关是一种结构简单，具有一定开断和关合能力的开关电器。FN3-10RT 型户内高压负荷开关的结构如图 7-3 所示，它的灭弧装置集中在框架一端的三只兼作支持件和汽缸用的绝缘子内。三只绝缘子内部都有由主轴带动的活塞。这些绝缘子上装有弧静触头和机喷嘴。当负荷开关的闸刀断开时，在弧动触头与弧静触头间产生的电弧，一方面受到汽缸内压缩空气的强烈气吹，另一方面又受到喷嘴由电弧燃烧分解出来的气体的强烈气吹，从而使电弧迅速熄灭。

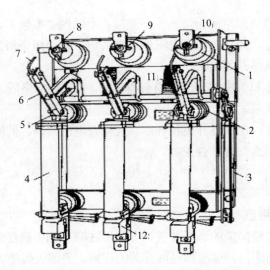

1—上支柱绝缘子（兼汽缸，内有活塞）；2—下支柱绝缘子；3—框架；

4—RN1 型高压熔断器；5—下触座；6—闸刀；7—弧动触头；8—绝缘喷嘴（内有弧静触头）；

9—主静触头；10—上触座；11—断路弹簧；12—热脱扣器

图 7-3　FN3-10RT 型高压负荷开关

　　FN3-10RT 型负荷开关是和高压熔断器串联使用的，断电保护应按下述要求调整：当故障电流大于负荷开关的开断能力时，必须保证熔断器先熔断，然后负荷开关才能分闸；当故障电流小于负荷开关的开断能力时，则负荷开关开断，熔断器不动作。

　　就分断能力而言，高压负荷开关是介于高压隔离开关与高压断路器之间的一种高压开关。

5．高压负荷开关的安全运行

每年应定期检修一次或在断开 20 次负荷电流后进行全面检修。

取下灭弧管，测量灭弧棒和灭弧管间的内环间隙，不应超过 3 mm，否则应更换灭弧管。

高压隔离开关的运行维护中相关部分也适用于高压负荷开关。

（四）高压断路器

1．高压断路器的用途

高压断路器有专门的灭弧机构，有很强的灭弧能力，不仅能通断正常负荷电流，而且能开断正常负荷电流，并能在保护装置作用下自动跳闸，切除短路故障。

2．高压断路器的类型

按安装地点的不同，高压断路器可分为户内式和户外式两种。

按所采用的灭弧介质不同，高压断路器可分为：油断路器（多油断路器和少油断路器）、压缩空气断路器、真空断路器、SF6 断路器等。

3．高压断路器的型号

高压断路器型号的表示和含义如下：

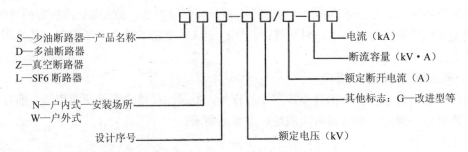

S—少油断路器—产品名称 ──────── 电流（kA）
D—多油断路器 ────────── 断流容量（kV·A）
Z—真空断路器
L—SF6断路器 ─────────── 额定断开电流（A）

N—户内式—安装场所 ─────── 其他标志：G—改进型等
W—户外式

设计序号 ──────── 额定电压（kV）

常用的高压断路器有 SN10-10 型、LN2-10 型、ZN3-10 型等。

4. 高压断路器的技术参数

高压断路器的主要技术参数是额定电压、额定电流、额定开断电流、额定断流容量、最大关合电流、极限通过电流和热稳定电流等性能参数。SN10-10/1000-16 型户内用少油断路器的额定电压为 10 kV、额定电流为 1 000A、额定开断电流和 2 s 热稳定电流均为 16 kA、额定断流容量为 300MVA 及最大关合电流峰值和极限通过电流峰值均为 40 kA。ZN410/1000-16 型户内用真空断路器的额定电压为 10 kV、额定电流为 1 000A、额定开断电流和 4 s 热稳定电流均力 17.3 kA、额定断流容量为 300 MVA 及最大关合电流峰值和极限通过电流峰值均为 44 kA。

5. 高压断路器的基本结构

高压断路器的种类繁多，具体构造也不相同，但就其基本结构而言，可分为电路通断元件、绝缘支撑元件、基座、操动机构及其中间传动机构等几部分。

下面以真空断路器为例来简要介绍高压断路器的基本结构。图 7-4（a）是真空断路器的外形图。真空断路器是由真空灭弧室、绝缘支撑、传动机构、操动机构、基座（框架）等组成，如图 7-4（b）所示。导电回路由导电夹、软连接、出线板通过灭弧室两端组成。

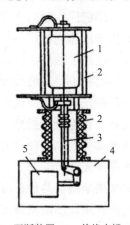

1—开断装置；2—绝缘支撑；

3—传动机构；4—基座；5—操动机构

（a）真空断路器的外形图　　　（b）真空断路器基本结构示意图

图 7-4　真空断路器

真空断路器是利用真空（真空度约为 10^{-4} Pa，在运行过程中真空度不低于 10^{-2} Pa）具有良好的绝缘性能和灭弧性能等特点，将断路器触头部分安装在真空的外壳之内，而制成的一种新型断路器。真空断路器具有体积小、重量轻、噪声小、易安装、维护方便等优点，尤其适用于频繁操作的电路中。目前我国已生产 35 kV 及以下的真空断路器，其使用范围日益扩大。

6. 高压断路器的基本要求

断路器在电力系统中承担着非常重要的任务，不仅能接通或断开负荷电流，而且还能断开短路电流。因此，断路器必须满足以下基本要求：

①工作可靠；

②具有足够的开断能力；

③具有尽可能短的切断时间；

④具有自动重合闸性能；

⑤具有足够的机械强度和良好的稳定性能；

⑥结构简单、价格低廉。

7. 高压断路器的安全运行

①多油断路器是有爆炸危险的设备。断路器的断流容量不够，不仅不能有效地熄灭短路电流的电弧，还可能导致爆炸；多油断路器油面过低，不能有效地熄灭电弧，可能导致爆炸；多油断路器油面过高，没有足够的缓冲空间，也可能导致爆炸；断路器油质变坏或受潮，使灭弧失效，也可能导致爆炸；断路器套管密封不严、有裂纹或严重污秽，可能引起放电乃至爆炸；断路器操动机构调整不当、动作不准确或不灵活，也可能导致爆炸；断路器外部接点连接不良也可能引起放电乃至着火。为了防止断路器爆炸，应根据额定电压、额定电流和额定开断电流等参数正确选用断路器，并应保持断路器在正常的运行状态。

②真空断路器切断电感性小电流时，会产生较高的过电压，因此，用真空断路器控制高压电动机时，电动机应并联阻容保护电路或采取其他过电压抑制措施。

③运行中高压断路器的各电气接点不应过热，瓷绝缘表面应保持光洁，不得有放电痕迹；不得有裂纹或破损，油位、油色应正常，不应有渗油、漏油现象，传动部分应正常，销轴不应脱落，传动杆不得有裂纹或损坏；分、合闸回路应保持完好，控制电源、操作电源及其熔断器应保持正常，有关仪表、信号灯等指示元件应保持正常。对运行中的高压断路器应按规定进行巡视检查和维修。

④高压断路器必须与高压隔离开关串联使用，由前者接通和分断电流；由后者隔断电源。切断电路时必须先拉开断路器，后拉开隔离开关；接通电路时必须先合上隔离开关，后合上断路器。如果断路器两侧都有隔离开关，两台隔离开关的操作顺序也不能弄错。分断电路时，应先拉开负载侧隔离开关，后拉开电源侧隔离开关；接通电路时顺序相反。为确保断路器与隔离开关之间的正确操作顺序，除严格执行操作制度外，在 10 kV 系统中常安装机械式或电磁式联锁装置。联锁装置能防止人为的错误操作。

⑤在检修工作中，为了防止断路器意外地接通电源，手动操作的断路器应当挂警告牌，电动操作的断路器应当断开操作电源。在合闸送电前，应检查断路器的继电保护装置是否在使用位置，以便在意外情况下能切断电源。

（五）高压熔断器

1. 高压熔断器的用途

高压熔断器是一种当所在电路的电流超过规定值并经一定时间后，使其熔短体熔化而分断电流、断开电路的一种保护电器。熔断器功能主要是对电路及电路设备进行断路保护，有的也具有过载保护的功能。由于它简单、便宜、使用方便，所以使用于保护线路、电力变压器、高压电动机等。

2. 高压熔断器的类型

按使用地点的不同，高压熔断器可分为户内式和户外式；

按是否有限流作用，高压熔断器又可分为限流式和非限流式。

3. 高压熔断器的型号

高压熔断器型号的表示和含义如下：

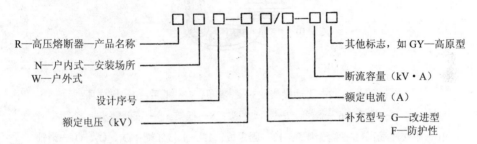

在建筑供配电高压系统中，室内广泛采用 RN1、RN2 型高压管式熔断器，室外则采用 RW4、RW10（F）型等跌落式熔断器。

4. 高压熔断器的基本结构

熔断器主要由金属熔件（熔体）、支持熔件的触头、灭弧装置和绝缘底座等部分组成。其中决定其工作特性的主要是熔体和灭弧装置。

熔体是熔断器的主要部件。熔体应具备材料熔点低、导电性能好、不易氧化和易于加工等特点。

图 7-5 所示为 RN1 型户内式熔断器，这种熔断器主要由熔管、接触座支柱绝缘子和底座组成。

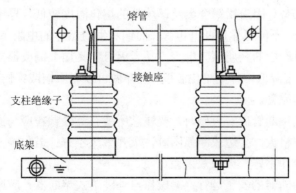

图 7-5　RN1 型熔断器的外形图

图 7-6 所示为 RW3-10 型跌落式熔断器。上静触头和下静触头分别固定在瓷绝缘子的上下端。鸭嘴罩可绕销轴 O_1 转动，合闸时，鸭嘴罩里的抵舌（搭钩）卡住上动触头同时并施加接触压力。一旦熔体熔断，熔管上端的上动触头就失去了熔体的拉力，在销轴弹簧的作用下，绕销轴 O_2 向下转动，脱开鸭嘴罩里的抵舌，熔管在自身重力的作用下绕轴 O_3 转动而跌落。

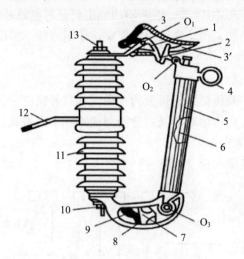

1—上静触头；2—上动触头；3—鸭嘴罩；3′—抵舌；4—操作环；

5—熔管；6—熔丝；7—下动触头；8—抵架；9—下静触头；

10—下接线端；11—瓷绝缘子；12—固定板；13—上接线端；O_1、O_2、O_3—销轴

图 7-6 RW3-10 型跌落式熔断器

5. 高压熔断器的安全运行

①运行中检查高压熔断器的绝缘子，应完整、无裂纹、无电晕和放电现象。熔断管和弹性触座接触应牢靠。检查熔断指示的动作情况。

②熔断器内熔体熔断，更换熔断管时，通常在电路停电后进行。如果必须带电更换，应按照带电作业有关规定，作好有关安全措施后，方可进行，应使用与电路电压等级相符的合格安全用具，如绝缘夹钳、绝缘手套、绝缘靴、防护目镜等安全用具，并且要有专人监护。

③更换高压熔断器熔体，必须使用铜或银质的熔体，不允许使用铅锡合金或锌等熔化温度较低的熔体来代替。因为铅锡合金及锌熔体的熔化温度较低，导电率小，熔体的截面积较大，灭弧能力低，不能可靠地断开电弧。而铜和银质熔体的电阻率低，热传导率较大，截面积较小，熔断时产生的金属蒸气也少，易于灭弧。又加上铜或银制成的熔体上，采用焊以锡或铅的小球，来降低熔体的熔化温度，这样做可以克服铜或银熔体的熔点高的缺点，使熔断器的性能更为完善。

④在更换或补充熔断管内石英砂时，要注意所换石英砂颗粒应与原规格一样。如果更换石英砂颗粒比原规格大，会造成断弧困难，灭弧效果不好；若更换石英砂较原规格小，会造成弧道狭窄，冷却不好，灭弧效果差。

⑤户外跌落式熔断器的安全运行：①操作户外跌落式熔断器，应遵照户外带电操作的安全规定，作好安全防护措施。操作时应根据需要穿绝缘靴、戴绝缘手套；②使用高压绝缘棒操作户外跌落式熔断器应按有关要求进行：在使用高压绝缘棒之前，先检查绝缘棒表

面必须光滑、无裂缝、无损伤，棒身应垂直，各部分的连接应牢靠，按周期试验合格；在操作时，握柄部分不得超越护环以上部分；③要注意跌落式熔断器熔丝的使用寿命，如钢制管为内壁的熔丝管，只能连续开断额定断流容量 3 次，如果开断容量低于额定断流容量，开断次数可以酌情增加，当熔丝管内径因多次开断而扩大到允许的极限尺寸时，应及时更换。要根据操作频繁情况，定期检查熔丝管的烧损情况并及时处理。

（六）高压开关柜

高压开关柜是按照一定的接线方案将有关一次、二次设备（如开关设备、监视测量仪表、保护电器及操作辅助设备）组装而成的一种高压成套配电装置，在变配电所中作为控制和保护发电机、电力变压器和电力线路之用，也可作为大型高压电动机的启动、控制和保护之用。柜中安装有高压开关设备、保护电器、检测仪表、母线和绝缘子等。

高压开关柜有固定式、手车式两大类。固定式高压开关柜中所有电器都是固定安装、固定接线，具有较为简单、经济的特点，使用较为普遍。手车式高压开关柜中的主要设备如高压断路器、电压互感器、避雷器等可拉出柜外检修，推入备用同类型手车后，即可继续供电，有安全、方便、缩短停电时间等优点，但价格较贵。

对高压开关柜要求做到"五防"：

①防止误分、误合断路器；

②防止带负荷分、合隔离开关；

③防止带电挂接地线；

④防止带接地线合闸；

⑤防止人员误入带电间隔。

图 7-7 为 GG-1A（FZ）固定式高压开关柜的一次接线方案。

图 7-8 为 GG-1A（FZ）固定式高压开关柜的外形构图。

近年来陆续推出了 KGN-10（F）等固定型金属铠装开关柜、KYN-10（F）移开式金属铠装开关柜、JYN-10（F）移开式金属封闭间隔型开关柜、HXGN-10 型环网柜等。

二、电力变压器

（一）电力变压器的用途

电力变压器是一种通过电磁感应原理来改变交流电压大小的静止电气设备。它是变配电系统中最重要的一次设备，其作用是将电力系统中的电压升高或降低，以利于电能的合理输送、分配和使用。

（二）电力变压器的类型

①按用途的不同，电力变压器分为：升压变压器、降压变压器、配电变压器、联络变压器和专用变压器。比如：工业企业用的变压器均起降低电压的作用，通常是把 6～10 kV 的高压电降低为 0.4 kV 的低压电，供给电气设备使用，这种变压器称为配电变压器。

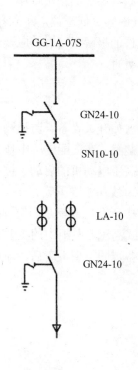

GG-1A-07S

GN24-10

SN10-10

LA-10

GN24-10

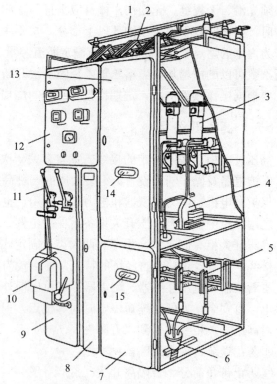

1—母线；2—母线隔离开关；3—少油断路器；4—电流互感器；

5—线路隔离开关；6—电缆头；7—下检修门；8—端子箱门；

9—操作板；10—断路器的手动操作机构；

11—隔离开关操动机构手柄；12—仪表继电器屏；

13—上检修门；14，15—观察窗口

图 7-7　GG-1A（FZ）高压开关柜的一次接线　　图 7-8　GG-1A（FZ）高压开关柜结构

②按冷却方式的不同，电力变压器分为：油浸式变压器、干式变压器和充气式变压器。油浸式变压器常用在独立建筑的变电所或户外安装，干式变压器常用在高层建筑内的变配电所。

③按照调压方式的不同，变压器分为无载调压和有载调压变压器。

（三）电力变压器的型号

变压器型号的表示及含义如下：

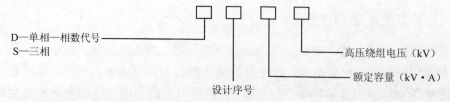

D—单相—相数代号
S—三相

设计序号

高压绕组电压（kV）

额定容量（kV·A）

常见的电力变压器有三相油浸式电力变压器 SL7 型、S9 型，干式变压器有 SC9 型、SCL 型、SG 型等。

（四）电力变压器的结构

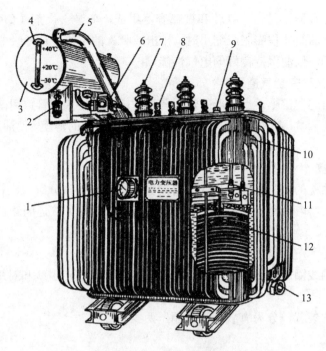

1—信号温度计；2—吸湿器；3—储油柜；4—油表；5—安全气道；6—气体继电器；
7—高压套管；8—低压套管；9—分接开关；10—油箱；11—铁芯；12—绕组；13—放油阀门

图 7-9 油浸式电力变压器外形

变压器的基本构造是铁芯和绕组。以油浸式电力变压器为例，除基本结构外，还有油箱、油轮、吸湿器、散热器、防爆管、绝缘套管等。其结构如图 7-9 所示。

油浸式电力变压器各部件的作用如下：

1．铁芯

铁芯是变压器最基本的组成部分之一。铁芯是导磁性能很好的硅钢片叠合组成的闭合磁路。变压器的一次、二次绕组都绕在铁芯上，是变压器电磁感应的磁通路。

2．绕组

绕组也是变压器的基本部件均为之相对称绕组。变压器的绕组分一次绕组和二次绕组，它们主要由绝缘铜线或铝线绕制而成，多采用圆筒形状的多层线圈，绕组是变压器的电路部分。

3．油箱

油箱是变压器的外壳，内装铁芯和线圈并充满变压器油，使铁芯和线圈浸在油内，变压器油起着绝缘和散热的作用。

4．油枕

油枕安装在油箱的顶端，油枕与油箱之间有管子相通。当变压器油的体积随油温变化而膨胀或缩小时，油枕起着储油和补油的作用，以保证油箱内充满油。油枕还能减少油和空气的接触面，防止油被过速氧化和受潮而劣化。油枕的侧面还装有油位计（油标管），可以监视油位变化。

5. 吸湿器

吸湿器又称呼吸器，是由一铁管和玻璃容器组成，内装干燥剂（如硅胶）。当油枕内的空气随着变压器油的体积膨胀或缩小时，排出或吸入的空气经过呼吸器内干燥剂吸收空气中的水分及杂质，使油保持良好的电气性能。

6. 防爆管（又称安全气道）

安装在变压器的顶盖上，喇叭形的管子与油枕或大气连通，管口用薄膜封住。当变压器内部发生严重故障时，箱内油的压力骤增，可以冲破顶部的薄膜，使油和气体向外喷出，可防止油箱破裂。

7. 气体继电器

装在油箱或油枕的连管中间。当变压器油面降低或有气体分解时，轻瓦斯保护动作，发出信号。当变压器内部发生严重故障时，重瓦斯保护动作，接通断路器的跳闸回路，切除电源。

8. 绝缘套管

变压器的各侧线圈引出线必须采用绝缘套管，它起着固定引线和对地绝缘作用。

9. 分接开关

调整电压比的装置，分为有载和无载调压两类。

10. 其他

变压器还有散热器、温度计、热虹吸过滤器（净油器）等部件。

（五）电力变压器的安装

安装变压器前，应检查变压器外观有无缺陷；零、附件是否齐全、完好；各部件密封是否完好，有无渗、漏油痕迹；油面是否在允许范围之内等。变压器安装位置的选择应考虑到运行、安装和维修的方便。

1. 户内电力变压器的安装

户内电力变压器的安装应注意以下问题：

①油浸电力变压器的安装应略有倾斜，从没有储油柜的一方向有储油柜的一方应有1%～1.5%的上升坡度，以便油箱内意外产生的气体能比较顺利地进入气体继电器。

②变压器各部件及本体的固定必须牢固。

③电气连接必须良好，铝导体与变压器的连接应采用铜铝过渡接头。

④变压器的接地一般是其低压绕组中性点、外壳及其阀型避雷器三者共用的接地。变压器的工作零线应与接地线分开，工作零线不得埋入地下；接地必须良好；接地线上应有可断开的连接点。

⑤变压器防爆管喷口前方不得有可燃物体。

⑥变压器室必须是耐火建筑。变压器室的门应以非燃材料或难燃材料制成（木质门应包铁皮），并向外开。变压器室不得开窗。单台变压器油量超过 600 kg 时，变压器下方应有储油坑，坑内应铺以厚 25 cm 以上的卵石层，地面应向坑边稍有倾斜。变压器室应有通风考虑，排风温度不宜高于 45℃；空气进、出口应有百叶窗和铁丝网，以防止小动物钻入而引起短路事故。

⑦居住建筑物内安装的油浸式变压器，单台容量不得超过 400 kVA。

⑧为了维护安全，安装变压器时应考虑把油标、温度计、气体继电器、取油放样油阀等放在最方便的地方，通常是在靠近门的一面，而且这一面应留有稍大的间距。变压器宽面推进者低压面应在外侧，窄面推进者储油柜端应在外侧。10 kV 变压器壳体距门不应小于 1 m，距墙不应小于 0.8 m（装有操作开关时不应小于 1.2 m）；35 kV 变压器距门不应小于 2 m，距墙不应小于 1.5 m。

⑨为了使变压器散热良好，变压器的下方应设有通风道，墙上方或屋顶应有排气孔。注意通风孔和排气孔都应装设铁丝网，以防小动物钻入而引起事故。变压器采用自然通风时，变压器室地面应高出室外地面 1.1 m。

⑩变压器二次母线支架的高度不应小于 2.3 m，高压母线两侧应加遮栏。母线的安装应考虑到可能的吊心检修。一次和二次引线均不得使绝缘套管受力。

⑪变压器室的门应上锁，并在外面悬挂"高压危险！"的警告牌。

2. 户外电力变压器的安装

户外电力变压器的安装方式有：地上安装、台上安装和柱上安装等 3 种。变压器容量不超过 315 kVA 者可柱上安装，315 kVA 以上者应地上安装或台上安装。就安全要求而言，户内变压器安装的第（1）～（5）项对于户外变压器也是实用的。户外变压器的安装还应注意以下问题：

①户外变压器的一次引线和二次引线均应采用绝缘导线。

②柱上变压器应安装平稳、牢固，腰栏应用直径为 4 mm 的镀锌铁丝缠绕四圈以上，且铁丝不得有接头，缠绕必须紧密。

③柱上变压器底部距地面高度不应小于 2.5 m。裸导体距地面高度不应小于 3.5 m。

④变压器台高度一般不应低于 0.5 m，其围栏高度不应低于 1.7 m，变压器壳体距围栏不应小于 1 m，变压器操作面距围栏不应小于 2 m；围栏上应有明显标志。

⑤变压器室围栏上应有"止步，高压危险！"的明显标志。

（六）电力变压器的安全运行

1. 变压器运行参数

新投入的变压器在带负荷前，应空载运行 24 h，运行中变压器的运行参量应当符合规定。例如，高压侧电压偏差不得超过额定值的±5%；低压最大不平衡电流不得超过额定电流的 25%，温度和温升不得超过规定值，声音不得太大或不均匀。另外，套管应保持清洁，外壳和低压中性点接地应保持完好，接线端子不应过热等。

变压器允许过负载运行，但允许过载的时间必须与过载前上层油温和过载量相适应。油浸电力变压器的允许过载时间可参考表 7-1 确定。

油浸电力变压器采用的绝缘纸、木材、棉纱是 A 级绝缘材料。由于 A 级绝缘材料的最高工作温度为 105℃，因此变压器发热元件的温度不得超过 105℃。因而，绕组温升不得超过 65℃，铁芯表面温升不得超过 70℃，油箱上层油温最高不得超过 95℃，但为了减缓变压器油变质，上层油温最高不宜超过 85℃。

如发现运行中变压器的温度过高，应及时处理；如环境温度未发生变化，负荷电流和电源电压也没有变化，下列原因可造成变压器温度过高：

①变压器绕组匝间短路或层间短路。

②变压器分接开关接触不良。

表 7-1　油浸电力变压器允许过载时间　　　　　　　　（单位：s）

过载量/%	允许过载时间						
	18℃	24℃	30℃	36℃	42℃	48℃	54℃
5	350	325	290	240	180	90	10
10	230	205	170	130	85	10	—
15	170	145	110	80	35	—	—
20	125	100	75	45	—	—	—
25	95	75	50	25	—	—	—
30	70	50	30	—	—	—	—
35	55	35	15	—	—	—	—
40	40	25	—	—	—	—	—
45	25	10	—	—	—	—	—
50	15	—	—	—	—	—	—

注：18℃至54℃为过载前上层油温。

③变压器铁芯片间绝缘损坏或压紧螺杆绝缘损坏使铁芯短路。

④变压器负荷电流过大且延续时间过长、三相负荷严重不平衡、电源电压偏高、电源缺相、散热故障或环境温度过高等。

2．电力变压器的并联运行

为了提高运行的经济性和提高供电的可靠性，在很多情况下，需要用两台容量较小的变压器并联起来代替一台容量较大的变压器。两台变压器并联运行是两台变压器一次侧和二次侧的同名端都连在一起的运行方式。变压器并联运行的基本要求是并联回路内不产生有害的环流，而且负荷合理分配。为此，变压器并联运行应当满足以下条件：

①并联变压器的联结组必须相同。

②并联变压器的额定变压比应当相等。

③并联变压器的阻抗电压最好相等，阻抗电压相差不宜超过 10%。

④并联变压器的容量之比一般不应超过 3∶1。

3．电力变压器的检修

对运行中的电力变压器应制订检修计划。检修分为小修和大修。大修后的电力变压器须经过验收方可投入运行。

变压器小修是指在不吊出铁芯和绕组的情况下进行的各项检查和维修。油浸式电力变压器的小修包括以下项目：

①消除日常巡视中发现的缺陷；

②测定绕组的绝缘电阻；

③清扫变压器的瓷套管和外壳，检查各处螺纹是否有松动；

④检查有无渗、漏油，检查油管有无堵塞，如油量不足应予补油；

⑤检查气体继电器及其控制线是否破损；

⑥检查呼吸器是否完好，如硅胶已经受潮应予更换；

⑦清除储油柜上集污器内的污垢和积水；

⑧检查引线，并处理过热及烧伤缺陷；

⑨检查跌落式熔断器的熔管及熔丝规格；

⑩检查柱上变压器的安装是否牢固、杆基是否下沉等。

油浸电力变压器的大修是指放出变压器油、吊出铁芯和绕组的检查和维修。大修包括以下项目：

①清除线圈表面的油污和沉积物，观察绕组绝缘的老化程度，如绝缘已经损坏应更换绕组；

②检查铁芯是否松动，压紧螺栓的绝缘是否良好；

③检查分接开关是否有烧伤痕迹，接触是否紧密，定位是否准确，与绕组的连接是否良好；

④清除连通管、防爆管、散热器等处的油垢，检查是否堵塞；

⑤检查气体继电器；

⑥检查油循环装置和滤油装置；

⑦重新油漆变压器的外壳；

⑧按规定进行测量和试验。

（七）电力变压器的保护

高压 10 kV 电力变压器一般只装有防雷保护、过电流保护（包括短路保护和过负载保护）和气体保护。

1. 防雷保护

电力变压器的防雷保护主要是指对沿线路传来的高压冲击波的防护，这种保护是借助于在变压器进线上安装避雷器来实现的。避雷器的典型接线如图 7-10（a）所示。

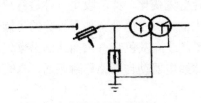
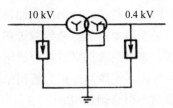

（a）户内避雷器安装接线　　　　（b）变压器两侧避雷器接线

图 7-10　避雷器的接线图

对于高压侧和低压侧都可能产生高压冲击波的变压器，应在变压器的低压侧另装一组低压避雷器，如图 7-10（b）所示。这组避雷器对于防止电压反变换波也是有用的。雷击在高压线路时，极大的接地电流在高、低压共用的接地装置上产生较高的电压。这一电压加在低压绕组的中性点上，产生流过低压绕组的电流，并在高压绕组上再产生一个感应电动势。这种经接地连接、电磁感应再返回到高压侧的电压波称为电压反变换波。

避雷器与变压器之间的电气距离越小越好，一路进线者，该距离不得超过 15 m；两路进线者，该距离不得超过 23 m。避雷器应垂直安装，电气连接必须良好、可靠，瓷套应无

153

损坏，应保持清洁，密封应良好。避雷器的引线截面积铜线不得小于 16 mm²，铝线不得小于 25 mm²，避雷器的接地线截面积铜线不得小于 16 mm²，钢线不得小于 25 mm²。每年 3 月至 10 月，避雷器应投入运行，投入运行前应测量绝缘电阻、泄漏电流和非线性系数；对于无并联电阻的避雷器还应测量工频放电电压。

避雷器上的接线和接地线应连接良好，不应有烧伤痕迹或断股；避雷器瓷套管上端、下端的密封应良好，油漆应脱落；避雷器内部和外部连接处不应有异常声响等。凡有人值班时，每班巡视检查一次；无人值班时，每周巡视检查一次；遇雷雨天气等特殊情况，应增加巡视检查次数。

2．继电保护

①继电保护概要。继电保护的作用是在正常条件下，经电压互感器、电流互感器等元件接入电路，监视设备和线路的运行状态。在变压器油面下降、温度偏高、负荷过大、气体继电器信号动作以及不接地系统发生单相接地等不正常情况下，继电保护动作发出信号，提醒值班人员尽快处理。当系统中发生短路等故障时，继电保护可靠动作切除故障部位，确保非故障部位安全运行；切除故障后，再借助继电保护装置启动自动重合闸重新接通电源或投入备用电源。

继电保护装置必须满足选择性、快速性、灵敏性和可靠性的要求。

②气体保护（瓦斯保护）。气体继电器信号动作后，应严密监视电压、电流、温度、声响、油面、油色等运行参数或状态。如不能确定原因，应分析气体继电器里的气体。如气体无色、无味且不可燃，说明是空气，变压器可继续运行；如气体可燃，说明变压器内部有故障，则应停电检修。

气体继电器信号动作可能是由于内部轻故障造成的，也可能是由于渗油、漏油使油面降低太多造成的，还可能是加油、滤油时空气带入内部，温度升高后气体析出造成的。

气体继电器动作断路器跳闸，可能是由于内部严重故障，也可能是变压器严重漏油致使油面迅速降低，还可能是二次回路故障造成的。气体继电器动作断路器跳闸后，应将变压器与配电网完全断开，仔细检查油箱、防爆管有无变化，并应收集气体进行分析。黄色不易燃气体是变压器内部本质绝缘过热分解出来的；灰白色带有强烈气味的可燃气体是变压器内部纸、布类绝缘材料过热分解出来的；黑色或深灰色带有焦油味的易燃气体是变压器内部发生放电，绝缘油过热分解出来的。气体继电器动作断路器跳闸后，未查明原因及未排除故障前不得合闸送电。

③熔丝保护。变压器高压侧熔断器的主要作用是保护变压器。当变压器内部短路或高压引线短路时，该熔丝应迅速烧断。容量 100 kVA 及其以下的变压器，熔丝额定电流应按变压器额定电流的 2～3 倍选择；容量 100 kVA 以上的变压器，熔丝额定电流应按变压器额定电流的 1.5～2 倍选择。

变压器低压侧熔断器主要用作变压器及低压干线的短路保护，并具有过载保护的功能。低压侧熔断器的熔体应按变压器二次负荷电流或二次额定电流选择。

④反时限过电流保护。通常说的反时限过电流保护包含电流速断保护和反时限过电流保护，其保护特性如图 7-11（a）所示。图中，I_K 以上为速断保护范围，I_K 以下为反时限保护范围。这种保护特性由 GL 型过流继电器提供。

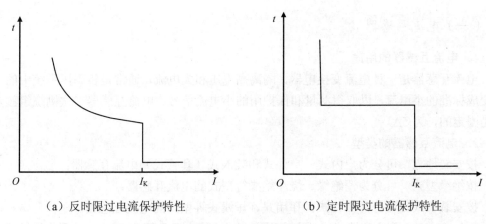

（a）反时限过电流保护特性　　　　　　（b）定时限过电流保护特性

图 7-11　过电流保护特性

速断保护是瞬时动作的，属于短路保护，其动作电流应躲开线路上的峰值电流，保护范围是按变压器高压绕组的一部分（或线路全长的 70%～80%）确定的。这就是说，速断保护有死区，速断保护需要有过电流保护的配合。

反时限过电流保护的动作时间不是固定的，而是与故障电流的大小保持反时限的关系，即故障电流越大则动作时间越短。其最小动作电流应躲过线路上的最大负荷电流。其保护范围是线路的全长，可作为速断保护的后备保护和变压器低压侧故障的穿越性保护。多级保护者，为满足选择性的要求，反时限电流保护的级差为 0.7 s。

⑤定时限过电流保护。通常说的定时限过电流保护包含电流速断保护和定时限过电流保护，其保护特性如图 7-11（b）所示。图中，I_K 以上为速断保护范围，I_K 以下为定时限保护范围。这种保护特性由电流继电器、时间继电器、信号继电器和中间继电器提供。

其速断保护与上述速断保护完全一样，也需要有过电流保护的配合。

定时限过电流保护的动作时间是固定的，与故障电流的大小无关，只要故障电流达到或超过继电保护装置的整定电流，继电保护装置即在确定时间内完成动作并切断线路。多级保护者，其级差为 0.5 s。其他与反时限过电流保护相同。

三、互感器

互感器分为电压互感器（TV）和电流互感器（TA）两大类。它是电力系统中供测量和保护用的重要设备，是一次系统和二次系统之间的联络元件，它将一次侧的高电压、大电流变成二次侧标准的低电压和小电流，用以分别向测量仪表、继电器的电压线圈和电流线圈供电，使二次电路能正确反映一次系统的正常运行和故障情况。目前，互感器常用电磁式和电容式，随着电力系统容量的增大和电压等级的提高，光电式、无线式互感器正应运而生，将应用于电力生产中。互感器的作用是：

①与测量仪表配合，对线路的电压、电流、电能进行测量。与继电器配合，对电力系统和设备进行保护。

②使测量仪表、继电保护装置与线路的高电压隔离，保证操作人员和设备的安全。

③将电压和电流变换成统一的标准值。

（一）电流互感器

1．电流互感器的用途

电流互感器是一种电流变换电器，隔离高电压和大电流，通常是将高压系统中的大电流变成标准的小电流，以取得测量和保护用的小电流信号。电流互感器二次侧绕组额定电流是固定的，为 5A。

2．电流互感器的类型

按安装地点，可分为户内式、户外式和装入式（套管式）电流互感器；

按绝缘型式，可分为瓷绝缘、浇注绝缘等型式的电流互感器；

按安装方式，可分为支柱式、穿墙式、母线式等型式的电流互感器。

例如，LA-10 型为穿墙式、额定电压为 10 kV 的电流互感器，LQJ-10 型为线圈式、树脂浇注、额定电压为 10 kV 的电流互感器。

3．电流互感器的型号

电流互感器型号的表示和含义如下：

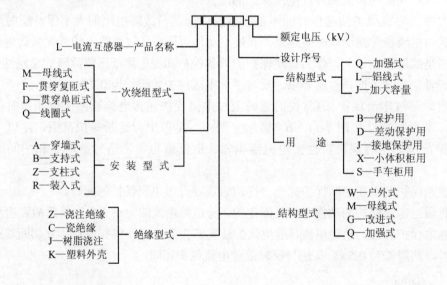

4．电流互感器的结构

电流互感器的结构较为简单，由相互绝缘的一次绕组、二次绕组、铁芯以及构架、壳体、接线端子等组成。其外形图如图 7-12 所示。电流互感器类似一台一次线圈匝数少、二次线圈匝数多的变压器；它的一次绕组直接串联于电源线路中，二次绕组与仪表、继电器、变送器等电流线圈的二次负荷串联形成闭合回路，如图 7-13（a）所示。对于穿心式电流互感器其本身结构不设一次绕组，载流（负荷电流）导线由 L_1 至 L_2 穿过由硅钢片压叠制成的圆形（或其他形状）铁芯起一次绕组作用，如图 7-13（b）所示。

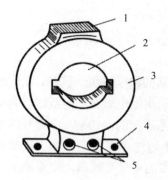

1—铭牌；2——次母线穿过口；3—铁芯，外绕二次绕组，环氧树脂浇注；
4—安装板；5—二次接线端

图 7-12　LMJ1-0.5 型电流互感器外形图

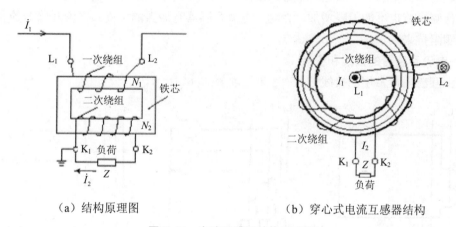

（a）结构原理图　　　　　　　（b）穿心式电流互感器结构

图 7-13　电流互感器结构示意图

5．电流互感器的技术参数

（1）额定电压

额定电压指电流互感器一次线圈可以接用线路的额定电压，而不是一次线圈或二次线圈端子之间的电压。

（2）变流比

变流比指一次侧线圈的额定电流与二次侧线圈的额定电流之比。因为电流互感器的二次侧电流是 5A，所以变流比决定于一次额定电流。额定电压 10 kV 电流互感器的一次额定电流有 5A、10A、15A、20A、30A、40A、50A、75A、100A、150A、200A、300A、400A、600A、800A、1 000A、1 500 A 等多个等级。额定电压 500 V 电流互感器的一次额定电流还要大一些，最大的一次额定电流达到 25 000 A。

（3）精度等级

电流互感器的精度等级是用电流的相对误差表示的，即

$$\Delta I\% = \frac{K_I I_2 - I_{1N}}{I_{1N}} \times 100\% \qquad (7\text{-}1)$$

式中：$\Delta I\%$——电流相对误差（也叫做变流比误差）；

K_I——变流比；

I_2——实测二次侧电流；

I_{1N}—— 一次额定电流。

该相对误差即为电流互感器的精度等级。例如，0.5 级电流互感器的电流相对误差为 0.5%。应当指出，精度只表示一次侧电流在一定范围以内电流互感器的误差。随着一次侧电流的变化，互感器的误差不是不变的。10 kV 电流互感器能保证一次侧电流为额定电流的 10～15 倍时电流相对误差不超过 10%。应根据二次侧负荷的性质选用适当精度的电流互感器。电能计量应选用 0.5 级的电流互感器，电流测量可选用 1 级（或 0.5 级）的电流互感器，继电保护可选用 3 级的电流互感器。

（4）容量

电流互感器的容量是指电流互感器二次侧允许接入的视在功率。二次侧串接的负载越多，视在功率也就越大。因此，尽管二次侧电流不取决于二次侧负荷的大小，但电流互感器的二次侧负荷也不能无限增加，否则，电流互感器有烧毁的可能。电流互感器的容量常用二次侧阻抗来表示。

6. 电流互感器的接线和安装

电流互感器最常用的接线方式有三种，如图 7-14 所示。

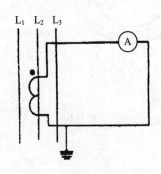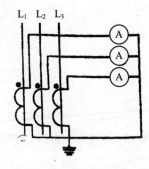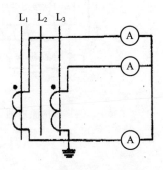

（a）一相装设电流互感器　　（b）三相装设电流互感器　　（c）二相装设电流互感器

图 7-14　电流互感器接线

图 7-14（a）所示的接线图，常用于对称三相负荷的电路之中，用于测量一相电流。图 7-14（b）所示的接线图为星形接线，可以测量三相电流，常用于三相不对称系统和 380/220 V 三相四线制系统。图 7-14（c）所示的接线图为不完全星形接线，广泛地应用在三相平衡或不平衡系统中，通过公共导线上的电流表中的电流为 L_2 相电流。

电流互感器的安装接线应注意以下问题：

①二次回路接线应采用截面积不小于 2.5 mm^2 的绝缘铜线，排列应当整齐，连接必须良好，盘、柜内的二次回路接线不应有接头。

②为了减轻电流互感器一次线圈对外壳和二次回路漏电的危险，其外壳和二次回路的一点应良好接地。

③对于接在线路中的没有使用的电流互感器，应将其二次线圈短路并接地。

④为避免电流互感器二次回路开路的危险，二次回路中不得装熔断器。

⑤电流互感器二次回路中的总阻抗不得超过其额定值。

⑥电流互感器的极性和相序必须正确。

7. 电流互感器安全运行要点

运行中的电流互感器二次回路开路是十分危险的，其危险性表现在以下几方面：

①由于没有二次侧电流的平衡作用，铁芯磁通大大增加，而感应电动势与磁通成正比，导致二次侧电压大大升高（数百伏至数千伏），既带来电击的危险，又可能击穿二次侧线路或二次侧元件的绝缘。此时，铁芯将发出嗡嗡声；如击穿绝缘，还将发出放电声和电火花。

②由于铁芯磁通大大增加，造成铁芯发热，可能烧毁互感器，并发出焦煳味、冒烟。

③由于磁通大大增加，铁芯饱和而带有较大的剩磁，使互感器精度降低。

④由于二次侧电流为零，电流表、功率表指示为零，电能表铝盘不转动且发出"嗡嗡"声，电流继电器也不能正常动作，从而不能对一次侧电路进行监视和保护。

电流互感器不得长时间过负载运行。否则，铁芯温度太高将导致误差增大，绝缘加速老化，甚至烧毁。电流互感器只允许在 1.1 倍额定电流下长时间运行。

电流互感器巡视检查的主要内容是各接点有无过热现象，有无异常气味和异常声响；瓷质部分是否清洁，有无放电痕迹。对于充油型电流互感器，还应检查油面是否正常，有无渗油、漏油等。

8. 在带电的电流互感器二次回路工作时应采取的安全措施

①严禁电流互感器二次侧开路。为此，必须使用短路片或短路线将电流互感器二次可靠短接后，方可工作。

②严禁在电流互感器与短路端子之间的回路上做任何工作。

③不能将回路中的永久接地点断开。

④工作时，必须有专人监护，使用绝缘工具，站在绝缘垫上工作。

（二）电压互感器

1. 电压互感器的用途

电压互感器是一种电压变换电器，隔离高电压，通常是将系统的高电压变成标准的低电压，以取得测量和保护用的低电压信号。电压互感器二次侧绕组额定电压是固定的，为 100 V。

2. 电压互感器的类型

电压互感器的种类也很多。按其结构和安装地点可分为以下几类：

①按安装地点可分为：屋内式和屋外式。

②按相数分可分为：单相式和三相式，一般额定电压在 20 kV 及以下才制成三相式。

③按绝缘结构可分为：干式、浇注式和油浸式。

④按每相绕组数可分为：双绕组、三绕组和四绕组；三绕组电压互感器具有两个二次绕组，其中一个为基本二次绕组，另一个为辅助二次绕组；四绕组电压互感器具有两个基本二次绕组和一个辅助二次绕组。

例如，JDJ-10 型为单相、油浸绝缘、额定电压为 10 kV 的电压互感器；JSJW-10 型为三相、油浸绝缘、五柱三线圈、额定电压为 10 kV 的电压互感器等。

3．电压互感器的型号

电压互感器型号的表示和含义如下：

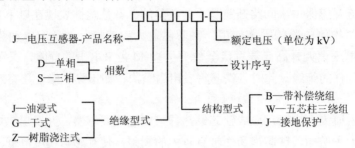

4．电压互感器的结构

电压互感器的结构与小型降压变压器相似，只是电压互感器不需要专用的冷却装置。电压互感器的外形如图 7-15 所示。下面介绍常用的 JSJW-10 型电压互感器的结构。这种电压互感器为三相三绕组五铁芯柱式油浸电压互感器，其结构示意如图 7-16 所示。该互感器的铁芯采用旁铁轭（边柱）的芯式结构（称五铁芯柱），由条形硅钢片叠成。每相有三个绕组（一次绕组、二次绕组和辅助二次绕组），三个绕组构成一体，三相共有三组线圈分别套在铁芯中间的三个铁芯柱上，辅助二次绕组，绕在靠近铁芯里侧的绝缘纸筒上，外面包以绝缘纸板，再在绝缘纸板外面绕制二次绕组，一次绕组分段绕在二次绕组外面，一次绕组和二次绕组之间置有角环，以利于绝缘和油道畅通。

三相五柱式电压互感器的结构如图 7-16 所示。这种接线的电压互感器的可直接测量系统的相间电压、各相对地电压以及零序电压。三相五柱式电压互感器较广泛地应用于 3～10 kV 的系统中。

图 7-15　电压互感器的外形图

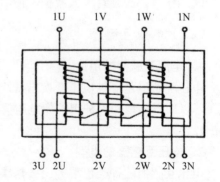

图 7-16　三相五柱式电压互感器结构示意图

5．电压互感器的技术参数

（1）额定电压和变压比

电压互感器的额定电压指电压互感器一次线圈的额定电压（线电压）。

电压互感器的变压比指一次侧的额定电压与二次侧的额定电压（100V）之比。

（2）精度等级

电压互感器的精度等级是用电压的相对误差来表示的。即：

$$\Delta U\% = \frac{K_U U_2 - U_{1N}}{U_{1N}} \times 100\% \qquad (7\text{-}2)$$

式中： $\Delta U\%$——电压相对误差（也叫做变压比误差）；

K_U——变压比；

U_2——实测二次侧电压；

U_{1N}—— 一次侧额定电压。

该相对误差即电压互感器的精度等级。例如，3级电压互感器的电压相对误差为 3%。同样，应当根据二次侧负荷的性质选用适当精度的电压互感器。电能计量、电流测量、继电保护应分别选用 0.5 级、1 级（或 0.5 级）、3 级的电压互感器。

（3）额定容量

电压互感器的额定容量是指在功率因数 $\cos\varphi = 0.8$ 的条件下，电压互感器二次侧允许接入的视在功率。

电压互感器二次侧并联的负载越多，视在功率也就越大。因此，尽管二次侧电压与二次侧负荷的关系不大，电压互感器的二次侧负荷也不能无限增加，否则，电压互感器有烧毁的可能。

6．电压互感器的接线和安装

电压互感器的接线方式较多，常用的接线方式如图 7-17 所示。

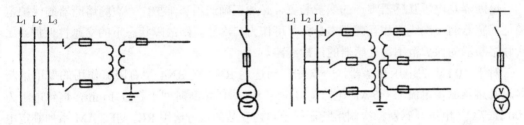

（a）一只单相电压互感器的接线　　（b）两只单相电压互感器的接线

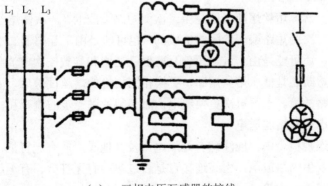

（c） 三相电压互感器的接线

图 7-17　电压互感器的接线图

图 7-17（a）为一只单相电压互感器的接线，主要用于测量线电压和连接频率表及电压继电器。图 7-17（b）为两台单相电压互感器 V/V 接线，可用于测量线电压和连接功率表、电度表及电压继电器；这种接线方式的优点是简单、经济、一次侧没有接地点；不足

之处是不能测量对地电压，不能起绝缘监视和接地保护的作用。图 7-17（c）为三相电压互感器 Y/Y/开口△接线，它是在 10 kV 系统中广泛应用的接线方式；这种接线方式除可用于线电压、相电压的测量和一般继电保护之外，接在 Y 形接线的二次绕组上的电压表可用作系统的绝缘监视；接在开口△接线的二次绕组上的电压继电器可发出接地报警信号；采用 Y/Y/开口△接线时，除电压互感器二次绕组的一点必须接地外，其一次绕组的中性点也必须接地。

电压互感器的安装接线应注意以下问题：

①二次回路接线应采用截面积不小于 1.5 mm^2 的绝缘铜线，排列应当整齐，连接必须良好，盘、柜内的二次回路接线不应有接头。

②与电流互感器相同，电压互感器的外壳和二次回路的一点也应良好接地。用于绝缘监视的电压互感器的一次绕组中性点也必须接地。

③为防止电压互感器一次、二次回路短路的危险，一次、二次回路都应装有熔断器。接成开口三角形的二次回路即使发生短路，也只流过微小的不平衡电流和三次谐波电流，故不装设熔断器。

④电压互感器二次回路中的工作阻抗不得太小，以避免超负载运行。

⑤电压互感器的极性和相序必须正确。

7. 电压互感器安全运行要点

熔断器是电压互感器唯一的保护装置，必须正确选用和维护。一次侧熔断器的保护范围是互感器的一次线路和互感器本身，并可作为二次侧短路故障状态下的穿越性保护；二次侧熔断器的保护范围是互感器的二次线路。

对于 10 kV 的电压互感器，一次侧应当选用 RN2 或 RN4 型有限流作用的专用熔断器。其熔丝额定电流为 0.5 A，电流为 0.6～1.8A 时的熔断时间不超过 1 min，熔丝电阻为 100 Ω±7 Ω。电压互感器二次侧熔断器用于户内安装的，可选用 RL、GF、AM 系列额定电流 10 A 的熔断器，配用 3～5 A 的熔丝；用于室外安装的，可选用 RM 系列额定电流 15 A 的熔断器，配用 6 A 的熔丝。

电压互感器二次侧熔丝熔断一般是由二次侧短路造成的。一次侧熔丝熔断则可能是由于互感器本身或一次侧短路或套管闪络造成的，也可能是由于互感器二次侧短路穿越作用于一次侧造成的，还可能是由于过电压使互感器铁芯饱和导致一次电流急剧增大造成的。不论是高压熔丝熔断还是低压熔丝熔断，更换相同规格的熔丝试验后，如再次熔断，说明有比较严重的短路故障。不可再次更换送电，而必须做进一步的检查和试验。这时，应先排除故障，再考虑更换熔丝送电。

电压互感器巡视检查中，应注意有无放电声及其他噪声，有无冒烟，有无异常气味，瓷绝缘表面是否发生闪络放电，引线连接点是否过热，有无打火、有无严重渗油、漏油，二次侧仪表指示是否正常等。

运行中的电压互感器发生下列故障时应予停电：

①瓷套管破裂或闪络放电；②高压线圈击穿，有放电声、冒烟，发出臭味；③连接点打火；④严重漏油；⑤外壳温度超过允许温度且继续上升；⑥高压熔丝连接两次熔断。

8．在带电的电压互感器二次回路上工作时应采取的安全措施

①严格防止短路或接地。为了防止在工作中一旦发生短路致使保护装置误动作，在工作中应使用绝缘工具，戴手套。必要时工作前停用有关保护装置。

②接临时负载时，必须装有专用刀开关和可熔熔断器。其熔丝选择必须与电压互感器的熔丝有合理的配合。

四、电力电容器

（一）电力电容器的用途

电力电容器在电力系统中的作用是补偿供配电系统感性负荷的无功功率，改善电能和电压质量，降低电能和电压损耗，提高功率因数和供电设备的利用率。运行中电容器的爆炸危险和断电后电容器残留电荷的危险是必须重视的安全问题。

（二）电力电容器的类型

①按安装场所的不同，电力电容器分为户内式和户外式；

②按绝缘介质的不同，电力电容器分为干式和油浸式；

③按耐压等级的不同，电力电容器分为 0.23 kV、0.4 kV、3.15 kV、6.3 kV、10.5 kV、37 kV。

（三）电力电容器的型号

单台电力电容器型号的表示及含义：

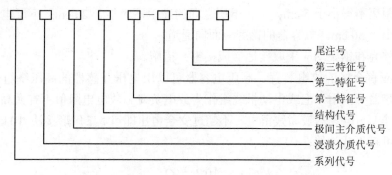

注：制造企业可根据需要，在结构代号后增加设计序号。

（四）电力电容器的结构

电容器由外壳和芯子组成。外壳用密封钢板焊接而成，外壳上装有出线绝缘套管、吊攀和接地螺丝。芯子由一些电容元件串、并联组成。电容元件用铝箔制作电极，用电容器纸或复合绝缘膜作为绝缘介质。电容器内以绝缘油作为浸渍介质，老式的多采用矿物油，新式的多采用十二烷基苯。新式的燃爆危险性较小。电力电容器如图 7-18 所示。

图 7-18　电力电容器外形图

（五）电力电容器的安装

电容器所在环境温度不应超过 40℃，周围空气相对湿度不应大于 80%，海拔高度不应超过 1 000 m。周围不应有腐蚀性气体或蒸气，不应有大量灰尘或纤维，所安装的环境应无易燃、易爆危险或强烈振动。

电容器室应为耐火建筑，耐火等级不应低于二级；电容器室应有良好的通风。总油量 300 kg 以上的高压电容器应安装在单独的防爆室内；总油量 300 kg 以下的高压电容器和低压电容器应视其油量的多少，安装在有防爆墙的间隔内或有隔板的间隔内。

电容器应避免阳光直射，受阳光直射的玻璃窗应涂以白色。

电容器分层安装时一般不超过三层，层与层之间不得有隔板，以免阻碍通风。相邻电容器之间的距离不得小于 5 cm；上、下层之间的净距不应小于 20 cm；下层电容器底面对地高度不宜小于 30 cm。电容器的铭牌应面向通道。

电容器外壳和钢架均应采取接地（或接零）措施。

电容器应有合格的放电装置。高压电容器可以用电压互感器的高压绕组作为放电负荷；低压电容器可以用灯泡或电动机绕组作为放电负荷。放电电阻值不宜太高，只要满足经过 30 s 放电后，电容器最高残留电压不超过安全电压即可。三角形接法 10 kV 电容器每相放电电阻可按下式计算：

$$R \leqslant 1.5 \times 10^6 U^2 / Q \qquad\qquad (7\text{-}3)$$

式中：R——每相放电电阻，单位为欧（Ω）；

U——线电压，单位为千伏（kV）；

Q——每相电容器容量，单位为千乏（kvar）。

对于低压电容器，放电电阻可以稍大些。经常接入的放电电阻也不宜太小，以免能量损耗太大。放电电阻的比功率损耗不应超过 1W/kvar。

高压电容器组和总容量 30 kvar 及以上的低压电容器组，每相应装电流表；总容量 60 kVar 及以上的低压电容器组应装电压表。

补偿用电力电容器安装在高压侧或者安装在低压侧；可以集中安装，也可以分散安装。从补偿的完善角度看，低压补偿比高压补偿好，分散补偿比集中补偿好；从节省投资和便于管理的角度看，高压补偿比低压补偿好，集中补偿比分散补偿好。

（六）电力电容器的接线

三相电力电容器内部为三角形接线；单相电容器应根据其额定电压和线路的额定电压确定接线方式：电容器额定电压与线路线电压相符时采用三角形接线；电容器额定电压与线路相电压相符时采用星形接线。

电力电容器的几种基本接线方式如图 7-19 所示。

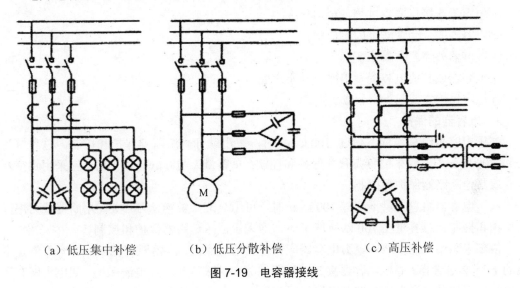

（a）低压集中补偿　　　（b）低压分散补偿　　　（c）高压补偿

图 7-19　电容器接线

（七）电容器安全运行

1. 电容器的运行参数

电容器运行中，电流不应长时间超过电容器额定电流的 1.3 倍，电压不应长时间超过电容器额定电压的 1.1 倍。电容器使用的环境温度不得超出表 7-2 所列的限值。电容器外壳温度不得超过生产厂家的规定值（一般为 60℃ 或 65℃）。电容器各接点应保持良好，不得有松动或过热迹象；套管应清洁并不得有放电痕迹；外壳不应有明显变形，不应有漏油痕迹。电容器的开关设备、保护电器和放电装置应保持完好。

表 7-2　电容器使用的环境温度　　　　　　　　（单位：℃）

温度类别	环境温度				
	上限	下限	时平均最高	日平均最高	年平均最高
Ⅰ	+40	−40	+40	+30	+20
Ⅱ	+45	−40	+45	+35	+25
Ⅲ	+50	−40	+50	+40	+30

2. 电容器的投入或退出

为了取得良好的补偿效果，应将电容器分成若干组分别接向电容器母线。每组电容器应能分别控制、保护和放电。在正常情况下，应根据线路上功率因数的高低和电压的高低，可以选择手动投入或退出并联电容器，也可以选择能实现自动控制的接触器控制电容器的投入或退出组数。当功率因数低于 0.9、电压偏低时应投入电容器组；当功率因数趋近于 1 且有超前趋势、电压偏高时应退出电容器组。

当运行参数异常、超出电容器的工作条件时，应退出电容器组。如果电容器三相电流明显不平衡，也应退出运行，进行检查。

发生下列故障情况之一时，电容器组应紧急退出运行：

①电容器连接点严重过热甚至熔化；

②电容器的瓷套管严重闪络放电；

③电容器外壳严重膨胀变形；

④电容器或其放电装置发出严重异常声响；

⑤电容器爆裂或起火、冒烟。

3．电容器的保护

高压电容器组总容量不超过 100 kvar 时，可用跌开式熔断器保护和控制；总容量为 100～300 kvar 时，应采用负荷开关保护和控制；总容量为 300 kvar 以上时，应采用真空断路器或其他断路器保护和控制。

低压电容器组总容量不超过 100 kvar 时，可用交流接触器、刀开关、熔断器或刀熔开关保护和控制；总容量在 100 kvar 以上时，应采用低压断路器保护和控制。

内部未装熔丝的 10 kV 电力电容器应按台装熔丝保护，其熔断电流应按电容器额定电流的 1.5～2 倍选择。高压电容器宜采用平衡电流保护或瞬动的过电流保护。如电力网有高次谐波，可加装串联电抗器抑制谐波（感抗值约为容抗值的 3%～5%）或加装压敏电阻及 RC 过电压吸收装置。

低压电容器用熔断器保护时，单台电容器可按电容器额定电流的 1.5～2.5 倍选用熔体的额定电流；多台电容器可按电容器额定电流之和的 1.3～1.8 倍选用熔体的额定电流。

第三节　高压电气设备安全操作要求

一、倒闸的安全操作

倒闸操作主要是指断开或合上断路器或隔离开关，断开或合上直流操作回路，拆除和装设临时接地线及检查设备绝缘等。它是直接改变变配电设备的运行方式和状态，如果发生误操作事故，就能导致变配电设备的损坏，并危及人身安全。

为了保证变配电设备的安全运行，必须贯彻好安全操作的技术规定和执行好倒闸操作的组织措施——操作票制度，这是防止误操作，保障安全操作的基本措施。

（一）安全操作的基本要求

①为防止误操作事故，变配电所的倒闸操作必须填写操作票；

②倒闸操作必须两人同时进行，一人监护、一人操作。特别重要和复杂的倒闸操作，

应由电气负责人监护；

③高压操作应戴绝缘手套，室外操作应穿绝缘靴、戴绝缘手套；

④如逢雨、雪、大雾天气在室外操作，无特殊装置的绝缘棒及绝缘夹钳禁止使用，雷电时禁止室外操作；

⑤装卸高压保险时，应戴防护镜和绝缘手套，必要时使用绝缘夹钳并站在绝缘垫或绝缘台上；

⑥变配电设备停电后，即使是事故停电，在未断开有关电源开关和采取安全措施以前，不得触及设备或进入遮栏，以防止突然来电，发生事故。

（二）安全操作的技术规定

各种不同运行方式的停、送电操作顺序如下。

①单一出线的操作。停电时，先断开断路器，后断开线路侧隔离开关，最后断开母线侧隔离开关。送电时，先闭合母线侧隔离开关，后闭合线路侧隔离开关，最后闭合断路器。

②带联络线或双电源的操作（同一系统或双电源已核相并符合并列、解列条件）。停送电时，要先用断路器并列运行，后用断路器解列运行，切不可用隔离开关进行并列、解列的操作。

③母线停、送电操作。停电时，电压互感器应最后停电；送电时，先送电压互感器。

④倒换母线操作。应先合上母线备用开关，取下该开关操作保险，将要停用母线所带的线路倒置运行母线，最后再断开原运行母线开关。

⑤带配电变压器的停、送电操作。停电操作从低压到高压依次进行（即反电流方向）。送电操作从高压到低压依次进行（即顺电流方向）。

⑥断开或合上刀闸时，应迅速果断，但不可用力过猛。操作机构有故障时，不得强行拉合，操作完毕应检查销子是否到位。

⑦室外单极刀闸，跌落保险在停电拉闸时先拉中相，再拉风向一相，最后拉余下的一相。严禁带负荷操作。

（三）操作票填写

严格执行操作票制度是行之有效的安全操作制度，是防止误操作事故发生的组织措施。

倒闸操作票是根据操作目的、顺序、允许拉合范围、挂接地线的地点等在操作之前提前写出来，让操作者有一个充分思考、预审的时间，避免盲目操作，防止和避免误操作事故的发生。

倒闸操作票的格式按电力部门颁发的统一标准填写，如表7-3所示。

①操作票必须根据调度指令或上级通知要求填写。接受指令时，受令人要认真复诵，审核无误，并将指令记入值班记录。

②倒闸操作票应将下列项目填入票内：

一是应拉合的开关和刀闸；

二是检查开关和刀闸的位置；

三是检查接地线是否装设或拆除；

四是检查负荷分配；

五是装、拆临时接地线；

六是安装或拆除控制回路或电压互感器回路的保险；

七是切换保护回路；

八是检验确无电压。

表 7-3　变电站（发电厂）倒闸操作票

单位＿＿＿＿＿＿＿＿＿＿＿＿＿＿＿			编号＿＿＿＿＿＿＿＿＿＿＿＿＿＿＿＿＿＿		
发令人		受令人		发令时间	年　月　日　时　分
操作开始时间： 　　　年　月　日　时　分			操作结束时间： 　　　年　月　日　时　分		
（　）监护下操作（　）单人操作（　）检修人员操作					
操作任务：＿＿＿					
顺　序	操　作　项　目				√
备注：					
操作人：　　　　　　监护人：　　　　　值班负责人（值长）：					

③操作票必须由操作人在接受指令后操作前填写。经监护人、值班负责人审核签字后方可操作。

④操作票必须按操作项目的顺序逐项填写，不得颠倒或并项填写。

⑤操作票应用钢笔和圆珠笔填写，不得用铅笔，字迹要工整，不得涂改。

⑥操作票统一编号，按顺序使用，填废的操作票应注明"作废"的字样，已操作完的应注明"已操作"的字样；已操作的操作票应妥善保管。

⑦填写操作任务、操作开始和终止时间；填写操作人、监护人、发令人的姓名，禁止代签。

（四）倒闸操作的安全要求

1．操作票的执行

①填好的操作票，必须与系统接线图或模拟盘核对，经核实无误后，由值班人签字。

②操作前首先核对将要操作设备的名称、编号和位置，操作时由监护人唱票，操作人应复诵一遍，监护人认为复诵正确，即发出"对"或"操作"的命令，操作人方可进行操作。每操作完一项，立即在本操作项目后做"√"的标记。

③操作时要严格按照操作票的顺序进行，严禁漏操作或重复操作。

④全部操作完成后，填写终了时间，并做好"已执行"的标记。

⑤操作中发生疑问时，应停止操作，立即向值班调度员（下令人）或站长报告，弄清后再继续操作。切不可擅改操作票。

2. 操作监护

操作监护就是由专人监护操作人操作的正确性和人身安全，一旦发生错误操作或危及人身安全时，能及时给予纠正和制止。在操作中对监护人有如下要求：

①监护人应由有经验的人员担任。

②监护人在操作前应协助操作人检查在操作中使用的安全用具，审核操作票等。

③监护人必须在操作现场，监护操作人操作的正确性。要求监护人不得擅离职守，不得参与同监护工作无关的事宜。

④每一操作步骤完成后，应检查开关设备的位置、仪表指示、联锁及标示牌等情况是否正确。

⑤设备投入运行后，应检查电压、电流、声音、信号显示、油面等是否正常。

3. 送电操作要求

①明确工作票或调度指令的要求，核对将要送电的设备，认真填写操作票。

②按操作票的顺序在模拟盘上预演，或与系统接线图核对。

③根据操作需要，穿戴好防护用具。

④按照操作票的要求在监护人的监护下，拆除临时遮栏、临时接地线及标示牌等设施，由电源侧向负荷侧逐级进行合闸送电操作，严禁带地线合闸。

4. 停电操作要求

①明确工作票或调度指令的要求，核对将要停电的设备，认真填写操作票。

②按操作票的顺序在模拟盘上预演，或与系统接线图核对。

③根据操作要求，穿戴好防护用具。

④按照操作票的要求在监护人的监护下，由负荷侧向电源侧逐级拉闸操作，严禁带负荷拉刀闸。

⑤停电后验电时，应用合格有效的验电器，按规定在停电的线路或设备上进行验电。确认无电后再采取接挂临时接地线、设遮栏、挂标示牌等安全措施。

（五）防止错误操作的联锁装置

防止错误操作的联锁装置，是从技术上采取的措施，使开关的错误操作受到限制，常用的联锁装置有以下几种：

1. 机械联锁

以机械传动部件位置的变动保证开关未拉开前，刀闸的操作手柄不能动作，或没拆除接地线时不能合闸送电等。

2. 电气联锁

在电动操作系统中，利用开关上的辅助开关之间的编程联锁，控制倒闸操作，当未按编程操作时，由主联锁开关先动作切断电路或拒动发出信号。

3．电磁联锁

整套装置由多个电磁锁和相应配套元件组成，以实现多功能的防误联锁作用。

4．钥匙联锁

钥匙联锁是在隔离开关与断路器上或其他相关的设备上加装的联锁，将钥匙放在操作机构内或特定的部位，只有前一项操作完毕，取出钥匙，才能开锁进行下一项的操作。

二、高压熔断器的安全操作

（一）户内式熔断器的操作

户内型管式熔断器应安装牢固，接触良好。更换熔断体（管）必须停电进行，并配用安全用具，而且有人监护。决不允许带电操作。

（二）户外式熔断器的操作

跌落式熔断器的合闸、拉闸都必须配用绝缘用具，用绝缘杆完成。合闸是用绝缘杆的操作件顶住或钩住熔管封闭端的金具向上推合。分闸是用绝缘杆的操作件钩住熔管封闭端的金具向下拉开（RW4 型），或用绝缘杆的操作件顶开熔管上方的鸭嘴帽（RW3 型），令其自行翻落。操作应当准确、果断，但不宜用力过猛。

跌落式熔断器是分相操作的，操作第二相时会产生比较强烈的电弧。因此，跌落式熔断器正确的操作顺序是拉闸时先拉开中相，再拉开下风侧边相，最后拉开上风侧边相；合闸时先合上上风侧边相，再合上下风侧边相，最后合上中相。

三、电力变压器的安全操作

电力变压器的操作要求除倒闸操作部分叙述的内容之外，还应包括分接开关的操作要求。

分接开关是用于改变变压器一次绕组抽头，借以改变变压比，它是调整二次电压的专用开关。分接开关分为有载调压和无载调压两种，用户电力变压器一般都是无载调压分接开关。

分接开关有 I、II、III 三挡位置，相应的变压比分别为 10.5/0.4、10.0/0.4、9.5/0.4，分别适用于电压偏高、电压适中、电压偏低的情况。当分接开关在 II 挡（10/0.4）位置时，如果二次电压偏高，应往上调到 I 挡（10.5/0.4）位置；如果二次电压偏低，则应往下调到 III 挡（9.5/0.4）位置。

分接开关的操作必须在停电后进行。改变挡位前后均须应用万用表和电桥测量绕组的直流电阻，线间直流电阻偏差不得超过平均值的 2%。

四、电力电容器的安全操作

对于油浸式电力电容器设备，由于操作不当可能着火，也可能发生爆炸，并且电容器上的残留电荷还可能对人身安全构成威胁。因此，在进行电容器操作中应按以下安全操作要求：

①高压电容器组外露的导电部分，应有网状遮拦，进行外部巡视时，禁止将运行中的

电容器组的遮栏打开。

②正常情况下全站停电操作时，就先拉开电容器的开关，后拉开各路出线的开关；正常情况下全站恢复送电时，就先合上各路出线的开关，后合上电容器的开关。

③全站事故停电后，应拉开电容器的开关。

④电容器断路器跳闸后不得强行送电；熔丝熔断后，查明原因之前，不得更换熔丝送电。

⑤更换电容器的保险丝，应在电容器没有电压时进行；故进行前，应对电容器放电。

⑥不论是高压电容器还是低压电容器，禁止带电荷或在带有残留电荷的情况下合闸。否则，可能产生很大的电流冲击。电容器每次重新合闸前，至少应放电 3 min。

⑦电容器组的检修工作应在全部停电时进行，先断开电源，将电容器放电接地后，才能进行工作。高压电容器应根据工作票，低压电容器可根据口头或电话命令。但均应作好书面记录。

第四节　变配电所的安全

一、变配电所的一般安全要求

变配电所的一般安全要求包括建筑设计、设备安装、运行管理等方面的要求。

（一）变配电所的位置

变配电所的位置应符合供电、建筑、安全的基本原则。从供电角度考虑，变配电所应接近负荷中心，以降低有色金属的消耗和电能损耗；变配电所进出线应方便等。从生产角度考虑，变配电所不应妨碍生产和厂内运输；变配电所本身设备的运输也应当方便。从安全角度考虑，变配电所应避开易燃易爆场所；宜设在企业的上风侧，并不得设在容易沉积粉尘和纤维的场所；不应设在人员密集的场所。变配电所的选址和建筑还应考虑到灭火、防蚀、防污、防水、防雨、防雪、防震以及防止小动物钻入的要求。

车间变配电所多采用附设变电所。这种变配电所有一面墙或两面墙与车间共用，可以外附也可以内附。在车间面积不足或环境特殊、工艺设备经常变动的情况下，宜采用外附变配电所。此外，在由一个变电所供给几个车间用电的情况下，或在有防火、防爆、防尘、防腐蚀等特殊要求的情况下，可采用车间外的独立变电所。在大型车间或在车间内有大型集中负荷的情况下，可采用车间内独立变电所。为了充分利用空间，可采用地下或梁架上的车间变配电结构等。

（二）建筑结构

高压配电室耐火等级不应低于二级；低压配电室耐火等级不应低于三级；油浸电力变压器室应为一级耐火建筑；对于不易取得钢材和水泥的地区，可以采用三级耐火等级的独立单层建筑。

变配电所各间隔的门应向外开；门的两面都有配电装置时，门应向两个方向打开。门应为非燃烧体或难燃烧体材料制作的实体门。长度超过 7 m 的高压配电室和长度超过 10 m 的低压配电室至少应有两个门。

蓄电池室应隔离安装。有充油设备的房间与爆炸危险环境或有腐蚀性气体存在的环境毗邻时，墙上、天花板上以及地板上的孔洞应予封堵。

户内油量 60 kg 以下的开关可安装在开敞式间隔内，油量 60～600 kg 的开关应安装在防爆间隔内，油量 600 kg 的开关或变压器应安装在互相隔离的防爆室内。户内油量 600 kg 以上的充油设备必须有事故蓄油设施；户外 600 kg 以上者，地面应铺以碎石或卵石层。

户内变配电所单台设备油量达到 600 kg 的应有贮油坑或挡油设施。贮油坑应能容纳 100% 的油；挡油设施应能容纳 20% 的油，并能将油排至安全处。室外变配电所单台设备油量达到 1 000 kg 的应有挡油设施，挡油设施也应能容纳 20% 的油。

（三）间距、屏护和隔离

变配电所各装置间距和屏护应符合第二章的要求。

户外变配电装置与建筑物应保持规定的防火间距。变压器容量越大，或贮罐容量越大、建筑物耐火等级越低，则要求的间距越大。

不论是户内的还是户外的配电装置，一般都少不了裸露的带电部分。为了防止电弧烧伤或金属熔化溅出烫伤，应将可能产生电弧的部件隔离开来。为了防止检修时错误地触及带电部分，应在母线与母线之间、母线与隔离开关之间，以及不同线路的设备之间设立永久的或临时的防护遮栏。

对于安装在车间或公共场所的配电装置，宜采用保护式结构。如果采用敞开式结构，户内的配电装置须设置适当的遮栏或栅栏；户外的配电装置须设置栅栏或围墙。

户外油量 2 500 kg 的两台变压器之间的净距不足 10 m 时，中间应加防火墙。户外变压器距建筑物不足 5 m 时，变压器正投影以外 3 m 以内的范围内不得有门窗或通风孔。

变配电所的围墙，变配电设备的围栏，变配电所各室的门窗，通风孔的小动物栏网，开关柜的门等屏护装置应保持完好，并应根据需要做明显的标志（如"止步，高压危险！"等），并予上锁。

户内充油设备油量 60 kg 以下的允许安装在两侧有隔板的间隔内，油量 60～600 kg 的须装在有防爆隔墙的间隔内，600 kg 以上的应安装在单独的间隔内。

（四）通风

蓄电池室有可燃气体产生，必须有良好的通风。变压器室、电容器室等有较多热量排放，必须有良好的自然通风，必要时采取强迫通风。进风口均宜在下方，出风口均宜在上方。

（五）联锁装置

为了避免注意力不集中造成事故。应当采用必要的联锁装置。如油断路器与隔离开关操动机构之间的联锁装置，电力电容器的开关与其放电负荷之间的联锁装置，禁区门上的联锁装置等。为了避免注意力不集中造成事故，还可以安装指示灯或其他信号装置。

（六）电气设备正常运行

保持电气设备正常运行包括观察电流、电压、功率因数、油量、油色、温度指示、接点状态等是否正常，观察设备和线路有无损坏，是否严重脏污以及观察门窗、围栏等辅助设施是否完好，听其声音是否正常，注意有无放电声等异常声响；闻有无焦糊味及其他异常气味。

变配电装置的三相母线 L_1（U），或 L_2（V），或 L_3（W）分别涂黄、绿、红色，零母线一般涂黑色。

（七）安全用具和灭火器材

变配电所应备有绝缘杆、绝缘夹钳、绝缘靴、绝缘手套、绝缘垫、绝缘站台、各种标示牌、临时接地线、验电器、脚扣、安全带、梯子等各种安全用具，具体内容详见第十二章。变配电所应配备可用于带电灭火的灭火器材，如二氧化碳灭火器、干粉灭火器等。

（八）管理制度

变配电所应建立并执行各项行之有效的规章制度，如工作票制度、操作票制度、工作许可制度、工作监护制度、值班制度、巡视制度、检查制度、检修制度及防火责任制、岗位责任制等。

二、变配电所的安全运行要求

为提高变配电所的安全运行水平，适应现代管理的要求，必须建立有关的设备档案、技术图纸、各种指标图表及有关的记录和制度。

（一）变配电所现场管理要求

1. 变配电所应有以下记录

①抄表记录：按规定的时间，抄录各开关柜、控制柜上相关的电压、电流、有功和无功表的电能及变压器温升等。

②值班记录：记录系统运行方式、设备检修、安全措施布置、事故处理经过、与运行有关事项及上级下达的指示要求等。

③设备缺陷记录：记录发现缺陷的时间、内容、类别，以及消除缺陷的人员、时间等。

④设备试验、检修记录：记录试验或检修的日期、内容、发现问题处理的经过、记录试验中出现的问题及排除情况、试验数据。

⑤设备异常及事故记录：记录发生的时间、经过、保护装置动作情况及原因、处理措施。

2. 变配电所应制定以下制度

①值班人员岗位责任制度。

②交接班制度。

③倒闸操作票制度。

④巡视检查制度。

⑤检修工作票制度。

⑥工作器具保管制度。

⑦设备缺陷管理制度。

⑧安全保卫制度。

3．变配电所安全运行的基本要求

①变配电所等作业场所必须设置安全遮栏，悬挂相应的警告标志，配置有效的灭火器材及通信设施。

②为电气作业人员提供符合电压等级的绝缘用具及防护用具。

③变配电所的电气设备，应定期进行预防性试验。试验报告应存档保管。

④变配电所内的绝缘靴、绝缘手套、绝缘棒及验电器的绝缘性能，必须定期检查试验。安全防护用具应整齐放在干燥明显的地方。

⑤无人值班的变配电所必须加锁。

（二）对值班人员的要求

①变配电所的电气设备操作，必须两人同时进行。一人操作，一人监护。

②严禁口头约时进行停电、送电操作。

③值班人员应确切掌握本所变配电系统的接线情况及主要设备的性能、技术数据和位置。

④值班人员应熟悉掌握本所事故照明的配备情况和操作方法。

⑤按要求认真正确填写、抄报有关报表并按时上报。并将当日的运行情况、检修及事故处理情况填入运行记录内。

⑥值班时间内自觉遵守劳动纪律和本所的各项规章制度，劳动防护用品穿戴整齐。

⑦值班人员应具备必要的电气"应知"、"应会"技能，有一定排除故障的能力，熟知电气安全操作规程，并经考试合格。

⑧在变配电所进行停电检修或安装工作时，应有保证人身及设备安全的组织和技术措施，并应向工作负责人指明停电范围及带电设备所在位置。

⑨如遇紧急情况严重威胁设备或人身安全来不及向上级报告时，值班人员可先拉开有关设备的电源开关，但事后必须立即向上级报告。

⑩变配电所发生事故或异常现象，值班人员不能判断原因时，应立即报告电气负责人。报告前不得进行任何修理恢复工作。

⑪熟练掌握触电急救方法。

（三）值班人员的安全注意事项

①不论高低压设备带电与否，值班人员不准单独移开或越过遮栏及警戒线对设备进行任何操作和巡视。

②巡视检查时应注意安全距离：高压柜前 0.6 m，10 kV 以下 0.7 m，35 kV 以下 1 m。

③单人值班不得参加修理工作。

④电气设备停电后，即使是事故停电，在未拉开有关刀闸和采取安全措施以前，不得触及设备或进入遮栏内，以防止突然来电。

⑤巡视检查架空线路、变压器时，禁止随意攀登电杆、铁塔或变压器台。两人检查时，可以一人检查，一人监护，并注意安全距离。

⑥在雨、雪、雾天气巡视及检查接地故障时，必须穿绝缘靴。雷雨天气不得靠近避雷器。

⑦高压设备发生接地故障时和巡视检查时与故障点保持一定的距离。室内不得接近故障点 4 m 以内，室外不得接近故障点 8 m 以内。接近上述范围时应穿绝缘靴，接触设备外壳、构架时应戴绝缘手套。

（四）交接班要求

1. 基本要求

接班人员必须按规定时间提前到岗，交班人员应办理交接手续签字后方可离去。

2. 交班人员的准备工作

①整理报表及检修记录等。

②核对模拟盘与实际运行情况是否相符。

③设备缺陷、异常情况记录。

④核对并整理好消防用具、工具、钥匙、仪表、接地线及备用器材等。

⑤提前做好清洁卫生工作。

3. 交接班时应交清下列内容

①设备运行方式、设备变更和异常情况及处理经过。

②设备检修、改造等工作情况及结果。

③巡视检查中的缺陷和处理情况。

④继电保护、自动装置的运行及动作情况。

⑤当班已完成和未完成的工作及有关措施。

4. 接班人员接班时做好下列工作

①查阅各项记录，检查负荷情况、音响、信号装置是否正常。

②了解倒闸操作及异常事故处理情况，一次设备变化和保护变更情况。

③巡视检查设备、仪表等，了解设备运行状况及检查安全措施布置情况。

④核对安全用具、消防器材，检查工具、仪表的完好情况及接地线、钥匙、备用器材等是否齐全。

⑤检查周围环境及室内外清洁卫生状况。

5. 遇以下情况不准交接班

①接班人员班前饮酒或精神不正常。

②发生事故或正在处理故障时。

③设备发生异常，尚未查清原因时。

④正在倒闸操作时。

三、变配电所的巡视检查

电气事故在发生以前，一般都会出现声音、气味、变色、升温等异常现象。为了及时掌握运行现状，尽早发现缺陷，因此，对运行中的电气设备通过人的视、听、嗅、触感官进行巡视检查。

（一）巡视检查的一般规定

①有人值班的变配电所，除交换接班外，一般每班至少巡视两次。根据设备繁简情况及供电的性质，可适当增加巡视次数。

②遇有特殊天气（如大风、暴雨、冰雹、雪、雾）时室外电气设备应进行特殊检查。

③处于污秽地区的变配电所，对室外电气设备的巡视检查应根据天气情况及污秽程度来确定。

④电气设备发生重大事故又恢复运行以后，对事故范围内的设备进行特殊巡视检查。

⑤电气装备存在有缺陷或过负荷时，至少每半小时巡视一次，直至设备正常。

⑥新投入或大修后投入运行的电气设备，在 72 小时内应加强巡视，无异常情况时，可按正常周期进行巡视。

（二）正常巡视检查内容

①注油设备的油面位置应合格，油温正常，油色透明，截门、外壳、油面指示器等处清洁，无渗漏油现象。

②所有瓷绝缘部分，无掉瓷、破碎、裂纹以及闪络、放电痕迹和严重的电晕现象，表面应清洁无污垢。

③各部位的电气连接点应接触良好，应无氧化及过热现象，监视示温蜡片或变色漆的变化情况，导线无松股断股、过紧过松现象。

④检查变压器油温是否超过允许值，温升是否正常，有无异常声音，变压器冷却装置运行情况是否正常；呼吸器内干燥剂的潮解情况；防爆筒的玻璃隔膜有无破裂；气体继电器是否漏油。

⑤检查电容器的外壳有无膨胀变形，有无异声，示温蜡片是否熔化，三相电流是否平衡，电压是否超过允许值，放电装置是否良好，电容器室温是否超过允许值。

⑥检查各类继电器的外壳有无破损、裂纹，整定值位置是否变动，继电器的接点有无卡滞、变形、倾斜、烧伤及脱轴；感应式继电器的铝盘转动是否正常，有无抖动及摩擦现象。

⑦油断路器的分合指示器及红绿灯指示是否正常；内部应无响声，油面、油色正常，无漏油现象；真空断路器灭弧室在触头断开时，屏蔽罩内壁应无红色或乳白色辉光。

⑧避雷器内部应无异声，放电记录器数字清晰。

⑨硅整流装置及各类直流电源装置有无异声、过热、异味；电容器储能装置检查试验是否正常。

⑩中央信号装置及音响装置是否正常，直流母线电压是否正常。

⑪各级电压指示是否正常，各路负荷是否超出允许值；其他各种仪表指示信号显示是否正常。

⑫检查电缆终端盒、绝缘油有无过热熔化、漏油，有无放电痕迹及声响。

⑬检查所有接地线有无松动、折断及锈蚀现象。

⑭互感器及各种线圈有无异味。

⑮检查安全用具是否齐全有效、安放合理。

⑯检查门窗、孔洞等是否严密，有无小动物进入的痕迹。

（三）特殊巡视检查内容

①降雪及雾凇天气时检查室外各接头及载流导体有无过热、融雪现象。

②阴雨、大雾天气应检查瓷绝缘有无严重放电、闪络现象。

③雷雨后检查避雷器放电记数器的动作情况，瓷绝缘有无破裂和闪络痕迹。

④大风时检查室外配电装置周围有无易刮起的杂物，导线摆动是否过大。

⑤冰雹后检查瓷绝缘有无破损，导线有无伤痕，室外跌落式熔断器有无损伤。

⑥冷空气侵袭降温后，检查变压器及注油设备的油面是否过低，导线是否过紧，开关套管及刀闸等连接处是否冷缩变形。

⑦高温季节，检查注油设备的油面是否过高，导线是否过松，通风降温设施运行是否正常。

⑧夜间闭灯检查，应检查导线、开关瓷绝缘等各部接点是否有放电、发红现象（检查时应注意安全）。

四、高压电气试验

电气设备的绝缘在制造、安装、检修中都可能留有缺陷，在长期的运行中也会受到水分、潮气的浸入，还会受到机械应力和磁场作用，导体发热等都会使绝缘老化而形成缺陷，这些缺陷的存在和继续发展都会给电气设备的正常运行带来危害。电气试验就是通过一系列对绝缘和特性按规定试验的项目，进行逐项试验。所得试验结果结合出厂和历次试验结果进行综合分析，判断缺陷或薄弱环节，为运行、检修、设备更新提供重要依据，保证设备的正常运行。

（一）试验前的工作准备

1．对试验工作人员的要求

①熟知试验设备、仪表、仪器的基本结构、工作原理、安全使用方法，并能排除一般故障。

②确切掌握有关的试验标准，对试验结果进行计算、分析，作出正确判断。

③正确完成各项试验的接线、安全操作及测量方法。

④了解被试验设备的名称、性能、主要技术参数、基本结构、原理和用途。

2．工作前准备

①工作前应按试验项目、内容的要求，拟定好试验顺序，并做好各种试验仪表、仪器及其他器材的准备。

②合理选择、布置试验场地及范围。试验设备等应靠近被试设备，所有带电部分应相互隔离、面向试验人员并处于视线之内。

③从事高压电气试验时，操作人员与被试验设备的距离不得小于下列数值：

表7-4　操作人员与被试验设备的距离

电压等级/kV	10 及以下	20～35	44	60～110	154	220	330
安全距离/m	0.7	1.0	1.2	1.5	2.0	3.0	4.0

（4）试验中各种接线应清晰明了、无误，易操作和读数。

（二）试验过程中的安全要求

①电气试验工作必须两人进行，并按照带电作业有关要求采取安全措施。工作现场必须办理工作票和执行工作监护等制度。

②线路及设备做试验时，应停止其他工作。与试验有关联的线路及设备均应悬挂"正在试验、高压危险"字样的标示牌或采取其他安全措施。

③试验现场应装设遮栏或围栏，并向外悬挂"止步！高压危险"字样的标示牌，并派人看守。被试设备两端不在同一地点时，另一端应有专人看守。

④因试验需要断开电气设备接头时，拆线前应做好标记。恢复连接后，应进行检查。

⑤试验装置的金属外壳应可靠接地，高压引线尽量缩短，必要时用绝缘物支持牢固。

⑥试验装置的电源开关，应使用有明显断点的双极刀闸和可靠的过载保护措施。

⑦在做耐压试验的加压前，应核对接线、表计量程，确认调压器在零位及仪表的开始状态正确无误，在取得试验负责人许可后，方可均匀加压，加压过程中应有人监护。

⑧变更接线或结束试验时，应首先降下电压，断开试验电源，放电，并将升压装置的高压部分短路接地。

⑨在有电容器、电缆的线路上做试验时，应先充分放电后试验，进行高压直流耐压试验时，每告一段落或试验结束后，应将设备对地放电数次并短路接地。

⑩试验结束时，试验人员应拆除自装的接地短路线，并对被试设备进行检查和清理。

五、变配电所的防雷保护

变配电所是供电系统的枢纽，因此，对变配电所应有完善的防雷保护措施。变配电所遭受雷击有两种可能：一是遭受直击雷，二是遭受雷电侵入波，因此要分别采取不同的防雷措施。

对直击雷的防护措施为装设避雷针或避雷线。装设避雷针或避雷线可以防护整个变配电所，使之免遭直击雷的伤害。但应注意，当雷击于避雷针时，强大的雷电流通过引下线和接地极泄入大地，在避雷针和引下线会形成高电位，这一高电位可能会对附近的电气设备发生反击闪络（即雷电反击或二次雷击）。为此，必须设法降低接地电阻和使防雷设备与电气设备之间有足够的安全距离。

为避免遭受雷电冲击波，应装设避雷器。避雷器可防御雷电冲击波沿高压线路侵入变电所，如第十一章图11-9所示。

第八章
电气线路安全

电气线路可分为电力线路和控制线路。电力线路完成输送电能的任务；控制线路供保护和测量的连接。电气线路是电力系统的重要组成部分，它除了要满足供电可靠性或控制可靠性的要求外，还必须满足各项安全要求。

第一节　概　述

一、电气线路的概念

电力线路是电力网的重要组成部分，它是将发电厂、变电所和电能用户连接起来，完成电能的输送和分配。电力网内的线路，大体可分为送电线路（又称输电线路）和配电线路。架设在发电厂升压变电所与地区变电所之间的线路以及地区变电所之间的线路，是专用于输送电能的，称为送电线路，其电压一般在 110 kV 及以上。从地区变电所到用电单位变电所或城市、乡镇供电的线路，是用于分配电能的，称为配电线路，其电压一般在 110 kV 及以下。配电线路根据电压高低又可分为高压配电线路、中压配电线路和低压配电线路。一般高压配电线路为 35 kV 或 110 kV；中压配电线路为 6 kV 或 10 kV；低压配电线路为 220/380V。

二、电气线路的种类

电气线路的种类很多，按其敷设方式来分，可分为架空线路、电缆线路、穿管线路等；按其性质来分，可分为母线、干线和支线；按其绝缘情况来分，可分为裸线和绝缘线等。

第二节　线路安全条件

电气线路应满足供电可靠性的要求及经济指标的要求，应满足维护管理方便的要求，还必须满足各项安全要求。本节主要介绍安全要求。应当指出，这些要求对于保证电气线路运行的可靠性及其他要求在不同程度上也是有效的。

一、导电能力

导线的导电能力应符合发热、电压损失和短路电流等三方面的要求。

（一）发热

为了防止线路过热，保证线路正常工作，各种导线的最高运行温度都有一定的限制。对于裸线，为防止接头氧化，最高运行温度为 70℃；对于橡皮绝缘导线和塑料绝缘导线，为防止绝缘老化，最高运行温度分别为 65℃ 和 70℃；对于电缆，为防止绝缘老化，防止热胀冷缩形成气泡，1 kV 及其以下的铅包或铝包电缆最高运行温度为 80℃，聚氯乙烯电缆最高运行温度为 65℃。

因为电流产生的热量与电流的平方成正比，所以，各种导线的允许电流（安全载流量）也有一定的限制。

（二）电压损失

电压损失是受电端电压与供电端电压之间的代数差。电压损失太大，受电端电压就越低，不但用电设备不能正常工作，而且可能导致电气设备和电气线路发热。

受电端电压太高将导致电气设备的铁芯磁通增大和照明线路电流增大。受电端电压太低可能导致接触器等吸合不牢，吸引线圈电流增大；对于恒功率输出的电动机，电压太低也将导致电流增大；过分低的电压还可能导致电动机堵转。以上这些情况都将导致电气设备损坏和电气线路发热。

为了保证用电设备正常工作，动力线路的电压损失一般不得超过 5%，照明线路一般不得超过 8%～10%。

（三）短路电流

导线的截面应能承受电流的热效应而不致破坏，即保持足够的热稳定性。为此，导线最小截面积为：

$$S_{\min} \geq \frac{I}{K}\sqrt{t} \qquad\qquad (8\text{-}1)$$

式中：$S_{\min}$——导线芯线最小截面积，单位为平方毫米（mm^2）；

I——短路电流有效值，单位为安（A）；

t——短路电流可能持续的时间，单位为秒（s）；

K——计算系数，按表 8-1 确定。

表 8-1　热效应验算 K 值表

类　别	聚氯乙烯	丁基橡胶	乙丙橡胶	油浸纸
铜　芯	115	131	143	107
铝　芯	76	87	94	71

为了短路时速断保护装置能可靠动作，短路时必须有足够大的短路电流。这也要求导线截面积不能太小。另一方面，由于短路电流较大，导线应能承受短路电流的冲击而不被破坏。

特别是在 TN 系统中，相线与保护零线回路的阻抗应符合保护接零的要求，单相短路电流应大于熔断器熔体额定电流的 4 倍（爆炸危险环境应大于 5 倍）或大于低压断路器瞬时动作过电流脱扣器整定电流的 1.5 倍。

二、线路绝缘

线路绝缘应满足防电击、防火、耐腐蚀、耐机械损伤等要求，详见本书第二章。

三、机械强度

导线的机械强度应当足以承受自重、温度变化的热应力、短路时的电磁作用力以及风雪、覆冰产生的应力。按照机械强度的要求，低压架空线路导线的最小截面积见表 8-2。低压配线最小截面积见表 8-3。

表 8-2　低压架空线路导线最小截面积　　　　　　　　　（单位：mm²）

类　　别	铜	铝及铝合金	铁
单　　股	6	10	6
多　　股	6	16	10

表 8-3　低压配线最小截面积　　　　　　　　　（单位：mm²）

类别		最小截面积		
		铜芯软线	铜线	铝线
吊灯引线	民用建筑、户内	0.4	0.5	1.5
	工业建筑、户内	0.5	0.8	2.5
	户外	1.0	1.0	2.5
移动式设备电源线	生活用	0.2	—	—
	生产用	1.0	—	—
支点间距离为 s 的支持件上的绝缘导线	$s \leq 1$ m，户外	—	1.5	2.5
	$s \leq 1$ m，户内	—	1.0	1.5
	$s \leq 2$ m，户外	—	1.5	2.5
	$s \leq 2$ m，户内	—	1.0	2.5
	$s \leq 6$ m，户外	—	2.5	6
	$s \leq 6$ m，户内	—	2.5	4
接户线	长度 ≤ 10 m	—	2.5	6
	长度 ≤ 25 m	—	4	10
穿线管		1.0	1.0	2.5
户内裸线		—	2.5～4	4
户外裸线		—	2.5～4	4～16
塑料护套线		—	1.0	1.5

四、线路间距

电气线路与建筑物、树木、地面、水面、其他电气线路以及各种工程设施之间的安全距离，详见本书第二章。

架空线路电杆埋设深度不得小于 2 m，并不得小于杆高的 1/6。

接户线和进户线的故障比较多见。安装低压接户线应当注意以下各项间距要求：如下方是交通要道，接户线离地面最小高度不得小于 6 m；在交通困难的场合，接户线离地面最小高度不得小于 3.5 m。

接户线不宜跨越建筑物，必须跨越时，离建筑物最小高度不得小于 2.5 m。

接户线离建筑物突出部位的距离不得小于 0.15 m，离下方阳台的垂直距离不得小于 2.5 m，离下方窗户的垂直距离不得小于 0.3 m，离上方窗户或阳台的垂直距离不得小于 0.8 m，离窗户或阳台的水平距离也不得小于 0.8 m。

接户线与通信线路交叉，接户线在上方时，其间垂直距离不得小于 0.6 m；接户线在下方时，其间垂直距离不得小于 0.3 m。

接户线与树木之间的最小距离不得小于 0.3 m。

五、线路防护

各种线路对酸、碱、盐、温度、湿度、灰尘、火灾和爆炸等外界因素应有足够的防护能力。为此，不同环境中导线和电缆及其敷设方式的选用可按表 8-4 进行。

表 8-4　线路敷设方式选择

环境特征	线路敷设方式	常用电线、电缆型号
正常干燥环境	绝缘线瓷珠、瓷夹板或铝皮卡子明配线	BBLX，BLV，BLVV
	绝缘线、裸线瓷瓶明配线	BBLX，BLV，LJ，LMJ
	绝缘线穿管明敷或暗敷	BBLX，BLX
	电缆明敷或沿电缆沟敷设	ZLL，ZLL11，VLV，YJV，XLV，ZLQ
潮湿和特别潮湿的环境	绝缘线瓷瓶明配线（高度＞3.5 m）	BBLX，BLV
	绝缘线穿塑料管、钢管明敷或暗敷	BBLX，BLV
	电缆明敷	ZLL11，VLV，YJV，XLV
多尘环境（不包括火灾及爆炸危险粉尘）	绝缘线瓷珠、瓷瓶明配线	BBLX，BLV，BLVV
	绝缘线穿钢管明敷或暗敷	BBLX，BLV
	电缆明敷或沿电缆沟敷设	ZLL，ZLL11，VLV，YJV，XLV，ZLQ
有腐蚀性的环境	塑料线瓷珠、瓷瓶配线	BLV，BLVV
	绝缘线穿塑料管明敷或暗敷	BBLV，BLV，BV
	电缆明敷	VLV，YJV，ZLL11，XLV
火灾危险环境	绝缘线瓷瓶明配线	BBLX. BLV
	绝缘线穿钢管明敷或暗敷	BBLX，BLV
	电缆明敷或沿电缆沟敷设	·ZLL，ZLQ，VLV，YJV，XLV，XLHF
爆炸危险环境	绝缘线穿钢管明敷或暗敷	BBV，BV
	电缆明敷	ZL20，ZQ20，VV20
户外配线	绝缘线、裸线瓷瓶明配线	BBLF，BLV−1，LJ
	绝缘线穿钢管沿外墙明敷	BBLF，BBLX，BLV
	电缆埋地	ZLL11，ZLQ2，VLV，VLV−2，YJV，VJV2

由表 8-4 可知，特别潮湿环境应采用硬塑料管配线或针式绝缘子配线，高温环境应采用电线管或焊接钢管配线、针式绝缘子配线，多尘（非爆炸性粉尘）环境应采用各种管配线，腐蚀性环境应采用硬塑料管配线，火灾危险环境应采用电线管或焊接钢管配线，爆炸危险环境应采用焊接钢管配线等。

六、导线连接

导线的连接有焊接、压接、缠接等多种方式，导线连接处即为导线的接头。它是电气线路的薄弱环节，接头常常是发生故障的地方。接头接触不良或松脱会增大接触电阻，使接头过热而烧毁绝缘，还可能产生火花。严重时会酿成火灾和触电事故。因此，接头务必牢靠、紧密，接头的机械强度不应低于导线机械强度的 80%；接头的绝缘强度不应低于导线的绝缘强度；接头部位的电阻不得大于原线段电阻的 1.2 倍。工作中，应当尽可能减少导线的接头，接头过多的导线不宜使用。对于可移动线路的接头，更应当特别注意。

特别是铜导体与铝导体的连接，如没有采用铜铝过渡段，经过一段时间使用之后，很容易松动。松动的原因如下：

①铝导体在空气中数秒钟之内即能形成厚 $3\sim6\,\mu m$ 的高电阻氧化膜。氧化膜将大幅度提高接触电阻，使连接部位发热，产生危险温度。接触电阻过大还造成回路阻抗增加，减小短路电流，延长短路保护装置的动作时间，甚至阻碍短路保护装置动作。

②铜和铝的线胀系数不同，铜的线胀系数为 $16.8\times10^{-6}\,℃^{-1}$，铝的线胀系数为 $23.2\times10^{-6}\,℃^{-1}$，即铝的线胀系数较铜的大 36%，发热时使铝端子增大而本身受到挤压，冷却后不能完全复原。经多次反复后，连接处逐渐松弛，接触电阻增加；如连接处出现微小缝隙，则遇空气进入，将导致铝导体表面氧化，接触电阻大大增加；如连接处的缝隙进入水分，将导致铝导体电化学腐蚀，接触状态将急剧恶化。

③由于铜和铝的化学活性不同，因此，当有水分进入铜、铝之间的缝隙时，将发生电解，使铝导体腐蚀，必然导致接触状态迅速恶化。

④当温度超过 75℃，且持续时间较长时，聚氯乙烯绝缘将分解出氯化氢气体。这种气体对铝导体有腐蚀作用，从而增大接触电阻。

正因为如此，在潮湿场所、户外及安全要求高的场所，铝导体与铜导体不能直接连接，必须采用铜铝过渡段。对运行中的铜、铝接头，应注意检查和紧固。

七、线路管理

电气线路应备有必要的资料和文件，如施工图、实验记录等。还应建立巡视、检查、清扫、维修等制度。

架空线路敞露在大气中，容易受到气候和环境条件的影响。雷击、大雾、大风、雨雪、高温、严寒、洪水、烟尘和灰尘、纤维、盐雾及腐蚀性气体、鸟类、树木等可能造成架空线路发生断线、混线、接地、短路、倒杆等故障。因此，对于架空线路，除设计中必须考虑对有害因素的防护外，还必须加强巡视和检修，并考虑防止事故扩大的措施。

电缆线路受到外力破坏、化学腐蚀、水淹、虫咬，电缆终端接头和中间接头受到污染或进水均可能发生事故。因此，对电缆线路也必须加强管理，并定期进行试验。

对临时线应建立相应的管理制度。例如，安装临时线应有申请、审批手续，临时线应有专人负责管理，应有明确的使用地点和使用期限等。装设临时线必须首先考虑安全问题应满足基本安全要求。例如，移动式三相临时线必须采用四芯橡套软线，单相临时线必须采用三芯橡套软线，长度一般不超过 10 m。临时架空线离地面高度不得低于 4 m，离建筑物和树木的距离不得小于 2 m，长度一般不超过 500 m，必要的部位应采取屏护措施等。

第三节　架空线路

一、架空线路的概念

凡是挡距超过 25 m，利用杆塔敷设的高、低压电力线路都属于架空线路。

架空线路的优点是投资小，建设速度快，维护方便，变动迁移容易。缺点是运行受自然环境、气候条件及人为环境影响大，供电可靠性较差，在城市中心架设会影响城市美化。尽管如此，架空电力线路在我国仍被普遍使用。

二、架空线路的结构

架空电力线路一般由杆塔、导线、绝缘子、金具、横担、拉线及基础等组成，高压架空线路还有避雷线和接地装置等。架空线路的结构如图 8-1 所示。

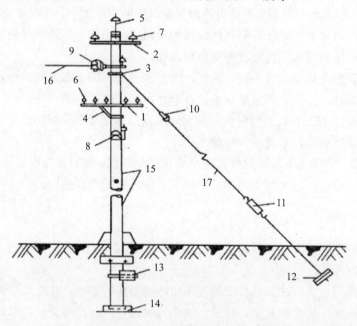

1—低压横担；2—高压横担；3—拉线抱箍；4—横担支架；5—高压杆头；6—低压针式绝缘子；
7—高压针式绝缘子；8—低压蝶式绝缘子；9—悬式蝶式绝缘子；10—拉线绝缘子；11—法兰螺栓；
12—地锚；13—卡盘；14—底盘；15—电杆；16—导线；17—拉线

图 8-1　架空线路结构图

（一）杆塔

1. 分类

杆塔按所用材质的不同可分为木杆、水泥杆和金属杆三种。

木杆仅限用于低压配电线路，目前使用量日趋减小。水泥杆（钢筋混凝土杆）目前广泛使用于城乡 35 kV 及以下架空线路。水泥杆具有使用寿命长、美观、维护工作量小等优点。采用分段带拉线水泥杆后，基本可满足各种跨越杆高度的要求。其缺点是比较笨重，给运输、施工带来不便，山区尤为突出。水泥杆中使用最多的是锥型环形水泥杆，也叫拔梢杆。拔梢杆分普通型和预应力两种。预应力杆由于使用钢筋截面小，杆身壁厚可薄些，可节约钢材，减轻杆的重量，造价也相应降低，因此得到了广泛应用。

目前低压水泥杆，绝大部分为用机械化成批生产的拔梢杆，梢径一般为 150 mm，拔梢度为 1/75，杆高为 8～10 m。

高、中压配电水泥杆，大部分也是用的拔梢杆，梢径一般为 190 mm，也有 230 mm 的；拔梢度为 1/75；杆高有 10 m、11 m、12 m、13 m、15 m 几种，13 m 及以下的不分段，15 m 的可以分段，超过 15 m 的一般都分段。

金属杆有铁塔、钢管杆和型钢杆等。铁塔多用在超高压线路上，钢管杆和型钢杆目前使用的尚少。

2. 用途

杆塔按在线路中的用途可分为直线杆，耐张杆，转角杆，终端杆，分支杆和跨越杆等。图 8-2 是各种杆型在线路中的应用示例。

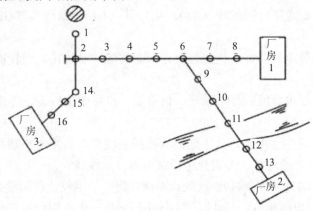

1，8，13，16—终端杆；2，6—分支杆；14—转角杆；

3，4，5，7，9，10，15—直线杆（中间杆）11，12—跨越杆

图 8-2　各种杆型在线路中的应用

①直线杆：用于线路的直线段，起支撑导线、绝缘子的作用。在正常情况下，直线杆（塔）能承受线路侧面的风力，但不承受沿线路方向的导线拉力，断线时不能限制事故范围。直线杆占全部电杆数的 80% 以上。

②耐张杆：即承力杆。用于线路直线段数根直线杆之间，能承受沿线路方向的拉力，断线时能限制事故范围，架线施工中可在两耐张杆之间紧线。因此，电杆机械强度较直线

杆大。

③跨越杆：用于线路跨越铁路、公路、道路、河流山谷等跨越处的两侧，其特点是跨距大，电杆高，受力大。

④转角杆：用于线路改变方向的地方。这种电杆可能是耐张型的，也可能是直线型的。视转角的大小而定，转角角度通常为 30°、45°、60°、90° 等。它能承受两侧导线的合力。

⑤终端杆：用于导线的始端和终端。在正常情况下，能承受线路方向全部导线的拉力。

⑥分支杆：用于线路的分支处，正常情况下除承受直线杆塔所承受的荷重外，还要承受分支导线等的垂直荷重，水平风力荷重和侧分支线方向导线的全部拉力。

（二）架空导线

导线是架空线路的主体，担负输送电能的作用。它架设在电杆上，除了承受自身的重量外，还承受各种外力作用，并在自然环境中受到各种有害物质的侵蚀。因此，导线必须考虑导电性能、绝缘、机械强度、防腐性等要求；此外还要考虑投资尽量小，使用寿命长，施工尽量方便等。

1. 分类

①导线按电压分，有低压导线和高压导线两类。常用低压架空导线电压为 220/380V，高压架空导线为 10 kV 及以上。

②按其有无绝缘分，有裸导线和绝缘导线两种。

③按其结构可分，有单股导线和多股绞线。

④绞线按材料又可分为铜绞线（TJ）、铝绞线（LJ）、钢绞线（GJ）和钢芯铝绞线（LGJ）等。

铜绞线（TJ）：导电性能好，机械强度高，耐腐蚀，易焊接，但较贵重，一般只用于腐蚀严重的地区。

铝绞线（LJ）：导电性能较好，质轻，价格低，机械强度较差，不耐腐蚀，一般用在10 kV 及以下线路中。

钢绞线（GJ）：导电性能差，易生锈但其机械强度高，只用于小功率的架空线路，或作为避雷线与接地装置的地线。为避免生锈常用镀锌钢绞线。

钢芯铝绞线（LGJ）：用钢线和铝线绞合而成，集中了钢绞线和铝绞线的优点。其芯部是几股钢线用以增强机械强度，其外围是铝线用以导电。钢芯铝绞线型号中的截面是指其铝线部分的截面积。

工厂企业10 kV 及以下的配电线路常采用铝绞线，机械强度要求高的配电线路和35 kV 及以上的送电线路上一般采用钢芯铝绞线。

2. 导线的规格与型号

（1）导线型号

架空导线型号由汉语拼音字母和数字两部分组成。前边字母表示导线的材料，即 T—铜线；I—铝线；LG—钢芯铝线；HI—铝合金线；J—绞线（不加字母 J 的表示单股导线）。后面的数字表示导线的标称截面。表示方法举例见表 8-5。

表 8-5 导线型号表示方法举例

导线种类	代表符号	导线型号举例及型号含义
单股铝线	L	L-10 标称截面 10 mm² 的单股铝线
多股铝绞线	LJ	LJ-16 标称截面 16 mm² 的多股铝绞线
铜芯铝绞线	LGJ	LGJ-35/6，铝线部分标称截面为 35 mm²、钢芯标称截面为 6 mm² 的钢芯铝绞线
单股铜线	T	T-6 标称截面 6 mm² 的单股铜线
多股铜绞线	TJ	TJ-50 标称截面 50 mm² 的多股铜绞线
铜绞线	GJ	GJ-25 标称截面 25 mm² 的钢绞线

（2）导线规格及技术数据

导线有一定的标准规格，在生产及选购时必须符合标准规格。电工应熟记常用的导线规格，熟练的电工可以用肉眼观察判断导线的规格。

（3）架空线路导线的选择

架空配电线路干线、支线一般采用裸导线。但在人口密集的居民区街道、厂区内部的线路，为了安全也可以采用硬绝缘导线。

从 10 kV 高压线路到配电变压器高压套管的高压引下线应用绝缘导线，不能用裸导线。

由变压器低压配电箱（盘）引到低压架空线路的低压引上线采用硬绝缘导线。

此外，低压接户线和进户线也必须采用硬绝缘导线。

架空导线在运行中除了受自身重量的载荷以外，还承受温度变化及冰、风等外载荷，这些载荷可能使导线承受的拉力大大增加，甚至造成断线事故。导线截面越小，承受外载荷的能力越低。为了保证安全，使导线有一定的抗拉强度，在大风、覆冰或低温等不利气象条件下，不致发生断线事故。因而需要规定各种情况下架空导线的最小允许截面积。

我国有关规程和国家标准规定了架空导线最小允许截面积，在实际工作中，所选择的导线截面积不得小于表 8-6 的值。

表 8-6 导线的最小截面积 （单位：mm²）

导线种类	35kV 线路	3～10kV 线路		0.4kV 线路	接户线
		居民区	非居民区		
铝绞线及铝合金线	35	35	25	16	绝缘线 4.0
钢芯铝绞线	35	25	16	16	
铜线	35	16	16	直径 3.2mm	绝缘铜线 2.5

为了保证电力用户正常运行。导线截面积的选择必须满足以下条件：

一是满足发热条件。在最高环境温度和最大负荷的情况下，保证导线不被烧坏。

二是满足电压损失条件。保证线路电压降不超过允许值。

三是满足机械强度条件。在任何恶劣的环境条件下，应保证线路在电气安装和正常运行过程中导线不被拉断。

四是满足保护条件。保证自动开关或熔断器能对导线起到保护作用。

（三）绝缘子

绝缘子俗称瓷瓶，其作用是在悬挂导线时，使导线与杆塔绝缘，还承受主要由导线传来的各种荷重。因此它必须具有良好的绝缘性能和机械强度。

1. 绝缘子的类型

绝缘子按电压不同分为高压绝缘子和低压绝缘子两大类；按用途和结构不同又分为针式、蝶式、悬式、瓷横担绝缘子、瓷拉紧绝缘子和防污型绝缘子等几种。如图 8-3 所示。其特点和用途分述如下。

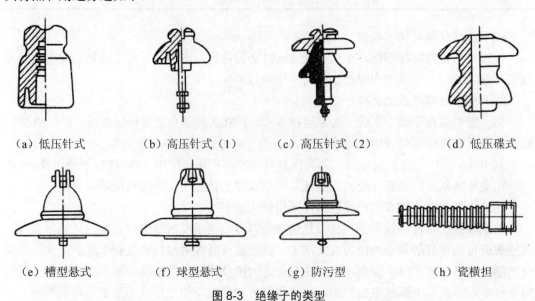

| （a）低压针式 | （b）高压针式（1） | （c）高压针式（2） | （d）低压碟式 |

| （e）槽型悬式 | （f）球型悬式 | （g）防污型 | （h）瓷横担 |

图 8-3　绝缘子的类型

（1）低压绝缘子

低压绝缘子分针式和蝶式两种，见图 8-3（a）、（d）。针式绝缘子按大小分为 1 号、2 号两种，一般多采用尺寸较大的 1 号。同时因铁脚型式不同，分短脚、长脚、弯脚三种。蝶式绝缘子也按大小分 1 号、2 号、3 号、4 号 4 种，一般多采用 1 号和 2 号。低压针式绝缘子常用于低压线路的直线杆，蝶式绝缘子常用于低压线路的耐张杆、转角杆、分支杆。终端杆常用的绝缘子也是低压蝶式绝缘子。

（2）高压针式绝缘子

高压针式绝缘子见图 8-3（b）、（c），目前生产的有 6 kV、10 kV、15 kV、20 kV、35 kV 5 个额定电压等级。针式绝缘子均用于线路中间直线杆上。

（3）高压悬式绝缘子和高压蝶式绝缘子

这两种绝缘子用于耐张杆、转角杆、分支杆和终端杆。对于 10 kV 额定电压的产品，多用一片悬式绝缘子加一个蝶式绝缘子或用两片悬式绝缘子，见图 8-4。

高压悬式加高压蝶式绝缘子的组装方法见图 8-4（a）。平行挂板 1，加槽型高压悬式绝缘子 2，加大曲挂板 3，然后加高压蝶式绝缘子 4，导线固定在蝶式绝缘子 4 上。由两片悬式绝缘子组成的绝缘子串，其组装方法见图 8-4（b）。直角挂板 1 加球头挂环 2，加球型连接高压悬式绝缘子 3，加碗头挂板 4，加耐张线夹 5，导线 6 固定在耐张线夹 5 中。

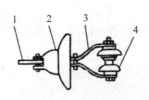
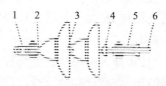

（a）一个碟式和一片悬式　　　　　　（b）二片悬式绝缘子串

图 8-4　耐张杆用绝缘子

（4）防污绝缘子

在空气特别污秽的地区，可以使用防污型绝缘子，防污型绝缘子的外形如图 8-3（g）所示，它的特点是泄漏距离长，有较好的防污性能。

（5）瓷横担

瓷横担绝缘子外形如图 8-3（h）所示，近年来广泛用于额定电压为 10 kV 及 35 kV 的新型绝缘子，也用于 110 kV 线路。其优点是电气性能较好，运行可靠，结构简单，安装维护方便，节约钢材，降低线路造价。其缺点是机械强度低，使整个瓷横担长度有限制，从而影响了它的使用范围。

高压线路的直线杆应推广使用瓷横担。

2．绝缘子的型号代号

常用的绝缘子型号代号是：

P——针式；X——悬式；XW——防污悬式；E——蝶式；CD——瓷横担。

例如：P—10T、P—10M，型号中 P 代表针式，10 代表电压 10 kV，T 代表铁横担用，M 代表木横担用。

蝶式绝缘子有老型号 E—6，E—10 和新型号 E1，E2 等几种。

悬式主要有 XP—7C 和 XP—4C 等几种。P 代表破坏拉力，C 代表绝缘子两端固定型式悬槽型。

瓷横担主要有 CP10—1、CP10—2、CP10—3、CP10—4、CP10—5、CP10—6、CP10—7、CP10—8 等几种。10 代表电压 10 kV，第二节的数字单数表示顶相，双数表示单相。

3．绝缘子的检查要求

绝缘子在安装前应进行外观检查，需满足下列要求：

①瓷件与铁件应结合紧密；铁件镀锌良好。

②瓷釉光滑，无裂纹、缺釉、斑点、烧痕、气泡或瓷釉烧坏等缺陷。

③严禁使用硫黄浇灌的绝缘子。

（四）横担

横担安装在电杆的上部，用以支持绝缘子、导线、跌落式熔断器、隔离开关、避雷器等设备，并使导线有一定的电气间距，防止风吹摆动造成导线之间的短路。因此横担要有一定的强度和长度。

高、低压配电线路常用的横担有角铁横担、木横担和瓷横担三种。使用较普遍的为铁横担和瓷横担。

横担的安装方式应符合导线布置形式和杆塔安装距离的需要。

一般直线杆和 15° 以下的转角杆，采用单横担。直线杆的单横担应安装于受电侧（与电源相反的方向）。

15° 以上转角杆、终端杆、分支杆、耐张杆和大跨越杆采用双横担。

90° 转角杆、终端杆和分支杆，当采用单横担时，横担应安装于拉线侧。

一般对 3～10 kV 架空线路，铁横担不小于∠63 mm×63 mm×6 mm。1 kV 以下架空线路，铁横担不小于∠50 mm×50 mm×5 mm。此外铁横担的规格还有∠75 mm×75 mm×8 mm 和∠90 mm×90 mm×8 mm。

直线杆采用瓷横担时所使用的铁横担，按角钢规格分有∠63 mm×63 mm×6 mm 和∠50 mm×50 mm×5 mm。

（五）金具

连接和固定导线，安装横担和绝缘子，紧固和调整拉线等都需要用到一些金属附件，这些金属附件称为金具。图 8-5 为部分常用金具。

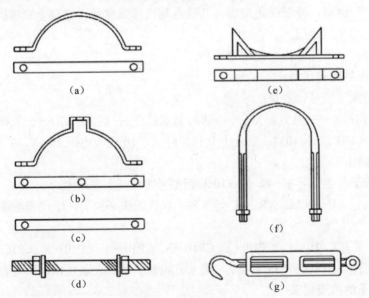

图 8-5　部分常用金具

1．金具的类型

线路金具大致有以下几类：

①悬垂线夹：用于将导线固定在绝缘子串上，或将避雷线悬挂在直线杆塔上。

②耐张线夹：用于将导线固定在耐张绝缘子串上，以及将避雷线固定在杆塔顶上。

③连接金具：将绝缘子组装成串并将其连接在杆塔横担上的所有金具，如 U 形挂环，延长环，球头挂环等。

④接续金具：用于导线、地线的接续及修补等。

⑤保护金具：用于减轻导线、地线的振动或减轻振动损伤。

⑥拉线金具：用于拉线连接并承受拉力。

2．金具的检查要求

线路金具在使用前应进行外观检查，且应满足下列要求：

①表面应光洁，无裂纹、毛刺、飞边、砂眼、气泡等缺陷。

②线夹船体压板与导线的接触面应光滑。

③遇有局部锌皮剥落者，除锈后应涂红樟丹及油漆。

④螺栓表面不应有裂纹、砂眼、锌皮剥落及锈蚀等现象，螺杆与螺母应配合良好。

⑤金具上的各种联接螺栓应有防松装置，采用的防松装置应镀锌良好，弹力合适，厚度符合规定。

（六）拉线

拉线是为了平衡电杆各方面的拉力，稳固电杆，防止电杆倾倒用的。拉线由拉线抱箍、拉紧绝缘子、法兰螺栓、地锚（拉线底盘）和拉线等组成。如图 8-6 所示，拉线按用途和结构不同可分以下几种：

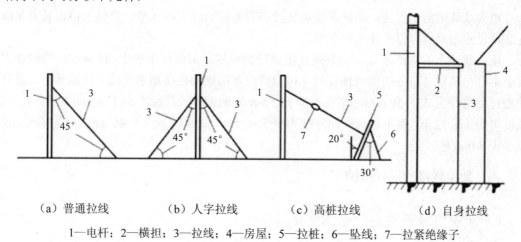

（a）普通拉线　　　　（b）人字拉线　　　　（c）高桩拉线　　　　（d）自身拉线

1—电杆；2—横担；3—拉线；4—房屋；5—拉桩；6—坠线；7—拉紧绝缘子

图 8-6　拉线的种类

①普通拉线，又称尽头拉线，用于终端杆、分支杆、转角杆。装设在电杆受力的反方向，平衡电杆所受的单向拉力。对耐张杆应在电杆线路方向两侧设拉线，以承受导线的拉力。

②人字拉线，又称侧面拉线或风雨拉线，用于交叉跨越加高杆或较长的耐张段中间的直线杆，用以抵御横切线路方向的风力。

③高桩拉线，又称水平拉线，用于需要跨越道路的电杆上。

④自身拉线，又称弓形拉线，用于地形狭窄，受力不大的电杆，防止电杆受力不平衡或防止电杆弯曲。

（七）架空线的防雷保护

①在 60 kV 及以上的架空线路上全线装设避雷线。

②在 35 kV 的架空线路上，一般只在进出变配电所的一段线路上装设避雷线。

③10 kV 及以下线路上一般不装设避雷线。一般采用下列方法：

一是提高线路本身的绝缘水平。可以采用高一级电压的绝缘子，以提高线路的防雷水平。

二是尽量装设自动重合闸装置。线路发生雷击闪络之所以跳闸，是因为闪络造成了稳定的电弧而形成短路。当线路断开后，电弧即行熄灭，而把线路再接通时，一般电弧不会重燃，因此重合闸能缩短停电时间。

三是装设避雷器和保护间隙用来保护线路上个别绝缘薄弱地点。

④对于低压（380/220V）架空线路的保护一般可采取以下措施：

一是在多雷地区，当变压器采用 Yyn0 接线时，宜在低压侧装设避雷器或保护间隙。当变压器低压侧中性点不接地时，应在其中性点装设击穿保险器。

二是对于重要用户，宜在低压线路进入室内前 50 m 处安装低压避雷器，进入室内后再装低压避雷器。

⑤对于一般用户，可在低压进线第一支持物处装设低压避雷器或击穿保险器。

（八）接地装置

电力线路的防雷设施，需依靠接地装置将雷电流迅速引入大地。合格的接地装置是保证防雷设施起到应有保护作用的关键。

电力线路上的接地装置，引下线使用镀锌钢绞线，截面积不少于 25 mm^2，当钢筋混凝土主杆与横担有可靠的电气连接时，可用其内部的钢筋做接地引下线。接地体中，垂直地极可用直径为 25～50 mm，厚度不少于 3.5 mm 的钢管或厚度不少于 4 mm 的角钢，其长度可为 1.5～2 m。水平地极应用厚度不少于 4 mm，截面积不少于 48 mm^2 的扁钢或直径不少于 8 mm 的圆钢。

三、架空线路的运行维护

（一）架空线路的运行巡视检查

做好架空线路的巡查和维修工作，是保证线路安全运行的一项重要工作，通过巡查维护，能及时发现隐患，消除故障，杜绝事故发生。

1. 巡视的分类

（1）定期巡视

由专职巡线员进行巡线检查，掌握线路的运行状况，沿线环境变化情况，并做好护线的宣传工作。对 1～10 kV 线路，一般每月一次，1 kV 以下线路，一般每季度至少一次。

（2）特殊巡视

一般在气候恶劣，如暴雨、台风、覆冰等，河水泛滥、火灾和其他特殊情况下，对全部或部分线路进行巡查，巡视周期按需要决定。

（3）夜间巡视

在线路高峰负荷或阴雾天气时进行，主要检查导线接头有无过热打火现象，绝缘子表面有无闪络，木横担有无燃烧现象等。对 1～10 kV 线路或重负荷和污秽地区，每半年至少一次。

（4）故障巡视

检查发生故障的地点原因。

（5）监察巡视

一般由主管部门领导和线路专责技术人员进行，主要是了解线路和设备的状况，检查和指导巡线员的工作。对重要线路和事故多的线路，每年至少一次。

2．巡视的主要内容

①杆塔是否倾斜；偏离线路中心线不应大于 100 mm；直线杆的混凝土杆与木杆，不应大于 150 mm；转角杆不应向内角倾斜，终端杆不应向导线侧倾斜，向拉线侧倾斜应小于 200 mm。

铁塔构件有无弯曲、变形、锈蚀；螺栓有无松动；混凝土杆有无裂纹、酥松、钢筋外露；焊接处有无开裂、锈蚀；混凝土杆不宜有纵向裂纹，横向裂纹不宜超过 1/3 周长，且裂纹宽度不宜大于 0.5 mm；木杆有无腐朽、烧焦、开裂，绑桩有无松动，木楔是否变形或脱出。

基础有无损坏、下沉或上拔，周围土壤有无挖掘或沉陷，寒冷地区电杆有无冻鼓现象；杆塔位置是否合适，有无被车撞的可能，保护设施是否完好，标志是否清晰；杆塔有无被水淹、水冲的可能；杆塔的杆号、警告牌是否齐全、明显；杆塔周围有无杂草和蔓藤植物附生，有无危及安全的鸟巢、风筝和杂物。

②横担和金具。铁横担有无锈蚀、歪斜、变形，金具有无锈蚀、变形。铁横担、金具锈蚀不应起皮和出现严重麻点，锈蚀表面积不宜超过 1/2。横担上下倾斜、左右偏歪，不应大于横担长度的 2%。木横担有无腐朽、烧损、开裂和变形。木横担腐朽深度不应超过横担宽度的 1/3。螺栓是否紧固，无缺帽，开口销有无锈蚀、断裂、脱落。

③绝缘子有无脏污、损伤、裂纹和闪络痕迹；铁脚、铁帽有无锈蚀、松动、弯曲。绝缘子、陶瓷横担釉面剥落面积不应大于 100 mm²，陶瓷横担线槽外端头釉面剥落面积不应大于 200 mm²。

④导线（包括架空地线）有无断股、损伤痕迹，在化工、沿海等地区的导线有无腐蚀现象；7 股导（地）线中的任一股导线损伤深度不得超过该股导线直径的 1/2；19 股及以上导（地）线，某一处的损伤不得超过 3 股。

三相导线弛度是否平衡，有无过紧、过松现象。三相导线力求一致，弛度误差不得超过设计值的 -5% 或 $+10\%$；一般档距导线弛度相差不应超过 50 mm。

导线接头有无过热现象，联接线夹弹簧垫是否齐全，螺帽是否紧固。过（跳）引线有无损伤、断股、歪扭，与杆塔、构件和其他引线间距离是否符合规定。导线过引线、引下线对电杆构件、拉线、电杆间的净距离，对 1～10 kV 不应小于 0.3 m；1 kV 以下不应小于 0.15 m；高压 1～10 kV 引下线与低压 1 kV 以下线间的距离不应小于 0.2 m。

导线上有无抛扔物，固定导线的绝缘子上绑线有无松弛或开断现象。

⑤防雷装置。避雷器的固定是否牢靠，引线联接是否良好，与邻相和杆塔构件的距离是否符合规定；避雷器的瓷套有无裂纹、损伤、闪络痕迹，表面是否脏污。各部附件是否锈蚀、接地端焊接处有无开裂、脱落；雷电记录装置是否完好。

⑥接地引下线有无断股、损伤和丢失；接头接触是否良好，线夹螺栓有无松动、锈蚀；接地引下线的保护管有无破损、丢失，固定是否牢靠；接地体有无外露、严重腐蚀，埋设是否符合要求。

⑦拉线有无锈蚀、松弛、断股和张力分配不均等现象；水平拉线对通车路面中心的垂

193

直距离不应小于 6 m；拉线绝缘子是否损坏；拉线是否妨碍交通或有被车碰撞的可能；拉线下把、抱箍等金具有无变形、锈蚀；拉线固定是否牢固，基础周围土壤有无沉陷、缺土或突起等现象；顶（撑）杆、拉线柱、保护桩等有无损坏、开裂、腐朽等现象。

⑧接户线线间距离和对地、对建筑物等交叉跨越距离是否符合规定；绝缘层是否老化、损坏；接头接触是否良好，是否有电化学腐蚀现象；绝缘子有无破损、脱落；支持物是否牢固，无腐朽、锈蚀、损坏等情况；弛度是否适宜，有无混线、烧损现象。

⑨检查沿线有无易燃、易爆物品和腐蚀性液体或气体；导线对地、对道路、公路、铁路、管道、河道、建筑物等距离是否符合规定；有无可能触及导线的铁烟囱、天线等；周围有无被风刮起危及线路安全的杂物等；有无威胁线路安全的设施（如脚手架或机械等）；导线与树间的距离是否符合规定；线路附近有无抛扔外物或飘洒金属或有无违反"电力设备保护条例"的建筑等。

（二）一般架空线路的检查维护周期

①对 1～10 kV 架空线路的登杆检查至少每 5 年一次；对木杆、木横担线路，每年一次。

②对盐、碱、低洼地区混凝土杆的根部检查一般每 5 年一次。发现问题后每年一次。对木杆根部检查和刷防腐油，每年一次。

③对导线联接的线夹检查，至少每年一次。

④对镀锌铁线拉线的根部检查，每 3 年一次，锈后每年一次。对镀锌拉线棒的根部检查，每 5 年一次，锈后每年一次。

⑤混凝土钢圈刷油漆根据油漆脱落情况进行。

⑥导线弧垂和交叉跨越距离测量根据巡视结果进行。

（三）架空线路的常见故障

常见架空线路故障有机械性破坏和电气性故障。

1. 按设备机械性破坏分

（1）倒杆

由于杆基失土、洪水冲刷、外力撞击等外界原因，使杆塔失去平衡造成倒杆，供电中断。这是一种恶性事故，应尽量避免杜绝其发生。

某些电杆严重歪斜，虽然还在继续运行，但由于各种电气距离发生很大变化，继续供电将会危及设备和人身安全，应予停电修复。

（2）断线

因外界原因造成导线的断裂，致使供电中断。

2. 按设备电气性故障分

（1）单相接地

它是电气故障中出现几率最多的故障。它是由于线路中的一相的一点对地绝缘性能丧失，该相电流经这点流入大地造成的。造成单相接地的因素很多，如一相导线的断线落地、树枝碰触导线、引（跳）线因风对杆塔放电等。它的危害使三相平衡系统受到破坏，造成非故障相的电压升高到原来的 $\sqrt{3}$ 倍，可能会引起非故障相绝缘的破坏。

（2）两相短路

它是架空线路中的任意两相之间直接放电造成的，使通过导线的电流比正常时增大许多倍，并在放电点处形成强烈的电弧，烧坏导线，造成供电中断。

两相短路包括两相短路接地，它比单相接地的情况要严重得多。形成两相短路的原因有：混线、雷击和外力破坏等。

（3）三相短路

它是架空线路中在同一地点三相间直接放电造成的。它包括三相短路接地，是架空线路中最严重的电气故障，危害也最大，不过它出现的几率极少。造成三相短路的原因有：线路带地线合闸、线路倒杆造成三相接地等。

（4）缺相

线路中断线不接地，通常又称为缺相运行。它在送电端三相有电压，受电端一相无电流，使三相电动机无法正常运转。常见造成缺相运行的原因是：熔断器一相熔丝烧断，耐张杆塔的一相引（跳）线的接头接触不良或烧断等。

第四节　电缆线路

一、电缆线路的特点

电缆线路的特点是造价高，不便分支，施工和维修难度大。与架空线路相比，电缆线路除不妨碍市容和交通外，更重要的是供电可靠，不受外界影响，不易发生因雷击、风害、冰雪等自然灾害造成的故障。在现代化企业中，电缆线路得到了广泛的应用，特别是在有腐蚀性气体或蒸汽，或易燃、易爆的场所应用最为广泛。

二、电缆的结构和类型

（一）电缆的结构

电缆是一种特殊结构的导线，主要由导体（导电线芯）、绝缘层和保护层三大部分组成，还包括电缆头。电缆的剖面如图8-7所示。

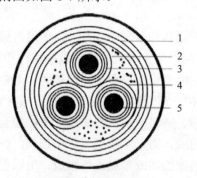

1—铅皮；2—缠带绝缘；3—线芯绝缘；4—填充物；5—导体

图8-7　电缆剖面图

1. 导体（导电线芯）

导体是用来传输电流的，是电缆的核心，必须具有良好的导电性能，以减少电能在传输中的损耗。

导体一般均用铜或铝制造，这是因为铜和铝具有良好的导电性能和机加工性能：铜电缆线芯的电阻系数为 0.018 4，铝电缆线芯的电阻系数为 0.031，这是除银以外其他金属无法相比的；由于同等截面铜芯电缆的电阻只有铝芯电缆的 60%，因此用铜做缆芯又优于铝；但由于铝的比重只有铜的 30%（铜的比重为 8.9、铝的比重为 2.7），且价格又低于铜，从经济上来考虑，用铝做导电线芯也得到广泛应用。

导电线芯的大小是按导体的横断面（即截面）的大小来衡量的，以 mm^2 作单位。我国规定电缆的截面有 2.5 mm^2、4 mm^2、6 mm^2、10 mm^2、16 mm^2、25 mm^2、35 mm^2、50 mm^2、70 mm^2、95 mm^2、120 mm^2、150 mm^2、185 mm^2、240 mm^2、300 mm^2、400 mm^2、500 mm^2、630 mm^2、800 mm^2、1 000 mm^2 等 20 种规格；导电线芯一般由多股导线绞合而成，这样可以增加电缆的柔软性，以免在制造、敷设、安装过程中遭受损伤。

2. 绝缘层

绝缘层是用来将不同相的导电线芯及导电线芯与保护层之间在电气上彼此隔离，因此绝缘层必须有良好的绝缘性能和耐热性能，以保证电流沿导电线芯流动；并且电缆的绝缘层应与其工作电压相匹配，以保证电缆在工作电压下正常运行。

绝缘层应具备以下条件：

①耐压强度高；

②介质损耗低；

③耐热性能好，应能在较高温度下正常运行，允许工作温度高则载流量大，输送容量也大；

④化学性能稳定、使用寿命长；

⑤机加工性能好，便于制造与安装。

3. 保护层

电缆的保护层是保证绝缘层能长期正常工作，保护绝缘层不受外界媒质的作用（主要是防止水分侵入）和外力损伤，因此它应有良好的密封性能、防腐性能和相应的机械强度。

保护层是电缆的一个重要组成部分，保护层的好坏直接影响电缆的绝缘性能和使用寿命，它的结构必须与绝缘种类、运行电压、使用环境和运行条件相适应，因此护层的种类很多，也很复杂。

电缆的保护层可分为内护层和外护层两部分。内护层直接用来保护绝缘层，常用的材料有铅、铝和塑料等。外护层用以防止内护层受到机械损伤和腐蚀，外护层一般由内衬层、铠装层和外被层组成。内衬层位于铠装层和金属护套间（无金属护套时即在绝缘缆芯和铠装层间），其作用是防止金属护套遭受腐蚀并防止在制造与安装过程中金属护套遭受损伤。一般采用涂沥青包聚氯乙烯带、挤出型聚氯乙烯或聚乙烯护套的方法，铠装层在内衬层外面，一般由两层钢带或钢丝组成，防止电缆遭受外力损伤，钢丝还可以承受一定的拉力；外被层在铠装外面，由挤出的聚乙烯或聚氯乙烯组成，用以保护铠装，防止遭受腐蚀，在需要防火的场所外被层还可加入阻燃材料做成阻燃型电缆。

电缆头指的是两条电缆的中间接头和电缆终端的封端头。电缆头是电缆线路的薄弱环节，是大部分电缆线路故障的主要发生处，因此，在施工和运行中要由专业人员进行操作。

（二）电缆的类型

根据电压、用途、绝缘材料、线芯数量和结构等特点，电缆可以分为以下几种：

①按电压可分为高压电缆和低压电缆。

②按线芯数可分为单芯、双芯、三芯、四芯和五芯电缆等。

③按绝缘材料可分为油浸纸绝缘电缆、塑料绝缘电缆和橡胶绝缘电缆及交联聚乙烯绝缘电缆等，还有正在发展的低温电缆和超导电缆。

④按线芯材料分为铜芯电缆和铝芯电缆两种。其中，控制电缆应采用铜芯，耐高温、耐火，有易燃、易爆危险及剧烈震动的场所也需要选择铜芯。其他情况下，可以考虑选择铝芯电缆。

（三）电缆的型号

每个电缆型号表示这种电缆的结构，同时也表明这种电缆的使用场合、绝缘种类等其他特征。电缆型号中的字母排列一般按照下列次序：

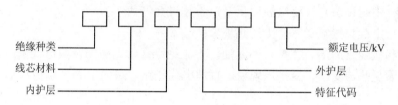

电力电缆型号中各符号的含义见表8-7。

表8-7　电力电缆型号中各符号的含义

项目	型号	含义	项目	型号	含义
类别	Z	油纸绝缘	外护套	02	聚氯乙烯套
	V	聚氯乙烯绝缘		03	聚乙烯套
	YJ	交联聚乙烯绝缘		20	裸钢带铠装
	X	橡皮绝缘		（21）	钢带铠装纤维外被
导体	L	铝芯		22	钢带铠装聚氯乙烯套
	T	铜芯		23	钢带铠装聚乙烯套
内护套	Q	铅包		30	裸细钢丝铠装
	L	铝包		（31）	细圆钢丝铠装纤维外被
	V	聚氯乙烯护套		32	细圆钢丝铠装聚氯乙烯套
特征	P	滴干式		33	细圆钢丝铠装聚乙烯套
	D	不滴流式		（40）	裸粗圆钢丝铠装
	F	分相铅包式		41	粗圆钢丝铠装纤维外被
				（42）	粗圆钢丝铠装聚氯乙烯套
				（43）	粗圆钢丝铠装聚乙烯套
				441	双粗圆钢丝铠装纤维外被

三、电缆线路的运行与维护

电缆线路在正常情况下，其运行寿命都在 30 年以上，在实际运用中，高压电缆运行寿命有 70～80 年的记录。因此在电缆的制造与安装无问题的前提下，其使用寿命的关键在于运行维护。

（一）巡视期限

对电缆线路要做好定期巡视检查工作。敷设在土壤、隧道、沟道中的电缆，每 3 个月巡视一次；竖井内敷设的电缆，至少每半年巡视一次；变电站、配电室的电缆及终端头的检查，应每月巡视一次。如遇大雨、洪水及地震等特殊情况或发生故障时，需临时增加巡视次数。

（二）巡视检查内容

巡视检查时应注意以下问题：
①负荷电流不得超过电缆的允许电流；
②电缆、中间接头盒及终端温度正常，不超过允许值；
③引线与电缆头接触良好，无过热现象；
④电缆和接线盒清洁、完整，不漏油，不流绝缘膏，无破损及放电现象；
⑤电缆无受热、受压、受挤压现象。直埋电缆线路，路面上无堆积物和临时建筑，无挖掘现象；
⑥电缆钢铠正常，无腐蚀现象；
⑦电缆保护管正常；
⑧充油电缆隧道、电缆沟、电缆夹层的通风、照明良好，无积水，电缆井齐全并且完整无损；
⑨充油电缆的油、油位正常，辅助油系统不漏油；
⑩电缆的带电显示器及保护层过电压防护均正常；
⑪电缆无鼠咬、白蚁蛀蚀的现象；
⑫接地线良好，外皮接地牢固。

（三）电缆的预防性试验

电缆在运行中的绝缘性能无法考察，而预防性试验则可通过在电缆上施加试验电压观察其绝缘性能，并通过与历史记录比较，了解绝缘性能的变化情况，以确定该电缆能否继续运行。定期作预防性试验，及时发现存在的问题并进行处理，是减少电缆运行故障保证安全供电的一项重要措施。

由于电缆的电容大，在现场不可能作交流耐压试验，预防性试验均作直流耐压，试验电压见表 8-8，加压时间为 5 min。

表 8-8　电缆预防性试验的试验电压　　　　　　　　　　（单位：kV）

电缆规格	直流试验电压	
	纸绝缘电缆	橡塑绝缘电缆
1.8/3	12	11
3.6/6	24	18
6/6	30	25
6/10	40	25
8.7/10	47	37
21/35	105	63
26/35	130	78

第五节　室内线路

一、室内线路的概述

（一）室内线路的概念

室内线路就是指敷设在室内中的各类设备及用电器具所需要的供电线路和控制线路。它是由导线、导线支持物、联接件及用电器具等组成的。室内线路的布置和固定称为室内线路的配线或敷设。根据建筑物的性质、要求、用电设备的分布及环境特征等因素，来确定合理的室内配线及敷设方式。

（二）室内线路的类型

室内供电线路分为照明线路和动力线路。室内线路按其敷设方式可分为明敷设和暗敷设两种，明、暗敷设是以线路在敷设后，导线和保护体能否为人们用肉眼直接观察到而区别的。按线缆划分，室内线路有电线布线和电缆布线两种。其具体布线方式有：瓷（塑料）夹板布线、瓷瓶布线、槽板布线、护套线布线、钢管（塑料管）布线、钢索布线以及插接式母线布线、电缆桥架布线和缆沟布线等方式。

（三）对室内线路装置的技术要求

①室内布线要布置合理，安装牢固，整齐美观，并且要符合有关规程规定，送电安全可靠。

②所用导线的额定电压应大于线路工作电压。不同电压和不同电价的用电设备应有明显区别：线路应分开安装，如照明线路与动力线路分开安装。安装在同一块配电盘上的开关设备，应用文字注明以便维修。使用相同电价的用电设备，允许安装在同一线路上，如小型单相电机、电炉，并允许与照明共用。

③一般应采用绝缘导线，其绝缘应符合线路安装方式要求和敷设的环境条件，截面应满足供电和机械强度等条件要求。

④低压电网中的线路，严禁利用与大地连接的地线作为中性线，即禁止采用三线一地、二线一地和一线一地制线路。

⑤照明线路的每一分路，安装电灯盏数，一般不超过 25 个，每一分路最大电流不超过 15 A。电热线路最大负载电流不应超过 30 A。

⑥线路上的熔断器的部位，一般在线路导线截面减小的地方或线路分支处，均应安装一组熔断器。

⑦导线联接和分支处，不应受到机械力的作用。

二、导线的明敷设

室内线路的明敷设就是指导线直接或在管子、线槽等保护体内，敷设于墙壁、顶棚的表面及桁架、支架等处。

（一）明线敷设的技术要求

①室内水平敷设导线距地面不得低于 2.5 m，垂直敷设导线距地面不低于 1.8 m。室外水平和垂直敷设距地面均不得低于 2.7 m，否则应将导线穿在钢管内加以保护。

②导线过楼板时应穿钢管保护，钢管长度应从高于楼板 2 m 处引至楼板下出口处为止。

③导线穿墙或过墙要用瓷管（或塑料管）保护。瓷管（塑料管）两端出线口伸出墙面不小于 10 mm，以防导线和墙壁接触，导线穿出墙外时，穿线管应向墙外地面倾斜或用有瓷弯头套管，弯头管口向下，以防雨水流入管内。

④导线沿墙壁或天花板敷设时，导线与建筑物之间的距离一般不小于 10 mm，导线敷设在通过伸缩缝的地方应稍松弛。

⑤导线相互交叉时，为避免碰线，在每根导线上套上塑料管或其他绝缘管，并将套管固定，不得移动。

绝缘导线之间的最小距离，固定点间最大允许距离以及与建筑物最小距离应符合有关规定。

（二）穿管明敷设的技术要求

①穿管敷设绝缘导线的电压等级不应小于交流 500 V；绝缘导线穿管应符合有关规定。导线芯线的最小截面积规定铜芯 1 mm^2（控制及信号回路的导线截面积不在此限）；铝芯线截面积不小于 2.5 mm^2。

②同一单元、同一回路的导线应穿入同一管路，对不同电压、不同回路、不同电流种类的供电线或非同一控制对象的电线，不得穿入同一管子内。互为备用的线路亦不得共管。电压为 65 V 及以下的回路，同一设备或同一流水作业设备的电力线路和无防干扰要求的控制回路、照明花灯的所有回路以及同类照明的几个回路等，可以共用一根管，但照明线不得多于 8 根。注意所有穿管线路，管内不得有接头。采用一管多线时，管内导线的总面积（包括绝缘层）不应超过管内截面积的 40%。在钢管内不准穿单根导线，以免形成交变磁通，带来损耗。

③穿管明敷线路应采用镀锌或经涂漆的焊接管（水管、煤气管）、电线管或硬塑料管。钢管壁厚度不小于 1 mm，明敷设用的硬塑料管壁厚度不应小于 2 mm。

④穿管线路长度太长时，应加装一个接线盒，为便于导线的安装与维修，对接线盒的位置有以下规定：

一是无弯曲转角时，不超过 45 m 处安装一个接线盒；

二是有一个弯曲转角时，不超过 30 m 处安装一个接线盒；

三是有两个弯曲转角时，不超过 20 m 处安装一个接线盒；

四是有三个弯曲转角时，不超过 12 m 处安装一个接线盒。

弯曲转角一般为 90°～105°。两个 120°～150°的转角相当于一个 90°～105°的转角。长度超过上述要求时，应增加接线盒或加大一级管径。

（三）裸导线敷设的技术要求

在负荷较大的工矿企业的高大厂房内，可将裸导线敷设在人员及机械不易触及的地方。裸导线散热好，因而载流量大，节省有色金属，价格便宜。

裸导线敷设高度离地面 3.5 m 以上，如不能满足时，须用网孔遮栏围护，但栏高不得低于 2.5 m。

采用矩形铝（或铜）排或大截面铝绞线送电时，两端应拉紧。所有裸母线应涂以黄、绿、红（U、V、W 三相相色）色漆相区别。有可能被起重机的驾驶人员攀登或检修时触及的地方，都应局部加装保护网。

裸导线的线间及其与建筑物表面的净距离，不应小于有关规定。硬导体固定点间距应满足最大短路时的动稳定的要求。必要时在无支架固定的区段，应加装绝缘夹板加以改善。

（四）插接式母线敷设的技术要求

插接式母线应用薄金属板封闭，水平敷设时，离地面高度不得低于 2.2 m。

（五）电缆桥架敷设的技术要求

电缆在桥架上敷设，应保持一定间距，多层敷设时，层间应加格栅分隔，以利于通风，增加载流量。

（六）钢索布线的技术要求

当厂房建筑物较高、跨距较大又需在较低处安装照明灯具时，或在距离较大的两楼房间需有动力或照明线路跨过时或需安装照明灯具时，可用钢索布线。钢索布线可采用吊鼓形绝缘子架设绝缘导线、吊塑料护套线或橡胶绝缘导线安装，也可为吊管线（钢管或塑料管）安装。

①室内场所钢索的材料宜采用镀锌绞线。露天敷设或有酸、碱盐腐蚀的场所，应采用塑料护套钢索。

②安装钢索长度在 50 m 及以下时，可在一端装花篮螺栓；超过 50 m 时，应在两端装花篮螺栓；每超过 50 m 还应加装一个中间花篮螺栓。在终端固定处的钢索卡不应少于两个，终端固定的拉环应牢固，并能承受在全部负载下的拉力。

③钢索布线敷设后的弛度不应大于 100 mm，如不能达到，应增加中间吊钩。

三、导线的暗敷设

室内线路的暗敷设是指导线在管子、线槽等保护体内，敷设于墙壁、顶棚、地坪及楼板等的内部或者在混凝土板孔内敷设。暗敷设具有防火、防潮、抗腐蚀和机械损伤等优点，但造价较高，维修不便。

导线暗管敷设的技术要求：

①应采用镀锌钢管或经过防腐处理，暗敷设钢管壁厚不小于 2 mm，硬塑料管不小于 3 mm。

②钢管埋设于现场浇制的混凝土的木模板内时，应抬高 15 mm 以上，以防止浇灌混凝土后管子露出混凝土面破坏混凝土强度或管子脱出。预埋时在管子与管子出现交叉的地方，应适当加厚找平层，厚度应大于两管外径之和。

③绝缘导线穿管数量及总截面要求与明管敷设要求相同。

④导线或电缆进出建筑物，穿越设备基础，进出池沟及穿越楼板时，必须通过预埋的钢管。

第九章
施工现场安全用电知识

由于施工现场用电设备种类多、用电容量大、工作环境复杂，在电气线路的敷设、电气元件和线缆的选配以及电气装置的设置等方面经常存在一些不足，容易引发触电伤亡事故。因此，加强施工现场临时用电管理，普及安全用电知识，规范施工作业用电，对保证施工安全具有十分重要的意义。

第一节　施工现场临时用电系统

一、施工现场用电特点

施工现场用电与一般工业或居民生活用电相比具有临时性、流动性和危险性。

（一）临时性

主要是由施工工期决定的，有的工程工期只有几个月，有的工程工期可多达数年，工程竣工后用电设施就要拆除。

（二）流动性

伴随着施工进度，机械设备、施工机具、配电设备、照明器具移动频繁，手持电动工具使用较多。

（三）危险性

施工现场施工条件差，潮湿环境多，用电设备多，交叉作业多，湿作业多，供电线路复杂。

二、施工现场临时用电系统的特点

（一）采用三级配电系统

施工现场临时用电，从电源进线开始至用电设备经总配电箱、分配电箱到开关箱，分三个层次逐级配送电力。

（二）采用 TN-S 接零保护系统

施工现场临时用电工程的接地保护，采用的是保护零线（PE 线）与工作零线（N 线）分开设置，电源中性点直接接地的三相四线制低压电力系统。

（三）采用二级漏电保护系统

在整个施工现场临时用电工程中，总配电箱中必须装设漏电保护器，所有开关箱中也必须装设漏电保护器。

（四）"一机一箱"制

在建筑施工现场，一般情况下每一台用电设备必须设有专用的控制开关箱，每一个开关箱只能用于控制一台用电设备。

第二节　施工现场的用电设备

用电设备是配电系统的终端设备，是最终将电能转化为机械能、光能等其他形式能量的设备。施工现场的用电设备基本上可分为电动机械、电动工具和照明器三大类。

一、电动机械

起重机械包括塔式起重机、施工升降机、物料提升机等。
桩工机械包括各类打桩机、打桩锤和钻孔机等。
夯土机械包括电动蛙式夯、快速冲击夯等。
焊接设备包括电阻焊、埋弧焊等。
其他电动建筑机械包括混凝土搅拌机、混凝土振动器、地面抹光机、钢筋加工机械、木工机械、水泵等。

二、电动工具

主要指手持式电动工具，如电钻、电锤、电刨、切割机、热风枪等。手持式电动工具按电击保护方式，分为Ⅰ类工具、Ⅱ类工具和Ⅲ类工具。

Ⅰ类工具（普通型电动工具）。工具在防止触电的保护方面不仅依靠基本绝缘，而且还包含一个附加的安全预防措施，其方法是将可触及的可导电的零件与已安装的固定线路中的保护（接地）导线连接起来，以这样的方法来使可触及的可导电的零件在基本绝缘损坏的事故中不成为带电体。这类工具一般都采用全金属外壳。

Ⅱ类工具（绝缘结构全部为双重绝缘结构的电动工具）。在防止触电的保护方面不仅依靠基本绝缘，而且还提供双重绝缘或加强绝缘的附加安全预防措施。这类工具外壳有金属和非金属两种，但手持部分为非金属，在工具的明显部位标有Ⅱ类结构符号"回"。

Ⅲ类工具（特低电压的电动工具）。在防止触电的保护方面依靠由安全特低电压供电和在工具内部不含产生比安全特低电压高的电压。

三、照明器

建筑施工现场使用的照明器具较多，有普通照明使用的白炽灯、荧光灯和节能灯，也有场地使用的高光效、长寿命的高压汞灯、高压钠灯、碘钨灯以及钨、铊、铟等金属卤化物灯具。按照使用方式有固定灯和行灯，按照使用环境有防水灯具、防尘灯具、防爆灯具、防振灯具、耐酸碱型灯具和断电使用应急灯、安全警示灯等。

第三节　安全用电知识

一、用电安全管理

施工单位和工程项目部应建立健全用电安全责任制，制定电气防火和用电安全措施，做好施工现场的用电安全管理。

①电工必须取得电工特种作业操作证，方能上岗。

②安装、巡检、维修或拆除临时用电设备和线路，必须由电工完成，并应有人监护。

③用电人员必须通过相关安全教育培训和技术交底后方可上岗工作。

④用电设备的使用人员应保管和维护所用设备，发现问题及时报告解决。

⑤暂时停用设备的开关箱，必须分断电源隔离开关，并应关门上锁。

⑥移动电气设备时，必须经电工切断电源并做妥善处理后进行。

二、外电线路和配电线路

施工过程中必须与外电线路保持一定安全距离，防止发生因碰触造成的触电事故。施工现场的配电线路交错复杂，易发生因线缆拉断、砸烂、破皮造成的漏电。

①不得在外电架空线路正下方施工、搭设作业棚、建造生活设施或堆放构件、架具、材料及其他杂物等。

②在高压线一侧作业时，必须保持最小安全操作距离以上的距离。

③严禁操作起重机越过无防护设施的外电架空线路作业。

④施工现场开挖沟槽边缘与外电埋地电缆沟槽边缘之间的距离不得小于 0.5 m。

⑤在外电架空线路附近开挖沟槽时，必须采取加固措施，防止外电架空线路的电杆倾斜、悬倒。

⑥严禁将架空线缆架设在树木、脚手架及其他设施上。

⑦埋地电缆在穿越建筑物、构筑物、道路、易受机械损伤、介质腐蚀场所及引出地面从地面高 2.0 m 到地下 0.2 m 处，必须加设防护套管。

⑧电缆线路必须采用电缆埋地方式引入到在建工程内，严禁穿越脚手架引入。

⑨装饰装修施工阶段，电源线可沿墙角、地面敷设，但应采取防机械损伤措施和防火措施。

⑩室内配线必须采用绝缘导线或电缆，并应根据配线类型采用瓷瓶、瓷（塑料）夹、嵌绝缘槽、穿管或钢索敷设。

⑪潮湿场所或埋地非电缆配线必须穿管敷设，管口和管接头应密封。

⑫室内明敷主干电线距地面高度不得小于 2.5 m。

⑬架空进户线的室外端应采用绝缘子固定，过墙处应穿管保护，距地面高度不得小于 2.5 m，并应采取防雨措施。

⑭搬运较长的金属物体，如钢筋、钢管等材料时，不得碰触到电线。

⑮在邻近输电线路的建筑物上作业时，不能随便往下乱扔金属类杂物，更不能触摸或拉动电线、电线接触的可导体和电杆的拉线。

⑯当发现电线坠地或设备漏电时，不得随意跑动或触摸金属物体，并与其保持 10 m 以上距离。

⑰移动金属梯子和操作平台时，要观察其与高处输电线路的距离，确认有足够的安全距离，再进行作业。

⑱在地面或楼面上运送材料时，不得踩踏在电线上；停放手推车、堆放钢模板、脚手板、钢筋时不得压放在电线上。

三、配电箱及开关箱

施工现场的配电箱包括总配电箱（配电柜）、分配电箱、开关箱三种。总配电箱和分配电箱是电源与用电设备之间的中枢环节；开关箱是配电系统的末端，是直接控制用电设备的装置，也是作业人员经常操作的装置。它们的设置和使用直接影响着施工现场的用电安全。

（一）配电箱的设置

①总配电箱以下设若干分配电箱，分配电箱以下设若干开关箱；

②总配电箱设在靠近电源的区域，分配电箱应设在用电设备或负荷相对集中的区域；

③分配电箱与开关箱的距离不得超过 30 m，开关箱与其控制的固定式用电设备的水平距离不宜超过 3 m；

④每台用电设备必须有各自专用的开关箱，严禁用同一个开关箱直接控制 2 台及 2 台以上用电设备。

（二）配电箱的制作

①配电箱、开关箱一般采用冷轧钢板或阻燃绝缘材料制作，钢板厚度为 1.2～2.0 mm，其中开关箱箱体钢板厚度一般不得小于 1.2 mm，配电箱箱体钢板厚度一般不得小于 1.5 mm，箱体表面应做防腐处理；

②配电箱、开关箱内的元器件应按设计要求紧固在安装板上，不得歪斜和松动；

③开关箱中漏电保护器的额定漏电动作电流不应大于 30 mA，动作时间不应大于 0.1 s；使用于潮湿或有腐蚀介质场所的漏电保护器应采用防溅型产品，其额定漏电动作电流不应大于 15 mA，动作时间不应大于 0.1 s；

④总配电箱中漏电保护器的额定漏电动作电流应大于 30 mA，动作时间应大于 0.1 s，但其额定漏电动作电流与额定漏电动作时间的乘积不应大于 30（mA·s）。

（三）配电箱的安装

①配电箱、开关箱应装设端正，设置牢固；
②固定式配电箱、开关箱的中心点与地面的垂直距离应为 1.4～1.6 m；
③移动式配电箱、开关箱应装设在坚固、稳定的支架上，中心点与地面的垂直距离宜为 0.8～1.6 m；
④配电箱、开关箱周围不得堆放任何妨碍操作、维修的物品，不得有灌木、杂草。

（四）配电箱的使用

①对配电箱、开关箱进行定期维修、检查时，必须将其前一级相应的电源隔离开关分闸断电，并悬挂"禁止合闸、有人工作"的停电标志牌，严禁带电作业；
②配电箱、开关箱必须按照总配电箱→分配电箱→开关箱的顺序操作送电，按照开关箱→分配电箱→总配电箱的顺序操作停电；
③施工现场停止作业 1 h 以上时，应将开关箱断电上锁；
④配电箱、开关箱内不得放置任何杂物，并应保持整洁；
⑤配电箱、开关箱内不得随意挂接其他用电设备；
⑥配电箱、开关箱内的元器件配置和接线严禁随意改动。

四、电动建筑机械与手持式电动工具

（一）夯土机械使用时应注意的事项

①必须按规定穿戴绝缘手套和绝缘鞋等安全防护用品；
②电缆长度不应大于 50 m，并有专人负责电缆；
③电缆严禁缠绕、扭结和被夯土机械跨越；
④多台夯土机械工作时，左右间距不得小于 5 m，前后间距不得小于 10 m；
⑤操作扶手必须绝缘。

（二）电焊设备使用时应注意的事项

①电焊设备应放置在防雨、干燥和通风良好的地方；
②焊接现场不得有易燃易爆物品；
③交流弧焊机变压器的一次侧电源线长度不应大于 5 m，其电源进线处必须设置防护罩；
④发电机式直流电焊机的换向器应经常检查和维护，消除可能产生的异常电火花；
⑤交流电焊设备应配装防二次侧触电保护器，二次线应采用防水橡皮护套铜芯软电缆，电缆长度不应大于 30 m，不得采用金属构件或结构钢筋代替二次线的地线；
⑥使用电焊设备焊接时必须按规定穿戴防护用品，严禁露天冒雨从事电焊作业。

（三）手持式电动工具使用时应注意的事项

①在潮湿场所或金属构架上操作时，必须选用Ⅱ类或由安全隔离变压器供电的Ⅲ类手

持式电动工具；

②在潮湿场所或金属构架上严禁使用Ⅰ类手持式电动工具；

③使用Ⅰ类工具时，应采用漏电保护器和安全隔离变压器，否则使用者必须戴绝缘手套、穿绝缘靴或站在绝缘台（垫）上；

④狭窄场所必须选用由安全隔离变压器供电的Ⅲ类手持式电动工具，其开关箱和安全隔离变压器均应设置在狭窄场所外面，并连接 PE 线，操作过程中，应有人在外面监护；

⑤手持式电动工具的外壳、手柄、插头、开关、负荷线等必须完好无损，使用前必须做绝缘检查和空载检查，在绝缘合格、空载运转正常后方可使用；

⑥手持式电动工具的负荷线应当采用耐气候的橡皮护套铜芯软电缆，并不得有接头；

⑦移动有电源线的机械设备，如电焊机、水泵、小型木工机械等，必须先切断电源，不能带电搬动；

⑧对混凝土搅拌机械、钢筋加工机械、木工机械、盾构机械等设备进行清理、检查、维修时，必须首先将其开关箱分闸断电，并关门上锁。

五、施工现场照明

一般场所宜选用额定电压为 220V 的照明器。下列特殊场所应使用安全特低电压照明器：①隧道、人防工程、高温、有导电灰尘、比较潮湿或灯具离地面高度低于 2.5 m 等场所的照明，电源电压不应大于 36V；②潮湿和易触及带电体场所的照明，电源电压不得大于 24V；③特别潮湿场所、导电良好的地面、锅炉或金属容器内的照明，电源电压不得大于 12V。

使用行灯应符合下列要求：①电源电压不大于 36V；②灯体与手柄应坚固、绝缘良好并耐热耐潮湿；③灯头与灯体结合牢固，灯头无开关；④灯泡外部有金属保护网；⑤金属网、反光罩、悬吊挂钩固定在灯具的绝缘部位上。

照明灯具的金属外壳必须与 PE 线相连接，照明开关箱内必须装设隔离开关、短路与过载保护电器和漏电保护器。

室外 220V 灯具距地面不得低于 3 m，室内 220V 灯具距地面不得低于 2.5 m。普通灯具与易燃物距离不宜小于 300 mm；聚光灯、碘钨灯等高热灯具与易燃物距离不宜小于 500 mm，且不得直接照射易燃物。达不到规定安全距离时，应采取隔热措施。

碘钨灯及钠、铊、铟等金属卤化物灯具的安装高度宜在 3 m 以上，灯线应固定在接线柱上，不得靠近灯具表面。

螺口灯头及其接线应符合下列要求：①灯头的绝缘外壳无损伤、无漏电；②相线接在与中心触头相连的一端，零线接在与螺纹口相连的一端。

灯具内的接线必须牢固，灯具外的接线必须做可靠的防水绝缘包扎。

灯具的相线必须经开关控制，不得将相线直接引入灯具。

不得在宿舍内乱拉乱接电源，非专职电工不得更换熔丝，不得以其他金属丝代替熔丝。

严禁在电线上晾衣服或其他东西。

第十章
电气防火与防爆

火灾和爆炸往往引起重大的人身伤亡和设备损坏事故。电气火灾和爆炸事故在火灾和爆炸事故中占有很大的比例。仅就电气火灾而言，不论是发生频率还是所造成的经济损失，在火灾中所占的比例都有上升的趋势。配电线路、高低压开关电器、熔断器、插座、照明器具、电动机、电热器具等电气设备均可能引起火灾。特别是这些电气设备与可燃物接触或接近时，火灾的危险性会更大。在高压电气设备中，电力电容器、电力变压器、电力电缆、多油断路器等电气装置除可能引起火灾外，本身还可能会发生爆炸。

电气火灾火势凶猛，如不及时扑灭，势必迅速蔓延。电气火灾和爆炸事故除可能造成人身伤亡和设备损坏外，还可能造成大规模或长时间停电，给国家财产造成重大损失。

第一节 火灾和爆炸的相关知识

一、燃烧和火灾

火灾和爆炸（这里指的是化学爆炸）都是同燃烧直接联系的。燃烧是一种放热发光的化学反应。燃烧过程中化学反应十分复杂，有化合反应，有分解反应。

可燃物质在空气中燃烧是最普遍的燃烧现象，凡超出有效范围而形成灾害的燃烧称为火灾。

燃烧必须具备三个条件：

①有固体、液体或气体可燃物质存在。凡是能与空气中的氧起强烈氧化作用的物质都属于可燃物质，如木材、纸张、钠、镁、汽油、酒精、乙炔、氢等。可燃物质必须保持一定的浓度，也就是说当保持与氧气混合时占有一定的比例才会发生燃烧。例如，在20℃时，用火柴点汽油立刻燃烧，用火柴点煤油却不能燃烧，这是因为煤油在20℃时产生的蒸气很少、浓度不够的缘故。

②有助燃物质存在。凡能帮助燃烧的物质称为助燃物质，如氧、氯酸钾、高锰酸钾等。助燃物质数量不够，也不会发生燃烧。例如：正常空气中的含氧量为21%左右，当空气中含氧量降低至14%～18%以下时，一般可燃物质立即停止燃烧。因此，使可燃物质与空气隔绝是灭火最基本的思路。

③有着火源存在。凡能引起可燃物质燃烧的热能源即着火源，如明火、电火花、灼热的物体等。着火源需具备足够的温度和热量才能引起可燃物质燃烧。例如，一根火柴是不能点燃一大块木材的，这是因为一根火柴的热量太小。

以上燃烧的三个条件直接关系着怎样采取防火、防爆的措施。

大部分可燃物质，不论是液体还是固体，其燃烧往往是在蒸气或气体状态下进行的，燃烧时产生火焰。但也有的物质不能转变成气态燃烧，如焦炭的燃烧是呈灼热状态的燃烧，燃烧时不产生火焰。就燃烧速度而言，气体最快，液体次之，固体最慢。

可燃物质燃烧时，火焰温度（即燃烧温度）多在 1 000～2 000℃，但也有少数是低于 1 000℃或接近 2 000℃的。

二、爆炸

爆炸是和燃烧密切联系的。凡是发生瞬间的燃烧，同时生成大量的热和气体，并以很大的压力向四周扩散的现象，叫做爆炸。根据性质的不同，爆炸可分为物理性爆炸、化学性爆炸和核爆炸三类。

物理性爆炸是由于液体变成气体过程中，体积膨胀，压力急剧增加，大大超过容器所能承受的极限压力时所发生的爆炸。物理性爆炸过程不产生新物质，完全是物理变化过程。如蒸汽锅炉、蒸汽管道、压缩和液化气体、油箱等的爆炸。物理性爆炸一般不会直接造成火灾，但能间接引起火灾。

化学性爆炸是由于爆炸性物质本身发生化学反应，产生大量气体和较高温度的爆炸。这种爆炸过程包含有化学变化过程，原来参加爆炸的物质生成了新的物质。如可燃气体、可燃蒸气、粉尘与空气形成混合物质的爆炸。化学性爆炸能直接造成火灾。

各种气体和蒸气爆炸性混合物在正常条件下的爆炸压力都不超过 10 个大气压；但其爆炸后压力的增长速度很快，因此，爆炸是强烈的。例如，氢的爆炸压力为 0.62MPa，爆炸压力增长速度为 90MPa/s；乙炔则分别为 0.95MPa 和 90MPa/s 等。

气体和蒸气混合物的爆炸除受气体和蒸气性质的影响外，还受温度、压力、含氧量、容器几何形状、着火源特征等因素的影响。

粉尘和纤维的爆炸温度和爆炸压力主要取决于过程中气态产物的理化性质，其变化范围较大。粉尘最大爆炸压力一般在 0.2～0.7MPa。粉尘混合物爆炸受粉尘颗粒度、粉尘氧化能力、空气温度、所含灰分、着火源特征等因素的影响。

发生化学性爆炸的必要条件是：具有易燃易爆物质（或爆炸混合物），同时存在着火源。

核爆炸是利用高纯度、高密度的核燃料（铀-235 或钚-239）在中子的轰击下产生快速链式反应，在极短时间内放出大量能量而产生的爆炸。如原子弹爆炸，核爆炸时会形成极高的温度和强烈的冲击波，造成巨大的破坏。

三、燃点和闪点

（一）燃点

可燃物质只有在一定温度的条件下与助燃物质接触，遇明火才能产生燃烧。使可燃物质遇明火能燃烧的最低温度称为该可燃物质的燃点。不同的可燃物有不同的燃点，一般可燃物的燃点是较低的。

（二）闪点

可燃物在有助燃剂的条件下，遇明火达到或超过燃点便产生燃烧，当火源移去，燃烧仍会继续。可燃物质的蒸气或可燃气体与助燃剂接触时，在一定的温度条件下，遇明火并不立即发生燃烧，只发生闪燃（一闪即灭）现象，当火源移去闪燃自然停止。这种使可燃物质遇明火发生闪燃而不引起燃烧的最低温度称为该可燃物的闪点，用"℃"表示。

显然，同一物质的闪点比燃点低。由于液体可燃物质燃烧首先要经过"闪点"，而后才是"燃"的过程，"闪"是"燃"的前奏。故衡量液体、气体可燃物着火爆炸的主要参数是闪点，闪点越低，形成火灾爆炸的可能性越大。

（三）自燃温度

可燃物质在空气中受热温度升高而不需明火就着火燃烧的最低温度称为自燃温度，用"℃"表示。煤或煤粉的自燃是因其温度达到或超过其自燃温度，碳和碳氢化合物与氧起反应而燃烧。

自燃温度高于可燃物质本身的燃点，自燃温度越低，形成火灾和爆炸的危险性就越大。因此，火力发电厂应注意煤粉的自燃，降低煤粉温度，防止煤粉自燃引起的火灾和爆炸。

四、爆炸混合物及爆炸极限

（一）爆炸混合物

可燃气体、可燃液体的蒸气、可燃粉尘或化学纤维一类物质，接触明火即能着火燃烧。当可燃气体、悬浮状态的粉尘和纤维这类物质与空气混合，其浓度达到一定比例范围时，便形成了气体、蒸气、粉尘或纤维的爆炸混合物。

（二）爆炸极限

爆炸性混合物的浓度达到一定数值时，遇火源即能着火爆炸，这个浓度称为爆炸极限。可燃气体、蒸气混合物的爆炸极限，以可燃气体、蒸气混合物体积的百分比（%）表示；可燃粉尘、纤维的爆炸极限以可燃粉尘、纤维占混合物中单位体积的质量（g/m^3）表示。

爆炸极限又分爆炸上限和爆炸下限。浓度高于上限时，由于空气相对少了，供氧不足；浓度低于下限时，可燃物含量不够。故浓度低于爆炸下限或高于爆炸上限，只能着火燃烧，而不会形成爆炸。

第二节 产生电气火灾和爆炸的原因

为了防止电气火灾和爆炸，首先应当了解电气火灾和爆炸的原因。电气线路、电动机、油浸电力变压器、开关、电灯、电热设备等不同的电气设备，由于其结构、运行各有特点，火灾和爆炸的危险性和原因也各不相同。但总的来说，除设备缺陷、安装不当等设计和施工方面的原因外，在运行中，电气装置产生的危险温度、电火花及电弧是电气火灾和爆炸的直接原因。

一、危险温度

危险温度是电气设备过热引起的，而电气设备过热主要是由电流的热量造成。

导体的电阻虽然很小，但其总是客观存在的。因此，电流通过导体时要消耗一定的电能，其大小为：

$$W = I^2 Rt \qquad (10-1)$$

式中：W ——导体上消耗的电能，单位为焦[耳]（J）；

　　　I ——电流，单位为安[培]（A）；

　　　R ——电阻，单位为欧[姆]（Ω）；

　　　t ——时间，单位为秒（s）。

这部分电能以发热的形式消耗掉。乘以电热当量，即可把电能 W 换算成热量 Q（卡），即：

$$Q = I^2 Rt \qquad (10-2)$$

这部分热量使导体温度升高，并加热其周围的其他材料。

应当指出，对于电动机和变压器等带有铁磁材料的电气设备，除电流通过导体产生的热量外，交变电流的交变磁场还会在铁磁材料中产生热量，这部分热量是由于铁磁材料的涡流损耗和磁滞损耗造成的。一般电工硅钢片在运行中单位重量的功率损耗约在1～2W。由此可见这类电气设备的铁芯也是一个重要的热源。

一些有机械运动的电气设备，工作中也会由于轴承摩擦、电刷摩擦等引起发热，使温度升高。此外，当电气设备的绝缘质量降低时，通过绝缘材料的泄漏电流增加，可能导致绝缘材料温度升高。

由以上说明可知，电气设备运行时总是要发热。但是正确的设计、正确的施工以及正确运行的电气设备，其最高温度与周围环境温度之差（即最高温升）都不会超过某一个允许范围。例如，裸导线和塑料绝缘线的最高温度一般不得超过 70℃；橡胶绝缘线的最高温度一般不得超过 65℃；变压器的上层油温不得超过 85℃；电力电容器外壳温度不得超过 65℃；电动机定子绕组的最高温度，对于所应采用的 A 级、E 级或 B 级绝缘材料分别为 95℃、105℃或 110℃，定子铁芯分别为 100℃、115℃或 120℃等。这就是说，电气设备正常的发热是允许的。但当电气设备的正常运行遭到破坏时，发热量增加，温度升高，在一定条件下可以引起火灾。

引起电气设备过度发热的不正常运行大体包括以下几种情况：

（一）短路

发生短路时，线路中的电流增加为正常时的几倍甚至几十倍，而产生的热量又和电流的平方成正比，使得温度急剧上升，大大超过允许范围。如果温度达到可燃物的自燃点，即引起燃烧，从而导致火灾。

当电气设备的绝缘老化变质，或受到高温、潮湿或腐蚀的作用而失去绝缘能力时，即可能引起短路事故。

　　绝缘导线直接缠绕、勾挂在铁钉或铁丝上或者把铁丝缠绕、勾挂在绝缘导线上时，由于磨损和铁锈腐蚀，很容易使绝缘破坏而形成短路。设备安装不当或工作疏忽，可能使电气设备的绝缘受到机械损伤而形成短路。由于雷击等过电压的作用，电气设备的绝缘可能遭到击穿而形成短路。在安装和检修工作中，由于接线和操作的错误，也可能造成短路事故。选用设备额定电压太低，不能满足工作电压的要求，可能被击穿而短路。由于管理不严或维修不及时，污物聚积、小动物钻入均可能引起短路。此外，雷电放电电流极大，有类似短路电流但比短路电流更强的热效应，可能引起火灾或爆炸。

（二）过载

　　过载也会引起电气设备发热。造成过载大体有如下三种情况：

　　①设计、选用线路或设备不合理，或没有考虑足够的裕量，以致在额定负载下出现过热。

　　②使用不合理，即线路或设备的负载超过额定值或连续使用时间过长，超过线路或设备的设计能力，由此造成过热。管理不严，乱拉乱接，容易造成线路或设备过载运行。

　　③设备故障运行会造成设备和线路过载，如三相电动机缺一相运行或三相变压器不对称运行均可能造成过载。

（三）接触不良

　　接触部位是电路的薄弱环节，是发生过热的一个重要部位。

　　不可拆卸的接头连接不牢、焊接不良或接头处混有杂质，都会增加接触电阻而导致接头过热。可拆卸的接头连接不紧密或由于振动而松动也会导致接头发热。活动触头，如刀开关的触头、接触器的触头、插式熔断器的触头、插销的触头、灯泡与灯座的接触处等，如果没有足够的接触压力或接触表面粗糙不平等，均可能增大接触电阻，导致触头过热。对于铜铝接头，由于铜和铝的理化性能不同，接头处易因电解作用而腐蚀，从而导致接头过热。电刷的滑动接触处没有足够的压力、接触表面脏污、不光滑也会导致过热。

（四）铁芯发热

　　变压器、电动机等设备的铁芯，如绝缘损坏或长时间过电压，涡流损耗和磁滞损耗将增加而过热。

（五）散热不良

　　各种电气设备在设计和安装时都考虑有一定的散热或通风措施，如果这些措施受到破坏，如散热油管堵塞、通风道堵塞、安装位置不当、环境温度过高或距离外界热源太近，均可能导致电气设备和线路过热。

（六）漏电

　　漏电电流一般不大，不能促使线路熔丝动作。如漏电电流沿线路比较均匀地分布，则发热量分散，火灾危险性不大；但当漏电电流集中在某一点时，可能引起比较严重的局部发热，引燃成灾。漏电电流常常流经金属螺丝或钉子，使其发热而引起木制构件起火。

（七）机械故障

对于带有电动机的设备，如果转动部分被卡死或轴承损坏，造成堵转或负载转矩过大，都会导致电动机过热。电磁铁卡死，衔铁吸合不上，线圈中的大电流持续不减小，也会造成过热。

（八）电压太高或太低

电压太高，除使铁芯发热增加外，对于恒阻抗设备还会使电流增大而发热。电压太低，除可能造成电动机堵转、电磁铁衔铁吸合不上使线圈电流大大增加而发热外，对于恒功率设备还会使电流增大而发热。

二、电热器具和照明灯具引燃源

电热器具是将电能转换成热能的用电设备。常用的电热器具有小电炉、电烤箱、电熨斗、电烙铁、电褥子等。

电炉电阻丝的工作温度高达 800℃，可引燃与之接触的或附近的可燃物。电炉连续工作时间过长，将使温度过高（恒温炉除外），烧毁绝缘材料，引燃起火。电炉电源线容量不够，可导致发热起火。电炉丝使用时间过长，截短后继续使用，将使发热增加，乃至引燃其他材料成灾。

电烤箱内物品烘烤时间太长、温度过高，可能引起火灾。使用红外线加热装置时，如误将红外光束照射到可燃物上，也可能引起燃烧。

电熨斗和电烙铁的工作温度高达 500～600℃，能直接引燃可燃物。电褥子通电时间过长，将使电褥子温度过高而引起火灾；电褥子铺在床上，经常受压、揉搓、折叠，致使电热元件受到损坏，如电热丝发生短路将因过热而引起火灾；将电褥子折叠使用，破坏其散热条件，亦可导致起火燃烧。

灯泡和灯具工作温度较高，如安装使用不当均可能引起火灾。白炽灯泡表面温度与灯泡功率大小因生产厂家不同而差异很大，在一般散热条件下，其表面温度可参考表 10-1。200W 的灯泡紧贴纸张时，十几分钟即可将纸张点燃。高压水银灯灯泡表面温度与白炽灯相近，400W 的表面温度为 150～250℃；卤钨灯灯管表面温度较高，1 000W 卤钨灯表面温度高达 500～800℃。

表 10-1　白炽灯泡表面温度

灯泡功率/W	40	75	100	150	200
表面温度/℃	55～60	140～200	170～220	150～230	160～300

当供电电压超过灯泡额定电压，或大功率灯泡的玻璃壳发热不均匀，或水溅到灯泡上时，都能引起灯泡爆碎。炽热的钨丝落到可燃物上，将引起可燃物燃烧。

灯座内接触不良，使接触电阻增大，温度上升过高，可引燃可燃物。日光灯镇流器运行时间过长或质量不高，将使发热增加，温度上升，如超过镇流器所用绝缘材料的引燃温度，亦可引燃成灾。

三、电火花和电弧

电火花是电极间的击穿放电。电弧是大量的电火花汇集成的。

一般电火花的温度都很高，特别是电弧，温度可高达 8 000℃，因此，电火花和电弧不仅能引起可燃物燃烧，还能使金属熔化、飞溅，构成危险的火源。在有爆炸危险的场所，电火花和电弧是十分危险的因素。

在生产和生活中，电火花是常见的。电火花大体上包括工作火花和事故火花两类。工作火花是指电气设备正常工作时或正常操作过程中所产生的电火花。如直流电机的电刷与换向器的滑动接触处、绕线式异步电动机的电刷与滑环的滑动接触处也会产生电火花（没有足够的压力、接触不严密或接触表面脏污时，会产生较大的电火花），开关或接触器开合时会产生火花，插销拔出或插入时的火花等。

切断感性电路时，断口处将产生比较强烈的电火花或电弧。当该火花能量超过周围爆炸性混合物的最小引燃能量时，即可能引起爆炸。

事故火花是线路或设备发生故障时出现的火花。如发生短路或接地时出现的火花、绝缘损坏时出现的闪络、导线连接松脱时的火花、保险丝熔断时的火花、过电压放电火花、静电火花、感应电火花以及修理工作中由于错误操作引起的火花等。

除上述原因外，电动机转子和定子发生摩擦（扫膛）或风扇与其他部件相碰也会产生火花，这是由碰撞引起的机械性质的火花。

还应当指出，灯泡破碎时，炽热的灯丝有类似火花的危险作用。就电气设备着火而言，外界热源也可能引起火花。如变压器周围堆积杂物、油污，并由外界火源引燃，可能导致变压器喷油燃烧甚至导致爆炸事故。

电气设备本身，除多油断路器、电力变压器、电力电容器、充油套管、油浸纸绝缘电力电缆等设备可能爆炸外，以下情况也可能引起空间爆炸：

一是周围空间有爆炸性混合物，在危险温度或电火花作用下引起空间爆炸；

二是充油设备的绝缘油在高温电弧作用下气化和分解，喷出大量油雾和可燃气体，引起空间爆炸；

三是发电机的氢冷装置漏气或酸性蓄电池排出氢气等，形成爆炸性混合物，引起空间爆炸。

第三节　危险物质和危险场所

一、危险物质

（一）概念

凡能与氧气发生强烈氧化反应，瞬间燃烧产生大量热和气体，并以很大压力向四周扩散而形成爆炸的物质均属危险物质。

（二）危险物质的分类

危险物质按化学性质不同，可分为以下 7 类：

1．爆炸物质

这类物品有强烈的爆炸性，在常温下即有缓慢的分解，形成爆炸性混合物，当受热、摩擦、冲击时就会发生剧烈的氧化反应而爆炸。按爆炸混合物的物态不同又可分为：

①可燃气体与空气形成的爆炸性混合物、氢氧混合物、其他可燃气体与氧的混合物。

②易燃液体的蒸气与空气形成混合物，此类混合物常称为蒸气爆炸性混合物。

③悬浮状可燃粉尘或纤维与空气形成的混合物。常见的爆炸物品有导火索、雷管、炸药、鞭炮等。

2．易燃或可燃液体

这类物质容易挥发，能引起火灾或爆炸，如汽油、煤油、液化气等。

3．易燃或助燃气体

这类物质受热、受冲击或遇电火花即能引起火灾和爆炸，如氢气、煤气、乙炔、氨等气体。

4．自燃物质

这类物质燃点低，燃烧不需明火，在一定条件下，自身产生热量而燃烧，如黄磷、硝化纤维胶片、油布、油纸等。

5．遇水燃烧物质

这类物质遇水时分解可燃性气体，并放出热量，可引起燃烧或爆炸。如钠、碳化钙、锌粉、钙等。

6．易燃固体

这类物质受热、冲击或摩擦又与氧化剂接触时能引起燃烧和爆炸。如红磷、硝化纤维素、硫黄、樟脑等。

7．氧化剂

这类物质本身虽不能燃烧，但有很强的氧化能力，当它与可燃物质接触时，造成可燃物分解而引起燃烧和爆炸。如过氯酸钾、过氯化氢、重铬酸盐、过醋酸等。

二、危险场所

（一）爆炸火灾危险场所的分级

按形成爆炸火灾危险可能性大小将危险场所分级，其目的是有区别地选择电气设备和采取防范措施，实现生产上安全、经济上合理的目的。

我国将爆炸火灾危险场所分为三类八区。对爆炸性物质的危险场所区域等级的具体划分见表 10-2—表 10-4。

表 10-2　气体爆炸危险场所区域等级

区域等级	说　明
0 区	连续出现爆炸性气体环境，或会长期出现爆炸性气体环境的区域
1 区	在正常运行时，可能出现爆炸性气体环境的区域
2 区	在正常运行时，不能出现爆炸性气体环境，即使出现也只可是短时间存在的区域

注：①除封闭的空间，如密闭的容器、储油罐等内部气体空间外，很少存在 0 区；
　　②有高于爆炸上限的混合物环境，或在有空气进入时可能使其达到爆炸极限的环境，应划分 0 区。

表 10-3　粉尘爆炸危险场所区域等级

区域等级	说　明
10 区	爆炸性粉尘混合物环境连续出现或长期出现的区域
11 区	有时会将积聚下的粉尘扬起而偶然出现爆炸性粉尘混合物危险环境的区域

表 10-4　火灾危险场所区域等级

区域等级	说　明
21 区	凡有闪点高于场所环境温度的可燃液体，在数量和配置上能引起火灾危险的区域
22 区	凡有悬浮物、堆积状的爆炸性或可燃性粉尘，虽不可能形成爆炸性混合物，但在数量和配置上能引起火灾危险的区域
23 区	具有固体状可燃物质，在数量和配置上能引起火灾危险的区域

（二）危险区域的划分

1. 危险场所判断

判断场所危险程度需考虑危险物料性质、释放源特征、通风状况等因素。

（1）危险物料

除考虑危险物料种类外，还必须考虑物料的闪点、爆炸极限、密度、引燃温度等理化性能，以及其工作温度、压力及其数量和配置。例如，闪点低、爆炸下限低都会导致危险范围扩大，密度大会导致水平范围扩大等。

（2）释放源

应考虑释放源的布置和工作状态，注意其泄漏或放出危险物质的速率、泄放量和混合物的浓度，以及扩散情况和形成爆炸性混合物的范围。

释放源主要分为三级：连续释放、预计长期释放或短时连续释放的为连续级释放源；正常运行时周期性和偶然释放的为一级释放源；正常运行时不释放或只是偶然短暂释放的为二级释放源。

（3）通风

原则上应视室内为阻碍通风，即爆炸性混合物可以积聚的场所；但如果安装了能使全室充分通风的强制通风设备，则不能视为阻碍通风场所。室外危险源周围有障碍处亦应视为阻碍通风的场所。在自然通风场所，应注意上部空间积聚密度小的危险气体的可能性。

（4）综合判断

对危险场所，首先应考虑释放源及其布置，再分析释放源的性质，划分级别，并考虑通风条件。

对于自然通风和一般机械通风的场所，连续级释放源可能导致 0 区，一级释放源可能导致 1 区，二级释放源可能导致 2 区。但是，良好的通风可能使爆炸危险场所的范围缩小或使危险等级降低，甚至降低为非爆炸危险场所。相反，若通风不良或风向不当，也可能使爆炸危险场所范围扩大或危险等级提高。

局部机械通风能稀释爆炸性混合物，如同时采用自然通风和一般机械通风更为有效，对缩小爆炸危险场所的范围、降低危险等级更为有利。

在无通风场所，连续级和一级释放源都可能导致 0 区，二级释放源可能导致 1 区。

在凹坑、死角及有障碍物处，局部地区危险等级应予以提高，危险范围也可能扩大。

2．危险场所范围

（1）气体和蒸气爆炸危险场所的范围

对于非开敞式厂房，爆炸危险区域的范围以厂房为单位规定。其门、窗外露天区域参照图 10-1 所示划定。图中长度以"m"为单位；括号内为相应于 2 区厂房的数字；斜线上方为通风良好时的范围值，斜线下方为通风障碍时的范围值。开敞式注送站的爆炸危险区域范围参照图 10-2 所示划定。局部开敞式注送站的爆炸危险区域范围参照图 10-3 所示划定。露天注送站的爆炸危险区域范围参照图 10-4 所示划定，图中 r 为注送口半径。露天油罐的爆炸危险区域范围参照图 10-5 所示划定。

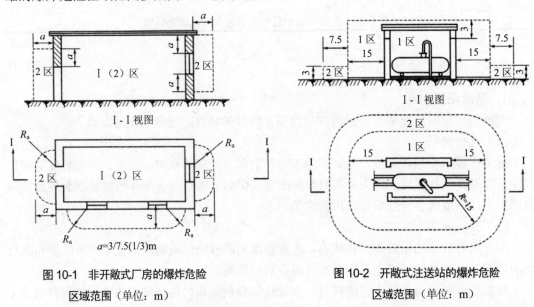

$a=3/7.5(1/3)$m

图 10-1　非开敞式厂房的爆炸危险
区域范围（单位：m）

图 10-2　开敞式注送站的爆炸危险
区域范围（单位：m）

当爆炸性气体释放量大、密度大于空气时，还应考虑附加危险区域，其考虑方法如图 10-6 所示。但当密度小于空气密度时，不必考虑附加危险区域，如图 10-7 所示。

（2）粉尘和纤维爆炸危险场所的范围

对于非开敞式厂房，也以厂房为单位划分爆炸危险区域范围。厂房外露天区域参照图 10-8 所示划定，图中长度单位为"m"，括号内为厂房划分 11 区的数字。对于开敞式或半开敞式厂房，10 区开敞面以及水平距离 7.5 m（通风不良时为 15 m）、地面和屋面以上 3 m 以内的范围划分 11 区；11 区以外水平距离 3 m、地面以上 3 m 或屋面以上 1 m 以内的范围也应划分 11 区。对于露天装置，11 区的轮廓线按装置轮廓以外 3 m 考虑，轮廓线以外水平距离 15 m、垂直距离 3 m 以内的范围也应划分为 11 区。

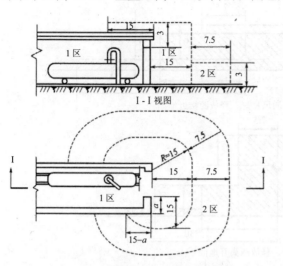

图 10-3　局部开敞式注送站的爆炸
危险区域范围（单位：m）

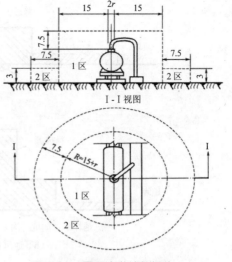

图 10-4　露天注送站的爆炸
危险区域范围（单位：m）

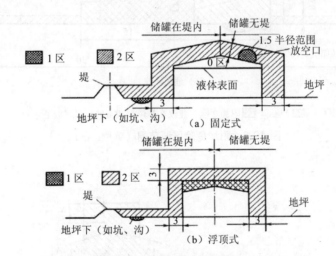

图 10-5　露天油罐的爆炸危险区域范围（单位：m）

表 10-5　相邻场所的危险等级

危险区域等级		用有门的墙隔开的相邻场所等级		备　注
		一道有门的隔墙	一道有门的隔墙 （通过走廊和套间）	
气体或蒸气	0 区		1 区	两道隔墙门框之间的净距不应 小于 2 m
	1 区	2 区	非危险场所	
	2 区	非危险场所	非危险场所	
粉尘或纤维	10 区		11 区	
	11 区	非危险场所	非危险场所	

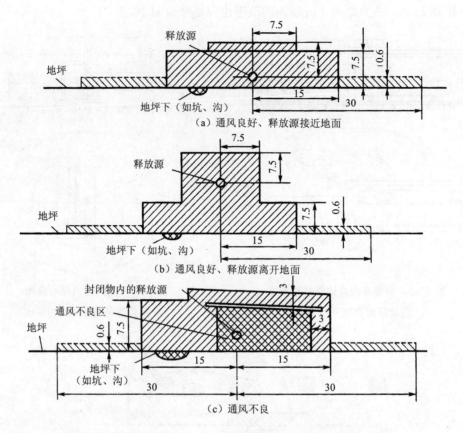

(a) 通风良好、释放源接近地面

(b) 通风良好、释放源离开地面

(c) 通风不良

⊠1区　　▨2区　　◲附加2区（建议在易燃物质可能大量释放处才考虑）

图 10-6　附加危险区域范围（单位：m）

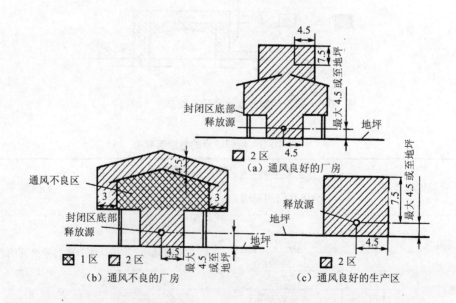

(a) 通风良好的厂房

(b) 通风不良的厂房

(c) 通风良好的生产区

图 10-7　气体密度小于空气的爆炸危险区域范围（单位：m）

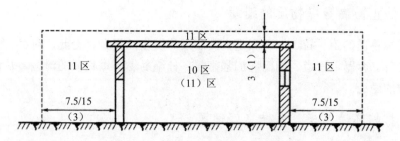

图 10-8 粉尘和纤维爆炸危险场所厂房外露天区域（10 区、11 区）的范围（单位：m）

（3）相邻场所的划分

相邻场所如有坚固的非燃烧材料的实体隔墙和坚固的非燃烧材料制成的门，而且门上有密闭措施或自动关门装置，则可按表 10-5 所示考虑相邻场所的危险等级。对于相邻的地下场所，如送风系统能保证该场所对危险场所保持正压，亦可参照表 10-5 所示划分危险区域。几种相邻场所危险区域范围如图 10-9 所示。

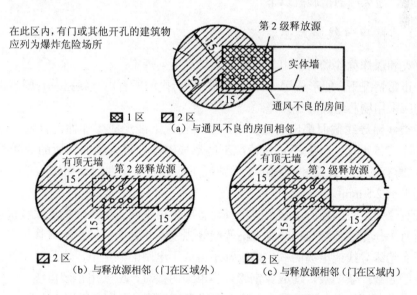

图 10-9 相邻场地的危险区域范围（单位：m）

第四节 电气防火防爆的一般措施

电气防火、防爆措施是综合性的措施。为防止电气火灾和爆炸的发生，应从以下几个方面采取措施。

一、排除易燃易爆物质

为改善环境条件，排除易燃易爆物质，应采取以下措施。

（一）防止易燃易爆物质的泄漏

易燃易爆物质的跑、冒、滴、漏是火灾和爆炸发生的根源，为此，对存有易燃易爆物质的生产设备、容器、管道、阀门应加强密封，杜绝易燃易爆物质的泄漏，从而消除火灾和爆炸事故的隐患。

（二）打扫环境卫生，保持良好通风

在有易燃易爆物质的场所，要经常打扫环境卫生，保持良好通风，这不仅是美化、净化环境的需要，而且是防火防爆安全的重要措施之一。经常对泄漏易燃易爆物质的清扫，保持良好通风，清除爆炸混合物，把易燃易爆气体、蒸气、粉尘和纤维的浓度降到爆炸极限以下，能达到有火不燃、有火不爆的效果。

二、排除电气着火源

排除电气着火源就是消除或避免电气线路、电气设备在运行中产生电火花、电弧和高温。排除电气着火源的措施有以下几种。

（一）排除电气线路产生着火源

在火灾和爆炸危险场所，电气线路必须满足下列规定：

①在正常情况下，能形成爆炸性混合物的场所内的所有电气线路及有剧烈振动的设备接线，均应采用铜芯绝缘导线或电缆。

②各类线路导线截面都应满足要求。正常情况下能形成爆炸性混合物的场所的导线截面不小于 2.5 mm²；仅在不正常情况下能形成爆炸性混合物的场所的导线截面不小于 1.5 mm²；所有的照明线路和仅在不正常情况下能形成爆炸性混合物的场所的所有线路导线截面不小于 2.5 mm²。

③在有爆炸危险的场所，移动式电气设备应采用中间无接头的橡皮软线供电。

④所有工作零线都应与相线具有同等绝缘强度，并处于同一护套或管子中。

⑤所有绝缘导线或电缆的额定电压都不得低于电网的额定电压，且不得低于 500V。

⑥绝缘导线严禁明敷，均应穿钢管。当电缆明敷时，应采用铠装电缆。

⑦在火灾危险场所，可采用非铠装电缆或钢管配线；在生产过程中产生、使用、加工、储存可燃液体、固体和粉尘或转运闪点低于场所环境温度的可燃液体，在数量上和配置上能引起火灾危险性的场所，500V 以下的线路可采用硬塑料管配线。当远离可燃物时，可采用绝缘导线在针式绝缘子上敷设。

（二）合理选用电气设备

根据危险场所的级别，合理选用电气设备类型，特别是在易燃易爆的危险场所应选用防爆型电气设备。这对防止火灾和爆炸具有重要意义，在易燃易爆的危险场所，应尽量不用或少用携带式电气设备。

（三）保持电气设备正常运行

保持电气设备正常运行，对于防火、防爆有重要意义。为此，应加强设备的运行管理，防止设备过热过载运行，对设备应定期检修、试验，防止机械损伤和绝缘破坏造成设备短路。

（四）按规定安装危险场所的电气设备

易燃易爆危险场所电气设备安装，应严格密封，连接可靠，防止局部放电（接线盒内裸露带电部分之间、裸露带电部分与金属外壳之间应保持足够的电气间隙和漏电距离）和局部过热（有隔热措施）。

（五）保持电气设备与危险场所的安全距离

电气设备安装时，应选择合理位置，使电气设备与危险场所保持必要的安全距离。其要求是：

①为了防止电火花或危险温度引起火灾，各类开关、插销、熔断器、电热器具、照明器具、电焊设备、电动机等均应根据需要，尽量避开易燃物质。

②室外变配电装置与爆炸危险场所的建筑物、易燃可燃液体储气罐、液化石油气罐之间应保持必要的防火距离，必要时应加装防火隔墙。

③10 kV 及以下的变配电所不应设置在有爆炸危险场所或火灾危险场所的正上方或正下方。

④10 kV 及以下的架空线路，严禁跨越火灾或爆炸危险场所。当线路与火灾或爆炸危险场所接近时，其间水平距离应不小于杆塔高度的 1.5 倍。

（六）电气设备可靠接地或接零

在易燃易爆危险场所，所有电气设备金属外壳必须可靠接地或接零，以便电气设备发生碰壳接地短路时能迅速切除着火源。接地或接零的具体要求是：

①在火灾危险场所，所有电气设备金属外壳必须可靠接地或接零，并与金属管道、建筑物的金属结构连接成整体，以防止在金属导体间产生不同电位而引起放电。

②在爆炸危险场所，应使用专门的接地（或接零）线，不得利用金属管道、建筑物的金属构架、工作零线等作为专用的接地线（或接零线）。

（七）合理应用保护装置

在火灾和爆炸危险场所，除将电气设备可靠接地（或接零）外，还应有比较完善的保护、监视和报警装置，以便从技术上完善防火防爆措施。其具体要求是：

①在火灾和爆炸危险场所，电气设备应装设短路、过载保护装置。过电流保护装置的动作电流在不影响电气设备正常工作的情况下，应尽量定得小一些，以提高其动作的灵敏度。对于爆炸危险场所的单相线路，应安装双极开关，以便同时断开相线和零线。

②凡突然停电有引起火灾和爆炸危险的场所，必须有双电源供电，且双电源之间应装有自动切换联锁装置。当一路电源中断，另一路电源自动投入，保持供电不中断。

③对有通风要求的爆炸危险场所，通风装置和其他设备间应有联锁装置。当设备启动

时，应先启动通风装置，后投入其他设备；停止工作时，应先切断工作设备，后断开通风设备。

④在火灾和爆炸危险场所，应装设自动检测装置，当危险场所内爆炸性混合物接近危险浓度时，发出信号或报警，以便工作人员及时采取措施，排除危险。

⑤必要时装设漏电保护装置，当漏电流达到动作电流时，该装置迅速切断电源。

⑥在爆炸危险场所，供电系统由中性点不接地系统供电时，该供电系统应装设绝缘监视装置，当该供电系统发生单相接地时，能发出接地信号，并迅速处理。

三、土建及消防防火防爆要求

（一）电气间的建筑材料采用耐火材料

如变配电室、变压器室应满足耐火等级（分别为二级和一级），隔墙应用防火绝缘材料制成，门应用不可燃材料制成，且门应向外开。

（二）充油设备间采用防火隔墙

充油设备之间应保持防火距离，当间距不能满足时，其间应装设能耐火的防火隔墙。

（三）充油设备储油和排油设施

为防止充油设备发生火灾时火势的蔓延，对充油设备应设置储油和排油设施。根据充油设备充油量的大小来选择。这些设施有：隔离板、防爆墙围成的间隔、防爆小间、挡油墙坎、储油池等。

（四）生产现场设置消防设备

在容易引起火灾的场所或明显处安放灭火器和消防工具。

四、防止和消除静电火花

静电放电产生的火花是引燃引爆的着火源，故应防止和消除静电放电。其措施如下。

（一）限制静电的产生

摩擦和冲击会产生静电，因此，在生产中选择适当的工艺条件和操作方法，可以限制静电的产生。

①适当选配工艺设备和工具的材料，以减少静电的产生和积累。如用导电性能好的材料做传动皮带；防止传动皮带打滑；以齿轮传动代替皮带传动以减少摩擦。

②限制流体流速和摩擦强度以限制静电荷的产生。如为了限制烃类燃油在管道内流动时产生静电，要求其流速与管径满足下式关系：

$$V^2 D \leqslant 0.64 \tag{10-3}$$

式中：V——燃油流速，单位为米/秒（m/s）；

D——管径，单位为米（m）。

③减小物料的冲击和分裂。实验证明，"人"字形管口和 45°斜管口造成的冲击和分裂比平管口小，产生的静电也少。

④消除油罐或管道内的杂质，可以减少附加静电。

（二）采取静电接地

静电接地是指通过接地装置将静电荷泄入大地，以消除导体上的静电。

①静电感应导体的接地。当导体上的静电是由静电感应引起时，如果只在导体的一端接地，则只能消除接地端的静电荷，而导体另一端的静电荷不能消除，为彻底消除导体上的感应静电，导体的两端均应同时接地。如输油管道的两端均应接地。

②加工、储存、运输各类易燃易爆液体、气体、粉体的设备均应接地。如运输汽油的油罐汽车，在行车过程中汽车底盘上会产生高压静电，因此，地盘应通过金属链条将油罐与地面连通以泄放静电荷。

③危险场所旋转机械的接地，如皮带轮、滚筒、电机等旋转机械，除机座接地外，其转轴通过滑环电刷接地，且采用导电性润滑油。

④同一场所多个带静电金属物件的接地。同一场所两个及以上带静电的金属物件，除分别接地外，它们之间应作金属性等电位连接，以防止相互间存在电位差而放电。

（三）采取静电屏蔽接地

静电屏蔽接地就是用金属丝或金属网在绝缘体上缠绕若干圈后再进行接地。对于绝缘体上的静电，不能用导体直接与接地体相连接构成接地，而应采用$10^6 \sim 10^8$ Ω的高电阻接地。绝缘体采用静电屏蔽接地后，其上的静电可以得到限制或防止绝缘体静电放电。

（四）采用抗静电添加剂

抗静电添加剂是指具有良好吸湿性能和导电性能的化学药剂。如碱金属和碱土金属构成的盐类等。实验证明，在易起静电的材料中加入极微量的抗静电添加剂，可大大提高材料的静电泄放能力，消除产生静电的危险。

（五）采用静电中和器

静电中和器（又称静电消除器）是借助静电中和器提供的电子和离子来中和物体上异性电荷的设备。按照工作原理的不同，静电中和器可分为感应式、高压式、离子流式和放射线式等类型。

（六）提高空气湿度

随着工作环境相对湿度的增加，绝缘体的表面将结成一层薄薄的水膜，致使绝缘体的表面电阻大大降低，从而加速静电的泄放。增湿的主要方法有安装空调器、喷雾器或悬挂湿布等。从消除静电危害方面看，工作环境相对湿度在 70%以上为好，当相对湿度低于 50%时可考虑增湿来消除静电积聚。

第五节　电气火灾的扑灭

从灭火角度来看，电气火灾有两个显著特点：一是着火的电气设备可能带电，扑灭火灾时若不注意，可能发生触电事故；二是有些电气设备充有大量的油，如电力变压器、油断路器、电动机启动装置等，发生火灾时，可能发生喷油甚至爆炸，造成火势蔓延，扩大火灾范围。因此扑灭电气火灾必须根据其特点，采取适当措施进行扑救。

一、切断电源

发生电气火灾时，首先设法切断着火部分的电源。切断电源时应注意以下事项：

①切断电源时应使用绝缘工具操作。因发生火灾后，开关设备可能受潮或被烟熏，其绝缘强度大大降低，因此拉闸时应使用可靠的绝缘工具，防止操作中发生触电事故。

②切断电源的地点要选择得当，防止切断电源后影响灭火工作。

③要注意拉闸的顺序。对于高压设备，应先断开断路器，后拉开隔离开关；对于低压设备，应先断开磁力启动器，后拉开闸刀，以免引起弧光短路。

④当剪断低压电源导线时，剪断位置应选在电源方向的支持绝缘子附近，以免断线线头下落造成触电伤人发生接地短路；剪断非同相导线时，应在不同部位剪断，以免造成人为短路。

⑤如果线路带有负荷，应尽可能先切除负荷，再切断现场电源。

二、断电灭火

在切断着火电气设备的电源后，扑灭电气火灾应注意以下事项：

①灭火人员应尽可能站在上风侧进行灭火。

②若灭火时发现有毒烟气（如电缆燃烧时），应戴防毒面具。

③若灭火过程中，灭火人员身上着火，应就地打滚或撕脱衣服，不得用灭火器直接向灭火人员身上喷射，可用湿麻袋或湿棉被覆盖在灭火人员身上。

④灭火过程中应防止全厂停电，以免给灭火带来困难。

⑤灭火过程中，应防止上部空间可燃物的火落下危及人身和设备安全，在屋顶上灭火时，要防止坠落及坠入"火海"中。

⑥室内着火时，切勿急于打开门窗，以防空气对流而加重火势。

三、带电灭火

在来不及断电或由于生产或其他原因不允许断电的情况下，需要带电灭火。带电灭火应注意以下事项：

①根据火情适当选用灭火剂。由于未停电，应选用不导电的灭火剂。如喷粉灭火机使用的二氧化碳、四氯化碳、二氟一氯一溴甲烷（1211）、二氟二溴甲烷（1202）或干粉等灭火剂都是不导电的，可直接用来带电喷射灭火。泡沫灭火机使用的灭火剂有一定的导电性，且对电气设备的绝缘有腐蚀作用，不宜用于带电灭火。

②采用喷雾水枪灭火。用喷雾水枪带电灭火时，通过水珠的泄漏电流较小，比较安全。若用直流水枪灭火，通过水珠泄漏的电会威胁人身安全，所以直流水枪的喷嘴应接地，灭火人员应戴绝缘手套、穿绝缘鞋或均压服。

③灭火人员与带电体之间应保持必要的安全距离。用水灭火时，水枪喷嘴至带电体的距离为：110 kV 及以下不小于 3 m；220 kV 及以下不小于 5 m。用不导电灭火剂灭火时，喷嘴至带电体的最小距离为：10 kV 不小于 0.4 m；35 kV 不小于 0.6 m。

④对高空设备灭火时，人体位置与带电体之间的仰角不得超过 45°，以防导线断路危及灭火人员人身安全。

⑤若有带电导线落地，应划出一定的警戒区，防止跨步电压触电。

四、充油设备灭火

扑灭充油设备火灾时，应注意以下几点：

①充油电气设备容器外部着火时，可以采用二氧化碳、四氯化碳、1211、1202、干粉等灭火剂带电灭火；灭火时，也要保持一定的安全距离。

②如果充油电气设备容器内部着火，除应切断电源外，有事故贮油池的应设法将油放入事故贮油池，并用喷雾水枪灭火；不得已时可用沙子、泥土灭火；流散在地上的油火可用泡沫灭火器扑灭。

③发电机和电动机等旋转电机着火时，为防止轴与轴承变形，可令其慢慢转动，用喷雾水枪灭火，使之均匀冷却；也可用二氧化碳、1211、1202、蒸气灭火，但不宜用干粉、沙子、泥土灭火，以免损伤电气设备的绝缘。

五、常见灭火器的使用

灭火器是人们用来扑灭各种初期火灾的很有效的灭火器材，中小型的有手提式和背负式灭火器，比较大一点的为推车式灭火器。根据灭火剂的多少，也有不同规格。常见的灭火器如图 10-10 所示。

图 10-10　常见的灭火器

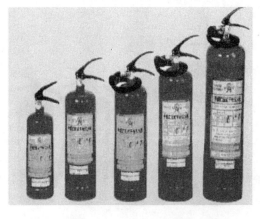

图 10-11　手提式干粉灭火器

（一）干粉灭火器的使用

干粉灭火器是利用二氧化碳或氢气作动力，将筒内的干粉喷出灭火。干粉是一种干燥的、易于流动的微细固体粉末，由能灭火的基料和防潮剂、流动促进剂、结块防止剂等添加剂组成。主要用于扑救石油、有机溶剂等易燃液体、可燃气体和电气设备的初起火灾。干粉灭火器按移动方式可分为手提式、背负式和推车式 3 种。手提式干粉灭火器如图 10-11 所示。

使用外装式手提灭火器时，一只手握住喷嘴，另一只手向上提起提环，干粉即可喷出。

使用推车式灭火器时，将其后部向着火源（在室外应置于上风方向），先取下喷枪，展开出粉管（切记不可有拧折现象），再提起进气压杆，使二氧化碳进入贮罐，当表压升至 0.7～1.0 MPa 时，放下进气压杆停止进气。这时打开开关，喷出干粉，由近至远扑火。如扑救油类火灾时，不要使干粉气流直接冲击油渍，以免溅起油面使火势蔓延。

使用背负式灭火器时，应站在距火焰边缘 5～6 m 处，右手紧握干粉枪握把，左手扳动转换开关到 3 号位置（喷射顺序为 3、2、1），打开保险机，将喷枪对准火源，扣扳机，干粉即可喷出。如喷完一瓶干粉未能将火扑灭，可将转换开关拨到 2 号或 1 号的位置，连续喷射，直到喷完为止。

（二）泡沫灭火器的使用

泡沫灭火器是通过筒体内酸性溶液与碱性溶液混合发生化学反应，将生成的泡沫压出喷嘴，喷射出去进行灭火。泡沫灭火器除了用于扑救一般固体物质火灾外，还能扑救油类等可燃液体火灾，但不能扑救带电设备和醇、酮、酯、醚等有机溶剂的火灾。泡沫灭火器有 MP 型手提式、MPZ 型手提舟车式和 MPT 型推车式 3 种类型。下面以 MP 型手提式为例简单说明其使用方法和注意事项。MP 型手提式泡沫灭火器主要由筒体、器盖、瓶胆和喷嘴等组成。筒体内装碱性溶液，瓶胆内装酸性溶液，瓶胆用瓶盖盖上，以防酸性溶液蒸发或因震荡溅出而与碱性溶液混合。使用灭火器时，把灭火器颠倒过来，轻轻抖动几下，喷出泡沫，进行灭火。手提式泡沫灭火器如图 10-12 所示。

图 10-12　手提式泡沫灭火器

图 10-13　手提式二氧化碳灭火器

（三）二氧化碳灭火器

二氧化碳灭火器是充装液态二氧化碳，利用气化的二氧化碳气体能够降低燃烧区温度，隔绝空气并降低空气中氧含量来进行灭火的。主要用于扑救贵重设备、档案资料、仪器仪表、600 V 以下的电气设备及油类初起火灾，不能扑救钾、钠等轻金属火灾。二氧化碳灭火器主要由钢瓶、启闭阀、虹吸管和喷嘴等组成。常用的又分为 MT 型手轮式和 MTZ 型鸭嘴式两种。手提式二氧化碳灭火器如图 10-13 所示。

使用手轮式灭火器时，应手提提把，翘起喷嘴，打开启闭阀即可。

使用鸭嘴式灭火器时，用右手拔出鸭嘴式开关的保险销，握住喷嘴根部，左手将上鸭嘴往下压，二氧化碳即可从喷嘴喷出。

使用二氧化碳灭火器时，一定要注意安全措施。因为空气中二氧化碳含量达到 8.5%时，会使人血压升高、呼吸困难；当含量达到 20%时，人就会呼吸衰弱，严重者可窒息死亡。所以，在狭窄的空间使用二氧化碳灭火器后应迅速撤离或戴呼吸器。还要注意不要逆风使用，因为二氧化碳灭火器喷射距离较短，逆风使用可使灭火剂很快被吹散而妨碍灭火。此外，二氧化碳喷出后迅速排出气体并从周围空气中吸取大量热，因此使用中要防止冻伤。

第十一章
防雷与防静电

雷电和静电有许多相似之处。例如，雷电和静电都是相对于观察者静止的电荷聚积的结果；雷电放电与静电放电都有一些相同之处；雷电和静电的主要危害都是引起火灾和爆炸等。但雷电与静电电荷产生和聚积的方式不同、存在的空间不同、放电能量相差甚远，其防护措施也有很多不同之处。本章将分别介绍雷电和静电的特点及防护技术。

第一节　雷电安全

雷电是一种自然现象，雷击是一种自然灾害。雷击房屋、电力线路、电力设备等设施时，会产生极高的过电压和极大的过电流，在所波及的范围内，可能造成设施或设备的毁坏，可能造成大规模停电，可能造成火灾或爆炸，还可能直接伤及人畜。所以在实际工作中能正确合理地运用防雷技术对电气作业人员非常重要。

一、雷电的形成及其特点

（一）雷电的形成

雷是一种大气中的放电现象。当地面湿气受热上升或空中不同冷热气团相遇时，凝成水滴或冰晶，形成积云。积云运行时，在云中产生电荷，随着空中云层电荷的积累，带有不同电荷的云间或由于静电感应而产生不同电荷的云与地之间的电压逐渐升高，其周围空气中的电场强度不断加强。当空气中的电场强度达到一定程度时，在两块带异性电荷的雷云之间或雷云与地之间的空气绝缘就会被击穿而剧烈放电，出现耀眼的电光，同时，强大的放电电流所产生的高温，使周围的空气或其他介质发生猛烈膨胀，发出震耳欲聋的响声，这就是我们通常所说的雷电。

（二）雷电放电的特点

雷电放电在本质上与一般电容器放电现象相同，是两个带异性电荷的极板发生电荷的中和，所不同的是作为雷电放电的两个极板大多是两块并不是良导体的雷云或一块雷云对大地；同时，极板间的距离要比电容器极板间的距离大得多，通常可达几公里至几十公里。因此，雷电放电可以说是一种特殊的电容器放电现象。

雷电放电多数发生在带异性电荷的高空雷云之间，也有少数发生在雷云与大地之间。当高空雷云之间的空气绝缘被击穿而发生雷云间的放电现象，就是所谓的空中雷；当雷云与地面之间的空气绝缘被击穿而发生雷云对地的放电现象，就是所谓的落地雷。雷电对电气设备和人身的危害，主要来源于落地雷。

落地雷具有很大的破坏性。当雷击地面电气设备时，雷电流通过电气设备泄入地中，高达几十千安甚至数百千安的雷电流通过设备时，必然在其电阻（设备的自身电阻和接地电阻）上产生压降，其值可高达数百万伏甚至数千万伏，这一压降称为"直击雷过电压"。若雷电并没有直击设备，而是发生在设备附近的两块雷云之间或雷云对地面的其他物体之间，由于电磁和静电感应的作用，也会在设备上产生很高的电压，称为感应雷过电压。

二、雷电的种类

根据雷电产生和危害的不同，雷电大体可以分为直击雷、感应雷、球形雷、雷电侵入波等。

（一）直击雷

带电积云与地面目标之间的强烈放电称为直击雷。直击雷的放电过程如图11-1所示。带电积云接近地面时，在地面凸出物顶部感应出异性电荷，当积云与地面凸出物之间的电场强度达到 25～30 kV/cm 时，即发生由带电积云向大地发展的跳跃式先导放电，持续时间约为 5～10 ms，平均速度为 100～1 000 km/s，每次跳跃前进约 50 m，并停顿 30～50 μs。当先导放电达到地面凸出物时，即发生从地面凸出物向积云发展的极明亮的主放电，其放电时间仅 50～100 μs，放电速度约为光速的 1/5～1/3，即约为 60 000～100 000 km/s。主放电向上发展，至云端即告结束。主放电结束后继续有微弱的余光，持续时间约为 30～150 ms。

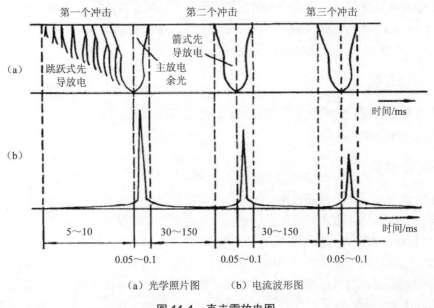

（a）光学照片图　　（b）电流波形图

图 11-1　直击雷放电图

大约 50% 的直击雷有重复放电的性质。平均每次雷击有三四个冲击，最多能出现几十个冲击。第一个冲击的先导放电是跳跃式先导放电，第二个以后的先导放电是箭式先导放电，其放电时间仅为 10 ms。一次雷击的全部放电时间一般不超过 500 ms。

（二）感应雷

感应雷也称为雷电感应或感应过电压。感应雷分为静电感应雷和电磁感应雷。

①静电感应雷是由于带电积云接近地面，在架空线路导线或其他导电凸出物顶部感应出大量电荷引起的。在带电积云与其他物体放电后，架空线路导线或导电凸出物顶部的电荷失去束缚，以大电流、高电压冲击波的形式，沿线路导线或导电凸出物极快地传播。近20年来人们的研究表明，放电电流柱也会产生强烈的静电感应。

②电磁感应雷是由于雷电放电时，巨大的冲击雷电流在周围空间产生迅速变化的强磁场引起的。这种迅速变化的磁场能在邻近的导体上感应出很高的电动势。如是开口环状导体，开口处可能由此引起火花放电；如是闭合导体环路，环路内将产生很大的冲击电流。

（三）球形雷

球形雷是雷电放电时形成的发红光、橙光、白光或其他颜色光的火球。球形雷出现的概率约为雷电放电次数的 2%，其直径多为 20 cm 左右，运动速度约为 2 m/s 或更高一些，存在时间为数秒钟到数分钟。球雷是一团处在特殊状态下的带电气体。有人认为，球形雷是包有异物的水滴在极高的电场强度作用下形成的。在雷雨季节，球形雷可能从门、窗、烟囱等通道侵入室内。

（四）雷电侵入波

雷电侵入波是由于直击雷和感应雷都能在架空线路或空中金属管道上产生沿线路或管道的两个方向迅速传播的雷电侵入波。其传播速度在架空线路中约为 300 m/μs，在电缆中约为 150 m/μs。比如变电站的雷电危害除了上述直击雷和感应雷两种基本形式外，还有一种是沿着架空线路侵入变电站内的雷电流。

三、雷电参数

雷电参数是防雷设计的重要依据之一。雷电参数是指雷暴日、雷电流幅值、雷电流陡度、冲击过电压等电气参数。

（一）雷暴日

为了统计雷电活动的频繁程度，经常采用年雷暴日数来衡量。只要一天之内能听到雷声的就算一个雷暴日。通常说的雷暴日是指一年内的平均雷暴日数，即年平均雷暴日，单位为 d/a。雷暴日数愈大，说明雷电活动愈频繁。

山地雷电活动较平原频繁，山地雷暴日约为平原的 3 倍。

广东省的雷州半岛（琼州半岛）和海南岛一带雷暴日在 80 d/a 以上，长江流域以南地区雷暴日约为 40~80 d/a，长江以北大部分地区雷暴日约为 20~40 d/a，西北地区雷暴日多在 20 d/a 以下。西藏地区因印度洋暖流沿雅鲁藏布江上溯，很多地方雷暴日高达 50~80 d/a 等。就几个大城市来说，广州、昆明、南宁约为 70~80 d/a，重庆、长沙、贵阳、福州约为 50 d/a，北京、上海、武汉、南京、成都、呼和浩特约为 40 d/a，天津、郑州、沈阳、太原、济南约为 30 d/a 等。

我国把年平均雷暴日不超过 15 d/a 的地区划为少雷区，超过 40 d/a 划为多雷区。在防雷设计时，应考虑当地雷暴日条件。

我国各地雷雨季节相差也很大，南方一般从 2 月开始，长江流域一般从 3 月开始，华北和东北延迟至 4 月开始，西北延迟至 5 月开始。防雷准备工作应在雷雨季节前做好。

（二）雷电流幅值

雷电流幅值是指主放电时冲击电流的最大值。雷电流幅值可达数十千安至数百千安。根据实测，可绘制雷电流概率曲线。我国年平均雷暴日为 20 d/a 以上地区的雷电流幅值的概率可用下式表达：

$$\lg P = -\frac{I_{SM}}{108} \tag{11-1}$$

式中：P——雷电流幅值的概率，%；

$\quad I_{SM}$——雷电流幅值，kA。

例如，对于 100 kA 的雷电流幅，按式（11-1）可求得其概率为 11.9%，即每 100 次雷击中，大约有 12 次雷击的雷电幅值达到 100 kA。做防雷设计时，雷电流幅值可按 100 kA 考虑。

（三）雷电流陡度

雷电流陡度是指雷电流随时间上升的速度。雷电流冲击波波头陡度可达 50 kA/μs。平均陡度约为 30 kA/μs。雷电流陡度与雷电流幅值和雷电流波头时间的长短有关，雷电流波头时间仅数微秒。做防雷设计时，一般取波头形状为斜角波，时间按 2.6 μs 考虑。

雷电流陡度越大，对电气设备造成的危害也越大。

（四）雷电冲击过电压

雷击时的冲击过电压很高，直击雷冲击过电压可用下式表达：

$$U_D = iR_{IE} + L\frac{di}{dt} \tag{11-2}$$

式中：U_D——直击雷冲击过电压，kV；

$\quad i$ ——雷电流，kA；

$\quad R_{IE}$——防雷接地装置的冲击接地电阻，Ω；

$\quad \dfrac{di}{dt}$——雷电流陡度，kA/μs；

$\quad L$——雷电流通路的电感，μH。如通路长度 l 以 m 为单位，则 $L = 1.3l$。

显然，直击雷冲击过电压由两部分组成。前一部分取决于雷电流的大小和雷电流通道的电阻；后一部分取决于雷电流通道的电感。直击雷冲击过电压可高达数千千伏，足以使电力系统中的电气设备和输电线路的绝缘损坏，造成事故。

雷电感应过电压取决于被感应导体的空间位置及其与带电积云之间的几何关系。雷电感应过电压虽然其幅值有限，但其过电压可达数百千伏，足以对设备和人身安全构成严重的威胁。

四、雷电的危害及建筑物的分类

（一）雷电的破坏作用

由于雷电具有电流很大、电压很高、冲击性很强等特点，有多方面的破坏作用，且破坏力很大。雷电可造成设备和设施的损坏，可造成大规模停电，造成人员生命财产的损失。就其破坏因素来看，雷电具有电性质、热性质和机械性质等三方面的破坏作用。

1. 电性质的破坏作用

电性质的破坏作用表现为数百万伏乃至更高的冲击电压，可能毁坏发电机、电力变压器、断路器、绝缘子等电气设备的绝缘，烧断电线或劈裂电杆，造成大规模停电；绝缘损坏可能引起短路，导致火灾或爆炸事故；二次放电的电火花也可能引起火灾或爆炸，二次放电也可能造成电击。绝缘损坏后，可能导致高压窜入低压，在大范围内带来触电的危险。数十千安至数百千安的雷电流流入地下，会在雷击点及其连接的金属部分产生极高的对地电压，可能直接导致接触电压电击和跨步电压的触电事故。

2. 热性质的破坏作用

热性质的破坏作用表现在直击雷放电的高温电弧能直接引燃邻近的可燃物，从而造成火灾。巨大的雷电流通过导体，在极短的时间内转换出大量的热能，可能烧毁导体，并导致易燃品的燃烧和金属熔化、飞溅，从而引起火灾或爆炸。球形雷侵入可引起火灾。

3. 机械性质的破坏作用

机械性质的破坏作用表现为被击物遭到破坏，甚至爆裂成碎片。这是由于巨大的雷电流通过被击物时，在被击物缝隙中的气体剧烈膨胀，缝隙中的水分也急剧蒸发为大量气体，致使被击物破坏或爆炸。此外，同性电荷之间的静电斥力、同方向电流或电流转弯处的电磁作用力也有很强的破坏作用，雷击时的气浪也有一定的破坏作用。

（二）易遭受雷击的建筑物和构筑物

①高耸建筑物的尖形屋顶、金属屋面、砖木结构建筑物。
②空旷地区的孤立物体、河、湖边及土山顶部的建筑物。
③露天的金属管道和室外堆放大量金属物品仓库。
④山谷风口的建（构）筑物。
⑤建筑物群中高于 25 m 的建筑物和构筑物。
⑥地下水露头处、特别潮湿处、地下有导电矿藏处或土壤电阻率较小处的建筑物。
⑦烟囱排出烟气含有大量的导电物质和游离分子团。

（三）建筑物的分类

根据《建筑物防雷设计规范》（GB 50057—2010）的规定，建筑物按其重要性、使用性质、发生雷电事故的可能性和后果，按防雷要求分为三类。

1. 第一类防雷建筑物

①凡制造、使用或贮存火炸药及其制品的危险建筑物，因电火花而引起爆炸、爆轰，会造成巨大破坏和人身伤亡。

②具有 0 区或 20 区爆炸危险场所的建筑物。

③具有 1 区或 21 区爆炸危险场所的建筑物，因电火花而引起爆炸，会造成巨大破坏和人身伤亡。

2．第二类防雷建筑物

①国家级重点文物保护的建筑物。

②国家级的会堂、办公建筑物、大型展览和博览建筑物、大型火车站和飞机场、国家宾馆、国家级档案馆、大型城市的重要给水水泵房等特别重要的建筑物。

③国家级计算中心、国际通信枢纽等对国民经济有重要意义的建筑物。

④国家特级和甲级大型体育馆。

⑤制造、使用或贮存火炸药及其制品的危险建筑物，且电火花不易引起爆炸或不致造成巨大破坏和人身伤亡。

⑥具有 1 区或 21 区爆炸危险场所的建筑物，且电火花不易引起爆炸或不致造成巨大破坏和人身伤亡。

⑦具有 2 区或 22 区爆炸危险场所的建筑物。

⑧有爆炸危险的露天钢质封闭气罐。

⑨预计雷击次数大于 0.05 d/a 的部、省级办公建筑物及其他重要或人员密集的公共建筑物以及火灾危险场所。

⑩预计雷击次数大于 0.25 d/a 的住宅、办公楼等一般性民用建筑物或一般性工业建筑物。

3．第三类防雷建筑物

①省级重点文物保护的建筑物及省级档案馆。

②预计雷击次数大于或等于 0.01 d/a，且小于或等于 0.05 d/a 的部、省级办公建筑物和其他重要或人员密集的公共建筑物以及火灾危险场所。

③预计雷击次数大于或等于 0.05 d/a 且小于或等于 0.25 d/a 的住宅、办公楼等一般性民用建筑物或一般性工业建筑物。

④在平均雷暴日大于 15 d/a 的地区，高度在 15 m 及以上的烟囱、水塔等孤立的高耸建筑物；在平均雷暴日小于或等于 15 d/a 的地区，高度在 20 m 及以上的烟囱、水塔等孤立的高耸建筑物。

规范中的 0 区、1 区、2 区，11 区、12 区，21 区、22 区、23 区是指在生产过程中，如果能产生与空气混合成爆炸性混合物的可燃气体、蒸气、浮游状态的灰尘或纤维的场所称为有爆炸危险的场所。

由上述分类可见，该规范基本上是按有爆炸危险的建筑、国家级的重点建筑、省级的重点建筑来划分的。根据《民用建筑电气设计规范》（JGJ/T 16—2008）的规定，将民用建筑物的防雷分类与国家标准一致，民用建筑物中无第一类防雷建筑物，其分类划分为第二类及第三类防雷建筑物。

五、防雷装置

电力系统的防雷措施主要是装设防雷装置。一方面，防止雷直击导线、设备及其他建筑物；另一方面，当雷击产生过电压时，限制过电压值，保护设备和人身安全。防雷装置的作用原理是：将雷电引向自身并安全导入地内，从而使被保护的建筑物和设备免遭雷击。

一套完整的防雷装置是由接闪器、引下线和接地装置三部分组成。接闪器包括：避雷针、避雷线、避雷网和避雷带等，而避雷器是一种专门的防雷装置。避雷针、网、带主要用于露天的变配电设备保护；避雷线主要用于保护电力线路及配电装置，避雷网、带主要用于建筑物的保护。避雷器主要用于限制雷击产生过电压，保护电气设备的绝缘。

（一）接闪器

接闪器就是专门用来接受雷闪的金属物体，又叫雷电接收器。接闪的金属杆称为避雷针；接闪的金属线称为避雷线或架空地线；接闪的金属带、金属网称为避雷带、避雷网。所有接闪器都必须经过引下线与接地装置相连。

1．接闪器的保护范围

接闪器的保护范围可根据模拟实验及运行经验确定。由于雷电放电途径受很多因素的影响，要想保证被保护物绝对不遭受雷击是很困难的，一般只要求保护范围内被击中的概率在 0.1% 以下即可。接闪器的保护范围现有两种计算方法：对于建筑物，接闪器的保护范围按滚球法汁算；对于电力装置，接闪器的保护范围按折线法计算。

所谓"滚球法"，就是选择一个半径为 h_r（滚球半径）的球体，沿需要防护直击雷的部分滚动，如果球体只触及接闪器或者接闪器和地面，而不触及需要保护的部位时，则该部位就在这个接闪器保护范围之内。球面线即保护范围的轮廓线。滚球的半径 h_r 是按防雷级别确定的，各级别的滚球半径见表 11-1。除滚球半径外，表 11-1 中还给出了避雷网网格的要求。

表 11-1　滚球半径和避雷网网格

建筑物防雷类别	滚球半径/m	避雷网网格/（m×m）
第一类防雷建筑物	30	≤5×5 或≤6×4
第二类防雷建筑物	45	≤10×10 或≤12×8
第三类防雷建筑物	60	≤20×20 或≤24×16

（1）避雷针

避雷针是安装在支架、建筑物或构筑物上的凸出部位或独立装设的针形导体。它能对雷电场产生一个附加电场（这是由于雷云对避雷针产生静电感应引起的），使雷电场畸变，因而将雷云的放电通路吸引到避雷针本身，由它及与它相连的引下线和接地体将雷电流安全导入地中，从而保护了附近的建筑物和设备免受雷击。

以单支避雷针为例，其保护范围：

①滚球法：在图 11-2 中，h 为避雷针高度，h_r 为滚球半径。先在距地面高度 h_r 上作一条地面的平行线 AB，再以避雷针针尖（$h \leqslant h_r$）或避雷针正下方 h_r 高度点（$h < h_r$）为圆心、以 h_r 为半径作弧线与该水平线相交 A、B，然后以该交点为圆心、以 h_r 为半径作圆弧与避雷针和地面相接。弧线以下即单支避雷针的保护范围。该保护范围是一个圆锥体。避雷针在 h_x 高度（被保护物高度）的 xx' 平面上的保护半径 r_x 和在地面上的保护半径 r_o 分别为：

$$r_x = \sqrt{h(2h_r - h)} - \sqrt{h_x(2h_r - h_x)} \qquad (11\text{-}3)$$

$$r_o = \sqrt{h(2h_r - h)} \qquad (11\text{-}4)$$

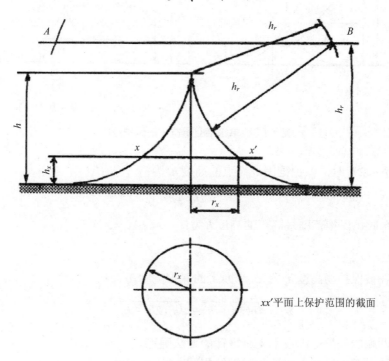

图 11-2 单支避雷针的保护范围

②折线法：就是将避雷针保护范围的轮廓线看做是折线，折点在避雷针高度的 1/2 处，上部折线与垂线的夹角为 45°，构成圆锥形的上半部，下部折线为从距针脚 1.5 倍针高处向上作斜线与上部折线在针高 1/2 处相交，交点以下构成圆锥形的下半部。

关于两支及多支避雷针的保护范围,可参看《建筑物防雷设计规范》（GB 50057—2010）的有关规定。

（2）避雷线

避雷线架设在架空线路的上边，也是通过引下线与接地装置有良好电气连接。由于它既架空又接地，因此又称为架空地线。避雷线的工作原理和功能与避雷针基本相同。

单根避雷线的保护范围，按《建筑物防雷设计规范》（GB 50057—2010）的有关规定：当避雷线高度 $h \geqslant 2h_r$ 时，无保护范围；当避雷线高度 $h < 2h_r$ 时，按下列方法确定。

①滚球法：如图 11-3 所示，距地面 h_r 处作一平行于地面的平行线，以避雷线为圆心，h_r 为半径，作弧线交上述平行线于 A、B 两点；再以 A、B 为圆心，h_r 为半径作弧线，这两条弧线相交或相切，并与地面相切。由此弧线起到地面上的整个空间就是避雷线的保护范围。

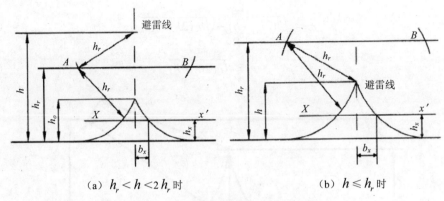

（a）$h_r < h < 2h_r$ 时　　　　　　（b）$h \leqslant h_r$ 时

图 11-3　单根架空避雷线的保护范围

当 $h_r < h < 2h_r$ 时，保护范围最高点的高度 h_o 为：

$$h_o = 2h_r - h \qquad (11-5)$$

当 $h \leqslant h_r$ 时，保护范围最高点的高度 h 为：

$$h_o = h \qquad (11-6)$$

避雷线在被保护物高度 h_x 的 xx' 平面上的保护宽度 b_x 为：

$$b_x = \sqrt{h(2h_r - h)} - \sqrt{h_x(2h_r - h_x)} \qquad (11-7)$$

避雷线两端的保护范围按单支避雷针的方法确定。

②折线法：避雷线的折线法与避雷针相同。

（3）避雷带和避雷网

避雷带和避雷网通常用来保护较高的建筑物免受雷击。避雷带一般沿屋顶周围装设，高出屋面 100～150 mm。避雷网除用圆钢或扁铁沿屋顶周围装设外，还在屋顶用圆钢或扁铁纵横连接成网。避雷带、避雷网均需用引下线与接地装置可靠地连接。

2．接闪器材料

接闪器所用材料应能满足机械强度和耐腐蚀的要求，还应有足够的热稳定性，以能承受雷电流的热破坏作用。

避雷针一般用镀锌圆钢或钢管制成。避雷网和避雷带一般用镀锌圆钢或扁钢制成。接闪器最小尺寸见表 11-2。接闪器装设在烟囱上方时，由于烟气有腐蚀作用，应适当加大尺寸。

表 11-2　接闪器常用材料的最小尺寸

类型	规格	圆钢或钢管		扁钢	
		圆钢直径/mm	钢管直径/mm	截面/mm²	厚度/mm
避雷针	针长 1 m 以下	12	20	—	—
	针长 1～2 m	16	25	—	—
	针在烟囱上方	20		—	—
避雷网和避雷带	网格 6m×6 m～10 m×10 m	8	—	48	4
	网格在烟囱上方	12	—	100	4

避雷线一般采用截面积不小于 35 mm² 的镀锌钢绞线。

用金属屋面作接闪器时，金属板之间的搭接长度不得小于 100 mm。金属板下方无易燃物品时，其厚度不应小于 0.5 mm；金属板下方有易燃物品时，为了防止雷击穿孔，所用铁板、铜板、铝板厚度分别不得小于 4 mm，5 mm 和 7 mm。所有金属板不得有绝缘层。

接闪器焊接处应涂防腐漆，其截面锈蚀 30% 以上时应予以更换。

接闪器使整个地面电场发生畸变，但其顶端附近电场局部的不均匀，由于范围很小，而对于从带电积云向地面发展的先导放电没有影响。因此，作为接闪器的避雷针端部尖不尖、分叉不分叉，对其保护效能基本上没有影响。接闪器涂漆可以防止生锈，对其保护作用也没有影响。

（二）避雷器

避雷器是电力系统广泛使用的防雷设备，它的作用是限制过电压幅值，保护电气设备和电气线路的绝缘，也用作防止高电压侵入室内的安全措施。避雷器与被保护设备并联，当系统中出现过电压时，避雷器在过电压作用下，间隙击穿，将雷电流通过避雷器、接地装置引入大地，降低了雷电侵入波的幅值和陡度。过电压之后，避雷器迅速截断在工频电压作用下的电弧电流及工频续流而恢复正常。

电力系统所使用的避雷器主要有管型避雷器、阀型避雷器和氧化锌避雷器三种。目前应用最多的是氧化锌避雷器。

1. 管型避雷器

管型避雷器由产气管、产气管内部间隙和外部间隙等三部分组成。产气管内的产气材料与电弧接触时，能产生气体。其原理结构如图 11-4 所示。过电压时，管型避雷器的内、外部间隙相继击穿，雷电流通过间隙、接地装置流入大地，将过电压降到一定的数值，达到保护设备绝缘的目的。当过电压过去之后，通过放电间隙的是电力系统的工频接地短路电流，其数值相当大，在管子内部间隙之间产生强烈的电弧，管子材料气化，压力升高，气体从管口喷出，纵吹灭弧，电弧熄灭，使管型避雷器接地部分与系统断开，恢复正常运行。

管型避雷器的伏秒特性较陡，动作后产生截波，对有绕组的设备（例如发电机、变压器）的绝缘不利，故一般用于输电线路的防雷保护。

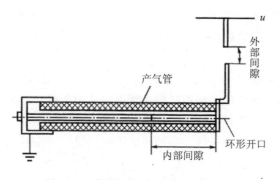

图 11-4　管型避雷器的原理结构

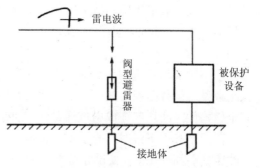

图 11-5　阀型避雷器的保护原理

2．阀型避雷器

阀型避雷器的基本元件是火花间隙（或称放电间隙）和非线性特性的电阻片（俗称阀片，由 SiC 为主要原料烧结而成）。它们串联叠装在密封的磁套管内，上部接电力系统，下部接接地装置。

阀型避雷器的保护原理如图 11-5 所示。当电力系统中出现危险的过电压时，火花间隙很快被击穿，大的冲击电流通过阀片流入大地。由于阀片电阻的非线性特性，通过大的冲击电流时，阀片的电阻变小，在阀片上产生的冲击压降较低，与被保护设备的绝缘水平相比，尚留有一定的裕度，使被保护物不致被过电压所损坏。过电压过去以后，避雷器处于电网额定电压下工作，冲击电流变成工频续流，其值较雷电冲击电流小得多，阀片电阻升高，进一步限制工频续流，在电流过流时熄弧，系统恢复正常状态。阀型避雷器主要分为普通阀型避雷器和磁吹阀型避雷器。阀型避雷器具有较好的保护特性，故作为发电厂、变电所的发电机、变压器等电气设备的主要防雷设备。

阀型避雷器在泄放雷电流时，由于阀片还有一定的电阻，在其两端仍会产生较高的电压，在这个高电压下会发生绝缘的击穿，对附近的工作人员产生伤害，且对于存在缺陷的避雷器，在雷雨天气还有爆炸的可能性，故工作人员应注意对避雷器危害性的防护。

3．氧化锌避雷器

氧化锌避雷器是一种新型避雷器。这种避雷器的阀片以氧化锌（ZnO）为主要原料，附加少量能产生非线性特性的金属氧化物，经高温焙烧而成。氧化锌阀片具有理想的非线性特性，当作用在阀片上的电压超过某一值（此值称为动作电压）时，阀片电阻很小，相当于导通状态。导通后的氧化锌阀片上的残压与流过它的电流基本无关，为一定值。而在工作电压下，流经氧化锌阀片的电流很小，仅为 1 mA，实际上相当于绝缘，不存在工频续流；同时这样小的电流不会使氧化锌阀片烧坏。因此，氧化锌避雷器的结构简单，不需要用串联间隙来隔离工作电压。

氧化锌避雷器具有良好的非线性特性、无续流、残压低、无间隙、体积小、重量轻，通流能力较高，可以用于直流系统等特点，因此，氧化锌避雷器有很大的发展前途，将逐步取代有间隙的普通阀型避雷器。

（三）引下线

防雷装置的引下线应满足机械强度、耐腐蚀和热稳定的要求。

引下线一般采用圆钢或扁钢，其尺寸和防腐蚀要求与避雷网、避雷带相同。如用钢绞线做引下线，其截面积不得小于 $25\,mm^2$。用有色金属导线做引下线时，应采用截面积不小于 $16\,mm^2$ 的铜导线。

引下线应沿建筑物外墙敷设，并应避免弯曲，经最短途径接地。建筑艺术要求高者可以暗敷设，但截面积应加大一级。建筑物的金属构件（如消防梯等）可用作引下线，但所有金属构件之间均应连成电气通路，并且连接可靠。

采用多条引下线时，为了便于接地电阻和检查引下线、接地线的连接情况，宜在各引下线距地面高约 1.8 m 处设断接卡。

采用多条引下线时，第一类和第二类防雷建筑物至少应有两条引下线，其间距离分别不得大于 12 m 和 18 m；第三类防雷建筑物周长超过 25 m 或高度超过 40 m 时也应有两条引下线，其间距离不得大于 25 m。

在易受机械损伤的地方，地面以下 0.3 m 至地面以上 1.7 m 的一段引下线应加竹管、角钢或钢管保护。采用角钢或钢管保护时，应与引下线连接起来，以减小通过雷电流时的电抗。

引下线截面锈蚀 30%以上者应予以更换。

（四）防雷接地装置

接地装置是防雷装置的重要组成部分。接地装置向大地泄放雷电流，使防雷装置对地电压不致过高。

除独立避雷针外，在接地电阻满足要求的前提下，防雷接地装置可以和其他接地装置共用。

①防雷接地装置材料。防雷接地装置所用材料应大于一般接地装置的材料。防雷接地装置应做热稳定校验。

②接地电阻值和冲击换算系数。防雷接地电阻一般指冲击接地电阻，接地电阻值视防雷种类和建筑物类别而定。独立避雷针的冲击接地电阻一般不应大于 10 Ω；附设接闪器每一引下线的冲击接地电阻一般也不应大于 10 Ω，但对于不太重要的第三类建筑物可放宽至 30 Ω。防感应雷装置的工频接地电阻不应大于 10 Ω。防雷电侵入波的接地电阻，视其类别和防雷级别，冲击接地电阻不应大于 5～30 Ω，其中，阀型避雷器的接地电阻不应大于 5～10 Ω。

冲击接地电阻一般不等于工频接地电阻，这是因为极大的雷电流自接地体流入土壤时，接地体附近形成很强的电场，击穿土壤并产生火花，相当于增大了接地体的泄放电流面积，减小了接地电阻。同时，在强电场的作用下，土壤电阻率有所降低，也使接地电阻有减小的趋势。另外，由于雷电流陡度很大，有高频特征，使引下线和接地体本身的电抗增大；如接地体较长，其后部泄放电流还将受到影响，使接地电阻有增大的趋势。一般情况下，前一方面影响较大，后一方面影响较小，即冲击接地电阻一般都小于工频接地电阻。土壤电阻率越高，雷电流越大，接地体和接地线越短，则冲击接地电阻减小越多。

工频接地电阻与冲击接地电阻的比值称为冲击换算系数，即：

$$K_A = \frac{R_a}{R_i} \tag{11-8}$$

式中：K_A——冲击换算系数；

R_a——工频接地电阻；

R_i——冲击接地电阻。

冲击换算系数按图 11-6 计算。图中，L 为接地体实际长度，L_e 为接地体有效长度。接地体的有效长度按下式计算：

$$L_e = 2\sqrt{\rho} \tag{11-9}$$

式中：L_e——接地体有效长度，m；

ρ——土壤电阻率，Ω·m。

L 和 L_e 的计量方法如图 11-7 所示。

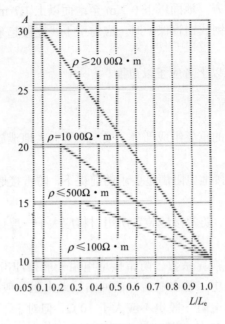

图 11-6　冲击换算系数计算图

对于环绕建筑物的环形接地体，当其周长的 1/2 大于或等于有效长度时，取冲击换算系数 $K_A=1$。

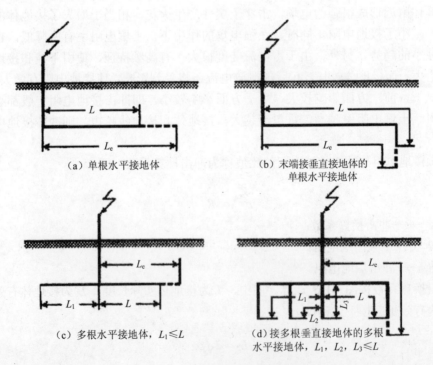

（a）单根水平接地体

（b）末端接垂直接地体的单根水平接地体

（c）多根水平接地体，$L_1 \leqslant L$

（d）接多根垂直接地体的多根水平接地体，L_1，L_2，$L_3 \leqslant L$

图 11-7　防雷接地体长度计量图

（3）跨步电压的抑制。为了防止跨步电压伤人，防直击雷接地装置距建筑物和构筑物出入口和人行横道的距离不应小于 3 m。当小于 3 m 时，应采取下列措施之一：

①水平接地体局部深埋 1 m 以上；

②水平接地体局部包以绝缘物（例如，包以厚 50～80 cm 的沥青层）；

③铺设宽度超出接地体 2 m、厚 50～80 cm 的沥青路面；

④埋设帽檐式或其他型式的均压条。帽檐式均压条如图 11-8 所示。

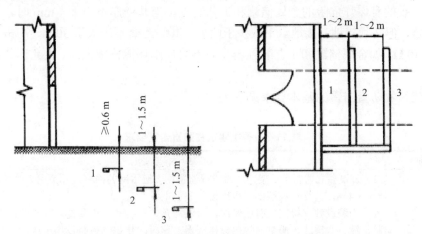

1—水平接地体；2，3—均压条

图 11-8　帽檐式均压条

六、建筑物防雷措施

应当根据建筑物和构筑物、电力设备以及其他保护对象的类别和特征，分别对直击雷、雷电感应、雷电侵入波等采取适当的防雷措施。

（一）直击雷防护

1. 应用范围和基本措施

第一类防雷建筑物、第二类防雷建筑物和第三类防雷建筑物的易受雷击部位应采取防直击雷的防护措施；可能遭受雷击，且一旦遭受雷击后果比较严重的设施或堆料（如装卸油台、露天油罐、露天储气罐等）也应采取防直击雷的措施；高压架空电力线路、发电厂和变电站等也应采取防直击雷的措施。

装设避雷针、避雷线、避雷网、避雷带是直击雷防护的主要措施。

避雷针分独立避雷针和附设避雷针。独立避雷针是离开建筑物单独装设的。一般情况下，其接地装置应当单设，接地电阻一般不应超过 10 Ω。严禁在装有避雷针的构筑物上架设通信线、广播线或低压线。利用照明灯塔作独立避雷针支柱时，为了防止将雷电冲击电压引进室内，照明电源线必须采用铅皮电缆或穿入铁管，并将铅皮电缆或铁管埋入地下（埋深 0.5～0.8 m），经 10 m 以上（水平距离）才能引进室内。独立避雷针不应设在人经常通行的地方。

附设避雷针是装设在建筑物或构筑物屋面上的避雷针。如是多支附设避雷针，相互之间应连接起来，有其他接闪器者（包括屋面钢筋和金属屋面）也应相互连接起来，并与建筑物或构筑物的金属结构连接起来。其接地装置可以与其他接地装置共用，宜沿建筑物或构筑物四周敷设，其接地电阻不宜超过 1～2 Ω。如利用自然接地体，为了可靠起见，还应装设人工接地体。人工接地体的接地电阻不宜超过 5 Ω。装设在建筑物屋面上的接闪器应当互相连接起来，并与建筑物或构筑物的金属结构连接起来。建筑物混凝土内用于连接的单一钢筋的直径不得小于 10 mm。

露天装设的有爆炸危险的金属储罐和工艺装置，当其壁厚不小于 4 mm 时，一般不再装设接闪器，但必须接地。接地点不应少于两处，其间距离不应大于 30 m，冲击接地电阻不应大于 30 Ω。如金属储罐和工艺装置击穿后不对周围环境构成危险，则允许其壁厚降低为 2.5 mm。

各类建筑物防直击雷的基本要求见表 11-3。

表 11-3　各类建筑物防直击雷要求

类　别	基　本　要　求
第一类建筑物	（1）装设独立避雷针、架空避雷线或避雷网。避雷网的网格尺寸不应大于 5 m×5 m 或 6 m×4 m，其支柱或端部至少应设一条引下线 （2）当装设独立接闪器有困难时，可沿屋角、屋脊、屋檐和檐角等易受雷击部位敷设避雷针、避雷线、避雷网等附设接闪器。这时，建筑物应装设均压环，环间垂直距离不应大于 12 m，并采用围绕建筑物的环形接地体。每一引下线的冲击接地电阻不应大于 10 Ω （3）对于排放爆炸危险气体、蒸气或粉尘的放散管、呼吸阀、排风管等，如无管帽，接闪点及接闪器的保护范围外边线应在管口上方半径 5 m 的半球之外；如有管帽，接闪点及接闪器的保护范围外边线应在表 11-4 所限定的距离之外 （4）对于无燃爆危险的排放管，管帽或管口在接闪器保护范围内即可 （5）当建筑物高度超过 35 m 时，应采取侧击雷防护措施：自 30 m 起，每 6 m 沿建筑物四周装设水平均压带，并与引下线连接；30 m 及其以上的金属门窗、栏杆等构件与防雷装置连接
第二类建筑物	（1）沿建筑物屋角、屋脊、屋檐和檐角等易受雷击部位装设避雷针、避雷网或避雷带等接闪器，避雷网或避雷带的网格尺寸不应大于 10 m×10 m 或 12 m×8 m （2）无燃爆危险的金属放散管、呼吸阀、排风管、烟囱等可不另装接闪器，但必须与屋面防雷装置相连，其接地装置可以与电气设备的接地装置共用。每一引下线的冲击接地电阻不应大于 10 Ω （3）对于排放爆炸危险气体、蒸气或粉尘的放散管、呼吸阀、排风管等，应按一级防雷建筑物考虑 （4）当建筑物高度超过 45 m 时，应将 45 m 及其以上的建筑物钢构架、混凝土钢筋、金属门窗或栏杆等构件与防雷装置连接，作侧击雷防护
第三类建筑物	（1）沿建筑物屋角、屋脊、屋檐和檐角等易受雷击部位装设避雷针、避雷网或避雷带等接闪器，避雷网或避雷带的网格尺寸不应大于 20 m×20 m 或 24 m×16 m （2）屋面上的金属放散管、呼吸阀、排风管、烟囱等可不另装接闪器，但必须与屋面防雷装置相连，其接地装置可以与电气设备的接地装置共用。每一引下线的冲击接地电阻一般不应大于 30 Ω。对于重要的建筑物则不得超过 10 Ω （3）当建筑物高度超过 60m 时，应将 60 m 及其以上的建筑物钢构架、混凝土钢筋、金属门窗或栏杆等构件与防雷装置连接，作侧击雷防护

注：对于易燃品储罐，避雷针与呼吸阀的水平距离不应小于 3 m（储量 5 000 m³ 以上的为 5 m），避雷针针尖高出呼吸阀不应小于 3 m（储量 5 000 m³ 以上的为 5 m），避雷针保护范围高出呼吸阀顶部不应小于 2 m。

表 11-4　管口外保护范围的要求

装置内与周围空气中的压力差/kPa	排放物的密度	管帽上方的垂直高度/m	距管口的水平距离/m
<5	大于空气	1	2
5～25	大于空气	2.5	5
≤25	小于空气	2.5	5
>25	大于或小于空气	5	5

35 kV 以下的线路，一般不沿全线架设避雷线；35 kV 以上的线路，一般沿全线架设避雷线。在多雷地区，110 kV 以上的线路，宜架设双避雷线；220 kV 以上的线路，应架设双避雷线。

35 kV 及以下的高压变配电装置宜采用独立避雷针或避雷线。变压器的门形构架上不得装设避雷针或避雷线。如变配电装置设在钢结构或钢筋混凝土结构的建筑物内，可在屋顶上装设附设避雷针。

利用山势装设的远离被保护物的避雷针或避雷线，不得作为被保护物的主要直击雷防护措施。

2．二次放电防护

防雷装置承受雷击时，其接闪器、引下线和接地装置呈现很高的冲击电压，可能击穿与邻近的导体之间的绝缘，造成二次放电。二次放电可能引起爆炸和火灾，也可能造成电击。为了防止二次放电，不论是在空气中或地下，都必须保证接闪器、引下线、接地装置与邻近导体之间有足够的安全距离。冲击接地电阻越大，被保护点越高，避雷线支柱越高及避雷线挡距越大，则要求防止二次放电的间距越大。在任何情况下，第一类防雷建筑物防止二次放电的最小间距不得小于 3 m，第二类防雷建筑物防止二次放电的最小间距不得小于 2 m。不能满足间距要求时，应予以跨接。

为了防止防雷装置对带电体的反击事故，在可能发生反击的地方，应加装避雷器或保护间隙，以限制带电体上可能产生的冲击电压。降低防雷装置的接地电阻，也有利于防止二次放电事故。

（二）感应雷防护

雷电感应也能产生很高的冲击电压，在电力系统中应与其他过电压同样考虑；在建筑物和构筑物中，应主要考虑由二次放电引起爆炸和火灾的危险。无火灾和爆炸危险的建筑物及构筑物一般不考虑雷电感应的防护。

1．静电感应防护

为了防止静电感应产生的高电压，应将建筑物内的金属设备、金属管道、金属构架、钢屋架、钢窗、电缆金属外皮，以及凸出屋面的放散管、风管等金属物件与防雷电感应的接地装置相连。屋面结构钢筋宜绑扎或焊接成闭合回路。

根据建筑物的不同屋顶，应采取相应的防止静电感应的措施：对于金属屋顶，应将屋顶妥善接地；对于钢筋混凝土屋顶，应将屋面钢筋焊成边长 5～12 m 的网格，连成通路并予以接地；对于非金属屋顶，宜在屋顶上加装边长 5～12 m 的金属网格，并予以接地。

屋顶或其上金属网格的接地可以与其他接地装置共用。防雷电感应接地干线与接地装置的连接不得少于 2 处，其间距离不得超过 16～24 m。

2．电磁感应防护

为了防止电磁感应，平行敷设的管道、构架、电缆相距不到 100 mm 时需用金属线跨接，跨接点之间的距离不应超过 30 m；交叉相距不到 100 mm 时，交叉处也应用金属线跨接。

此外，管道接头、弯头、阀门等连接处的过渡电阻大于 0.03 Ω时，连接处也应用金属线跨接。在非腐蚀环境，对于 5 根及以上螺栓连接的法兰盘，以及对于第二类防雷建筑物可不跨接。

防电磁感应的接地装置也可与其他接地装置共用。

（三）雷电侵入波防护

属于雷电侵入波造成的雷害事故很多。在低压系统，这种事故占总雷害事故的 70% 以上。

1．变配电装置的防护

10 kV 变配电站防雷保护线如图 11-9 所示。图中，FS、FZ 为阀型避雷器，L 为电抗器。

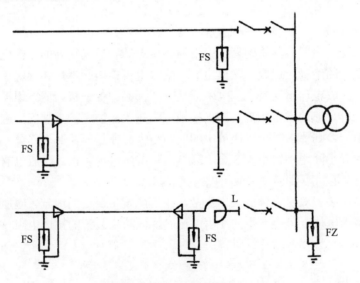

图 11-9　10 kV 变配电站防雷保护接线图

如无电缆进线段，10 kV 变配电站高压母线上阀型避雷器与变压器之间的电气距离不得大于表 11-5 所列数值。

表 11-5　避雷器与变压器之间的最大电气距离

进线回路数	1	2	3	≥4
电气距离/m	15	23	27	30

对于 3～10 kV 配电所（无变压器），可仅在进线上装设阀型避雷器或管型避雷器。

2．建筑物的防护

雷击低压线路时，雷电侵入波将沿低压线传入用户，进入户内。特别是采用木杆或木横担的低压线路，由于其对地冲击绝缘水平很高，会使很高的电压进入户内，酿成大面积雷害事故。除电气线路外，架空金属管道也有引入雷电侵入波的危险。

对于建筑物，雷电侵入波可能引起火灾或爆炸，也可能伤及人身。因此，必须采取防护措施。

各类建筑物防雷电侵入波的要求见表 11-6。

表 11-6　建筑物防雷电侵入波的要求

类　别	供电线路	架空管道
第一类 防雷建筑物	①全长采用直埋电缆，入户处电缆金属外皮、钢管与防雷电感应接地装置相连 ②采用长度 $l \geqslant \sqrt{\rho} \geqslant 15$ m（ρ为土壤电阻率，$\Omega \cdot$m）金属铠装电缆或护套电缆穿钢管直接埋地引入，入户处电缆金属外皮、钢管与防雷电感应接地装置相连，电缆与架空线连接处装设阀型避雷器、避雷器、电缆金属外皮、钢管、绝缘子铁脚、金具等一起接地，冲击接地电阻不应大于 10 Ω	①架空金属管道进、出建筑物处与防雷电感应接地装置相连，距离建筑物 100 m 内的管道每 25 m 左右接地一次，冲击接地电阻不应大于 20 Ω ②地下金属管道进、出建筑物处与防雷电感应接地装置相连
第二类 防雷建筑物	①全长采用直埋电缆或架空金属线槽内电缆，入户处电缆金属外皮、金属线槽接地；对于有爆炸危险的建筑物应与防雷电感应接地装置相连 ②采用架空线转一段电缆供电，要求与第一类防雷建筑物相同；对于无爆炸危险的建筑物，埋地电缆的长度应≥15 m 即可 ③平均雷暴日 30 d/a 以下的地区，采用架空线直接引入，入户处应装设阀型避雷器或 2～3 mm 的空气间隙，并与绝缘子铁脚、金具一起与防雷接地装置连接，冲击接地电阻不应大于 5 Ω；邻近入户处的三基电杆的绝缘子铁脚、金具接地，最近一处的冲击接地电阻不应大于 10 Ω，其余两处的不应大于 20 Ω；对于无爆炸危险的建筑物，这种供电方式不受雷暴日的限制，而且只需邻近入户处的两基电杆的绝缘子铁脚、金具接地，每处冲击接地电阻不应大于 30 Ω即可	①架空金属管道进、出建筑物处与防雷电感应接地装置相连，距离建筑物 25 m 接地一次，接地电阻不应大于 10 Ω ②对于无爆炸危险的建筑物，允许金属管道进、出建筑物处直接接地，冲击接地电阻不应大于 10 Ω即可
第三类 防雷建筑物	①采用电缆供电者，电缆进、出线端电缆金属外皮、钢管等与电气设备接地装置相连 ②采用架空线转电缆供电者，要求与第二类防雷建筑物相同，但冲击接地电阻不应大于 30 Ω ③采用架空线供电者，进、出线处避雷器与绝缘子铁脚、金具一起与电气设备的接地装置连接；多回路进、出线时，可在母线或总配电箱处装设一组避雷器	架空金属管道进、出建筑物处接地，冲击接地电阻不应大于 30 Ω

条件许可时，第一类防雷建筑物全长宜采用直接埋地电缆供电；爆炸危险较大或平均雷暴日 30 d/a 以上的地区，第二类防雷建筑物应采用长度不小于 50 m 的金属铠装直接埋地电缆供电。

除平均雷暴日不超过 30 d/a、低压线不高于周围建筑物、线路接地点距入户处不超过 50 m、土壤电阻率低于 200 Ω·m 且采用钢筋混凝土杆及铁横担几种情况外,0.23/0.4 kV 低压架空线路接户线的绝缘子铁脚均应接地,冲击接地电阻不宜超过 30 Ω。

户外天线的馈线邻近避雷针或避雷针引下线时,馈线应穿金属管线或采用屏蔽线,并将金属管或屏蔽接地。如果馈线未穿金属管,又不是屏蔽线,则应在馈线上装设避雷器或放电间隙。

(四) 人身防雷

雷暴时,由于带电积云直接对人体放电,雷电流入地产生对地电压,以及二次放电等都可能对人造成致命的电击。因此,应注意必要的人身防雷安全要求。

雷暴时,非工作不可的,应尽量减少在户外或野外逗留的时间;在户外或野外最好穿塑料等不浸水的雨衣。如有条件,可进入有宽大金属构架或有防雷设施的建筑物、汽车或船只;如依靠建筑屏蔽的街道或高大树木屏蔽的街道躲避,要注意离开墙壁或树干 8 m 以外。

雷暴时,应尽量离开小山、小丘、隆起的小道,离开海滨、湖滨、河边、池塘旁,避开铁丝网、金属晒衣绳以及旗杆、烟囱、宝塔、孤独的树木附近,还应尽量离开没有防雷保护的小建筑物或其他设施。

雷暴时,在户内应注意防止雷电侵入波的危险,应离开照明线、动力线、电话线、广播线、收音机和电视机电源线、收音机和电视机天线,以及与其相连的各种金属设备。以防止这些线路或设备对人体二次放电。调查资料表明,户内 70% 以上对人体的二次放电事故发生在与线路或设备相距 1 m 以内的场合,相距 1.5 m 以上者尚未发生死亡事故。由此可见,雷暴时人体最好离开可能传来雷电侵入波的线路和设备 1.5 m 以上。应当注意,仅仅关闭开关对于防止雷击是起不了多大作用的。

雷雨天气,还应注意关闭门窗,以防止球形雷进入户内造成危害。

第二节　静电安全

电子技术和高分子化学技术是科技发展历程中的两个重要方面。微电子产品设计的小型化和高度集成化,与之相适应的加工技术日趋微、细、精、薄,使得人们对静电危害不可忽视。随着电子技术和产品向国民经济各部门的广泛渗透,静电带来的影响更加普遍。由于高分子化学技术的发展,使高分子材料在工业、国防和人民生活的各个方面得到广泛应用。普通高分子材料的特点之一就是它具有很高的电阻率,易于产生静电。

静电造成的故障与危害,通称静电障害。从传统的观点来看,它是火工、化工、石油、粉碎加工等行业火灾、爆炸等事故的主要诱发因素之一,也是亚麻、化纤等纺织行业加工过程中质量及安全事故隐患之一,还是造成人体电击危害的重要原因之一。因此,静电防护是各行业最为关注的安全问题之一。

随着高科技的发展,静电障害所造成的后果已突破了安全问题的界限。静电放电造成的频谱干扰危害,是在电子、通信、航空、航天以及一切应用电子设备、仪器的场合导致设备运转故障、信号丢失、误码的直接原因之一。例如，电子计算机和程控交换机是两种有代表性的电子设备，如安装和使用环境不当，它们的工作都会受到静电的困扰。此外，静电造成敏感电子元器件的潜在失效，是降低电子产品工作可靠性的重要因素。据日本20世纪80年代中期的一项统计资料，在失效的半导体器件中，有45%是因静电危害造成的。

降低静电障害的最有效手段是实施防护。因为，静电作为一种自然现象，不让它产生几乎是不可能的，但把它的存在控制在危险水平以下，使其造成的障害尽可能小，则是可能的。有效地进行静电防护与控制，依赖于对静电现象的认识和对其发生、存在、清除的控制，依赖于对静电与环境条件的关联性和静电发生规律的了解和掌握。

一、静电的产生

与电流相比，静电是相对静止的电荷。它广泛存在于生产、生活和自然界中，如雷云带电、摩擦带电，以及人们用于静电喷漆、静电除尘、静电选矿、静电植绒、静电复印等的高压静电都属于这类电荷。

摩擦起电是早已被人类发现的现象，但是对摩擦起电的物理描述则是近几十年随着量子力学的发展才得以说明的。现在已经从理论上阐明了只要两个物体之间存在着相对运动和摩擦，任何时候都会产生静电。特别是当两个物体各不相同，或存在静电感应时，尤为如此。当两个物体接触时，电子就会从一个物体转移至另一个物体。若两个物体或其中一个是非导体时，两者分离之后，不可能马上恢复电中性。结果就使一个物体积蓄了负电荷，另一个物体上积蓄等量的正电荷。

积蓄的电荷若能迅速泄掉，则问题就不存在了。但是若积蓄的电荷因受限不能很快泄掉，且在某些点上，电荷积蓄得足够多时，就会跳到附近电位低的物体上而形成火花。

在实际工业生产和生活中，大多数的静电都是由于不同物质的接触和分离或相互摩擦而产生的。例如，生产工艺中的挤压、切割、搅拌、喷溅、流动和过滤及日常生活中的行走、起立、穿脱衣服都会产生静电。因为不同物质中的电子脱离该物质所需要的能量数值和条件不同，结果就使一种物质带正电，另一种物质带负电，参见图11-10。

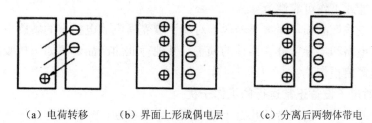

（a）电荷转移　　　（b）界面上形成偶电层　　　（c）分离后两物体带电

图11-10　物体因接触和分离产生静电的原理示意图

静电数值大小与物质的性质、运动的速度、接触的压力以及环境条件都有关系。

二、静电的危害

静电的危害包括以下4个方面。呈现静电力学作用或高压击穿作用主要是使产品质量下降或造成生产故障；呈现高压静电对人体生理机能作用的是所谓"人体电击"；静电放电过程是将电场能转换成声、光、热能的形式，热能可作为火源使易燃气体、可燃液体或爆炸性粉尘发生火灾或爆炸事故；静电放电过程所产生的电磁场是射频辐射源，对无线电通信是干扰源，对电子计算机会产生误动作，影响设备正常工作。

（一）静电放电的危害

1. 引发火灾和爆炸事故

爆炸和火灾是静电最大的危害。静电放电形成点火源并引发燃烧和爆炸事故，需要同时具备下述 3 个条件：

①发生静电放电时产生放电火花。

②在静电放电火花间隙中有可燃气体或可燃粉尘与空气所形成的混合物，并在爆炸浓度极限范围之内。

③静电放电量大于或等于爆炸性混合物的最小点火能量。

只要上述 3 个条件同时具备，就存在引发燃烧和爆炸的可能性，至于是否一定引发事故只是个概率问题。因而从安全防护的角度是不允许这样的条件同时出现的。

静电放电引发爆炸事故的概率取决于放电能量。在火花放电、刷形放电、表面放电和电晕放电 4 种静电放电形式中，以火花放电最危险。

在可燃液体、气体的输送和储存，面粉、锯末、煤粉、纺织等作业的场所都有静电产生，而这些场所空气中常有气体、蒸气爆炸混合物或有粉尘、纤维爆炸混合物，火花放电最有可能导致火灾甚至爆炸。

2. 造成人体电击

虽然在通常的生产工艺过程中产生的静电量很小而静电电压很高，但静电所引起的电击一般尚不至于置人于死命，却可能发生指尖受伤或手指麻木等机能性损伤或引起恐怖情绪等，更重要的是可能会因此而引起坠落、摔倒等二次事故；电击还可能使工作人员精神紧张引起操作事故。

3. 造成产品损坏

静电放电对产品造成的危害，包括加工工艺过程中的危害（降低成品率）和产品性能危害（降低性能或工作可靠性）。

静电放电造成产品损坏，主要表现于对易于遭受静电放电损害的敏感电子产品，特别是半导体集成电路和半导体分立器件的损害。其他行业的产品，例如照相胶片，也会因静电放电而引起斑痕损伤。

4. 造成对电子设备正常运行的工作干扰

静电放电时，可产生频带从几百千赫兹到几千兆赫兹、幅值高达几十毫伏的宽带电磁脉冲干扰。这种干扰可以通过多种途径耦合到电子计算机及其他电子设备中，导致电路发生反转效应，出现误动作。静电放电造成的杂波干扰无论是以电容性或电感性耦合，或通过有关信号通道直接进入设备和仪器的接收回路，除了使电器发生误动作外，还可能造成间歇式或干扰式失效、信息丢失或功能暂时遭到破坏，但可能对硬件无明显损伤。一旦静电放电结束和干扰停止，仪器设备的工作有可能恢复正常，重新输入新的工作信号仍能重新启动并继续工作。但是，在电子设备和仪器发生干扰失效后，由于潜在损伤，在以后的工作过程中仍随时可能因静电放电或其他原因使电子元器件过载，并最终引起致命失效。这种失效无规律可循。

强能量电子脉冲干扰使静电敏感元器件遭到破坏的事件不乏其例。例如，1971 年 11 月 15 日，欧洲发射的"欧-2 火箭"，由于静电放电产生的电磁脉冲导致计算机误动作，使发射失败。

（二）静电库仑力作用危害

积聚于物体上的静电荷，将在其周围空间产生电场。电场中的物体将会受到静电库仑力的作用。一般情况下，物体所产生的静电，其静电力在每平方米几牛顿的水平上，这虽然只是磁铁作用力的万分之一，但它对于轻细的头发、纸屑、尘埃、纤维等足以产生明显的吸附作用。正是这种库仑力的吸附，对不同行业和不同生产环境与条件以及不同产品，构成了各种各样的危害。

（1）纺织行业中的化纤及棉纱，在梳棉、纺纱、整理和漂染等工艺过程中，因摩擦产生静电，其库仑力的作用结果可造成根丝飘动、纱线松散、缠花断头、招灰等，既影响织品质量，又可造成纱线纠结、缠辊、布品收卷不齐等，影响生产的正常进行。

（2）造纸业中，由于纸张传递速度高，与金属辊筒摩擦产生静电，往往造成收卷困难，并吸污量增大而降低质量。印刷业中，纸张与油墨、机器接触摩擦而带静电，造成纸张"黏结"或纸张不齐、套印不准，影响印刷质量。

（3）橡胶工业中的合成橡胶从苯槽中出来时，静电电位可高达 250 kV，压延机压出产品静电位高达 80 kV，涂胶机静电位达 30 kV，由于静电库仑力作用可造成吸污，使制品质量下降。

（4）水泥加工中，水泥块利用钢球研磨机将物料研细，由于干燥的水泥粉和钢球带有异性电荷，粉末吸附于钢球表面，降低了生产效率并使水泥成品粉粒粗细不均，影响质量。

（5）电子工业中制造半导体器件过程中，广泛使用石英及高分子物质制造的器具和材料，由于它们具有高绝缘性，在生产过程中可积聚大量电荷而产生强的静电。如此高的静电其力学作用会使车间空气中的浮游尘埃吸附于半导体芯片上。由于芯片上元器件密度极高和线宽极小，故即使尺寸很小的尘埃粒子或纤维束也会造成产品极间短路而使成品率下降。同时，吸附尘埃的存在和它们的可游动性，还是导致潜在失效的一种不稳定因素。

（三）静电感应危险

在静电带电体周围，其电场力作用所及的范围内，将使处在此区域中孤立的（与地绝缘）导体与半导体表面上产生感应电荷，其中与带电体接近的表面带上与带电体符号相反的电荷，另一端则带上与带电体符号相同的电荷。由于整个物体与地绝缘，电荷不消散，故其所带正负电荷由于带电体电场的作用而维持平衡状态，总电量为零。但是，物体表面正负电荷完全分离的这种存在状态，使物体充分具有静电带电本性。显然，其电位的幅值取决于原带电体所形成的电场强度。

静电感应是使物体带电的一种方式。因此，感应带电体既可产生库仑力吸附，又可与其他相邻近的物体发生静电放电，并造成这两类模式的各种危险。例如，电子元器件在加工制造过程中，因各种原因产生的静电还可能在器件引线、加工工具、包装容器上感应出较高的静电电压，并由此引起半成品和成品的静电损害。

三、静电的消除

通过前面的介绍，已经知道任何两个物体的接触和分离都会产生静电，即使是同一类物体，由于表面状态（如表面污染、腐蚀和粗糙度）不同，在发生接触分离时也会因表面逸出功的差异而产生静电。此外，通过静电感应或静电极化作用，可以使原来不带电的物体成为带电体。这种物体静电带电现象，可以表现于固体，也可以表现于液体、气体和粉体。因此，静电的产生是一种很普遍的自然现象。

当静电的存在超过一定的限度（可以场强、电位或存储能量的形式体现），且在其客观环境适宜时，便会以其特有的不同模式对生产环境、产品和人身产生危害。

静电的产生几乎是难以避免的，但可以通过各种行之有效的措施加以防护，以使其降低到可以接受的程度，并尽可能地减少危害。工程中适用的静电防护措施尽管五花八门，但其基本思路总是紧密围绕下列几点：

一是尽量减少静电荷的产生。

二是对已产生的静电荷尽快予以消除，包括加速其泄漏、中和及降低它的强度。

三是最大限度地减小静电危害。

四是严格静电防护管理，以保证各项措施的有效执行。

（一）控制静电场合的危害程度

在静电放电时，它的周围必须有可燃物存在才是酿成静电火灾和爆炸事故的最基本条件。因此控制或清除放电场合的可燃物，就成为防止静电灾害的重要措施。

1．用非可燃物取代易燃介质

在石油化工等行业的生产工艺过程中，都要大量地使用有机溶剂和易燃液体（比如煤油、汽油和甲苯等），这样就给静电放电带来了很大的危险性。因为这些闪点很低的液体很容易在常温常压条件下，形成爆炸混合物，易于形成火灾或爆炸事故。如果在清洗机器设备的零件时和在精密加工去油过程中，用非燃烧性洗涤剂取代煤油或汽油时就会大大减小静电危害的可能性。这种非可燃洗涤剂有苛性钾、磷酸三钠、碳酸钠、水玻璃和水溶液等。

2．降低爆炸性混合物的浓度

当可燃液体的蒸气与空气混合，达到爆炸极限浓度范围时，如遇到引火源就会发生火灾和爆炸事故。同时我们发现，爆炸温度也有上限和下限之分。也就是当温度在此上、下限范围内时，恰好可燃物产生或蒸气与空气混合物的浓度也在爆炸极限的范围内。这样我们就可利用控制爆炸温度来限制可燃物的爆炸浓度。例如，灯用煤油是 $40\sim86℃$；酒精是 $11\sim40℃$；乙醚是 $-45\sim13℃$ 等。

3．减少氧含量或采取强制通风措施

限制或减少空气中的氧含量显然可使可燃物达不到爆炸极限浓度。减少空气中的氧含量可使用惰性气体，一般说来，氧含量不超过 8%时就不会使可燃物引起燃烧和爆炸。一旦可燃物接近爆炸浓度时，采用强制通风的办法，抽走可燃物，补充新空气，也不会引起事故。

比较常见的降低混合物中的氧含量方法是充填氮气或二氧化碳。国外 10 万 t 级以上的油轮和 5 万 t 级以上的混合货轮都要求安装填充氮气等不活泼气体的系统。对于镁、铝等

金属粉尘与空气形成的爆炸性混合物，必须充填氮、氩等惰性气体。

（二）减少静电荷的产生

静电荷大量产生并积累起事故电量，这是静电事故的基础条件。如果能控制和减少静电荷的产生，就可以认为不存在点火源，就根本不会发生静电事故了。

1．正确选择材料

①选择不容易起电的材料。根据固体材料之间的摩擦，当其物体的电阻率达到 $10^{10}\Omega\cdot m$ 以上时，物体经过很简单摩擦就会带上几千伏以上的静电高压，因此在工艺和生产过程中，可选择固体材料电阻率在 $10^9\Omega\cdot m$ 以下的物体材料，以减少摩擦带电。煤矿中煤输送带的托辊是塑料制品，则应换成金属或导电塑料以避免静电荷的产生和积累。

②按带电序列选用不同材料。大家知道，不同物体之间相互摩擦，物体上所带电荷的极性与它在带电序列中的位置有关，一般在带电序列前面的相互摩擦后是带正电，而后面的则带负电。于是可根据这个特性，使工艺过程选择两种不同材料，与前者摩擦带正电荷，而与后者摩擦带负电，最后使物料上所形成的静电荷互相抵消，从而达到消除静电的效果。根据静电序列适当地选用不同的材料而消除静电的方法称为正、负相消法。

③选用吸湿性材料。根据生产工艺要求必须选用绝缘材料时，可以选用吸湿性塑料，或将塑料上的静电荷沿表面泄漏掉。

2．工艺的改进

①改进工艺中的操作方法，可减少静电的产生。在橡胶制品生产工艺中，橡胶是用汽油做有机溶剂的。由于橡胶是绝缘材料，在摩擦过程中容易产生静电，汽油在常温下又容易挥发，所以使操作部位形成有爆炸危险的混合物，这样就增大了双重危害性。例如在制造雨衣时，上胶以后要用刮刀进行刮胶，刮胶工序是刮刀（金属）与橡胶瞬间快速分离，不仅产生上万伏静电，同时还易于产生静电火花。因此，这个工序经常发生静电火灾事故。为了减少静电事故，将刮胶改用两个金属磙碾胶，这样就大大减少了工艺中的静电现象，也消除了刮胶过程的静电火灾。

②改变工艺操作程序，可降低静电的危险性。在搅拌过程中，如适当安排加料顺序，则可降低静电的危险性。例如，某工艺过程中，如最后加入汽油，浆液表面的静电电位高达 $11\sim13\,kV$。改进工艺，先加入部分汽油与氧化锌和氧化铁进行搅拌，最后再加入石棉填料和不足部分的汽油，就会使这种浆液的表面电位降至 400V 以下。

3．降低摩擦速度或流速

①降低摩擦速度。测量结果显示，增加物体之间的摩擦速度，可使物体所产生的静电量成几倍几十倍的增大。反之，降低摩擦速度，可将静电大大地减少。例如，在制造电影胶片时，底片快速缠绕在转轴上，底片的静电电位可高达 100 kV，并于空间放电，会在胶片上留下"静电斑痕"。印刷机滚筒的转速达 40 m/min 时，纸张可带电 65 kV，它足以将油墨引燃。因此降低摩擦速度对减少静电的产生是大有益处的。

②降低流速。在油品营运过程中，包括装车、装罐和管道运输等，由于油品的静电起电与液流流速的 1.75～2 次方成正比，故一旦增大流速就会形成静电火灾和爆炸事故，这是在油品事故中较为普遍的一种火灾原因。为此必须限制燃油在管内的流动速度。

在用管道运输油品时，不同管径下的推荐流速一般按下式计算：

$$v^2D \leqslant 0.64 \qquad\qquad (11\text{-}8)$$

式中：v——允许流速，单位为米/秒（m/s）；

$\quad\quad D$——油管内径，单位为米（m）。

为了限制在管道中静电荷的产生，必须降低流速。但当油罐或管道中存在可燃气体时，起始流速应控制在 1 m/s 的范围内，当油管被油品淹没时，才能使流速逐渐达到推荐流速。

允许流速是液体带电达到允许最大带电量时的流速，因此，此限定值与它的起电能力大小有关。例如，当电阻率不超过 $10^5 \Omega \cdot m$ 时，允许流速不超过 10 m/s；当电阻率在 $10^5 \sim 10^9 \Omega \cdot m$ 时，允许流速不超过 5 m/s；当电阻率超过 $10^9 \Omega \cdot m$ 时，允许流速取决于液体的性质、管道的直径、管道内光滑程度等条件，不能一概而论，但 1.2 m/s 的流速是允许的。

粉体在管道内输送，带电情况大约与气流流速的 1.8 次方成正比。由于粉体的静电起电非常复杂，很难用一个允许参数值来表达，所以一般都按经验得出允许的工艺参数和气流允许流速。

4．减少特殊操作中的静电

①控制注油和调油方式。研究结果表明，在顶部注油时，由于油品在空气中喷射和飞溅将在空气中形成电荷云，经过喷射后的液滴将带着大量的气泡、杂质和水分，发生搅拌、沉浮和流动，这样在油品中会产生大量的静电并累积成引火源。例如，在进行顶部装油，如果空气呈小泡混入油品，开始流动的瞬间与油品的管内流动相比，起火效应增大约 100 倍。所以，调油方式以采用泵循环、机械搅拌和管道调和为好。注油方式以底部进油为宜。

②采用密封装车。密封装车是将金属鹤管伸到车底，用金属鹤管保持良好的导电性。选择较好的分装配头，使油流平稳上升，从而减少摩擦和油流在罐内翻腾。同时，密封装车避免了油品的蒸发和损耗。试验证明，飞溅式装车油品电位可高达 10～30 kV；而密封装车油品电位约在 7 kV 以内，保证了油品安全。一般密封装车时，车体内保持 2×10^4 Pa 的正压，外部空气无法进入罐车内，从而使罐体内的蒸气不能与空气形成爆炸性混合物，从根本上保证了安全装车。

（三）减少静电荷的积累

1．静电接地

接地技术是任何电气和电子设备与设施在工程设计及施工中的一项重要技术，也是产品、设施（特别是处于有燃烧、爆炸可能性的危险环境中时）静电防护的一项重要技术。接地是静电防护中最有效和最基本的技术措施之一。良好的接地是保证静电电荷迅速泄漏，从而避免静电危害发生的有效手段。

（1）接地类型。静电接地类型包括下述三种：

①直接接地，即将金属导体与大地进行导电性连接，从而使金属导体的电位接近于大地电位的一种接地类型。

②间接接地，即为了使金属导体外部的静电导体和静电亚导体进行静电接地，将其表面与接地的金属导体紧密相连，将此金属导体作为接地电极的一种接地类型。

③跨接接地，即通过机械和化学方法把金属物体进行结构固定，从而使两个或两个以上互相绝缘的金属导体进行导电性连接，以建立一个供电流流动的低阻抗通路，然后再接地的一种接地类型。

（2）接地对象。接地对象有下列几种：

①凡用来加工、储存、运输各种易燃液体、可燃气体和可燃粉体的设备和管道，如油罐、储气罐、油品运输管道装置、过滤器、吸附器等均需接地。

②注油漏斗、工作台、磅秤、金属检尺等辅助设备均应予以接地，并与工作管路互相跨接起来。

③在可能产生静电和累积静电的固体和粉体作业中，所有金属设备或装置的金属部分如托辊、磨、筛、混合、风力输送等装置均应接地。

④采用绝缘管输送物料时，为防止静电产生，管道外部应采用屏蔽接地，管道内衬应有金属螺旋软管并接地。

⑤人体是良好的静电导体，在危险的操作场合，为防止人体带电，对人体必须采取良好的接地。

⑥在爆炸危险区域和火灾危险场所内，凡金属导体有可能产生静电和带电时，不论其大小如何，必须进行静电接地。

⑦对非导电材料可以采用涂导电涂料接地。

（3）接地要求。一般来说，如果带电体对地绝缘电阻约在$10^6\ \Omega$以下时，电荷泄漏很快，单是为了消除静电的目的，接地电阻值在$10^6\ \Omega$以下就足够了，可是为了防止电气漏电或雷击的危险，接地电阻必须至少在$10\ \Omega$或数欧姆以下，同时，消除静电接地也可同电力设备装置或避雷保护装置的接地共用。

防静电的接地装置与电气设备接地共用接地网时，其接地电阻值应符合电气设备接地的规定；防静电采用单独专用接地网时，每一处接地体的接地电阻值不应小于$100\ \Omega$。

设备、机组、储罐、管道等的防静电接地线，应单独与接地体或接地干线相连，不能相互串联接地。

容量大于$50\ m^3$的储罐，其接地点不应少于两处，且接地点的间距不应大于$30\ m$。并应在罐体底部周围对称地与接地体连接，接地体应连接成环形的接地网。

室外储罐如无防雷接地，则需单独进行静电接地，其静电接地电阻不得大于$100\ \Omega$。且有两个接地点，其间隙仍然不得大于$30\ m$。

易燃或可燃液体的浮动式储罐，其灌顶与罐体之间，应用截面不小于$25\ mm^2$的钢软绞线或铜软线跨接，且其浮动式电气装置的电缆，应在引入储罐处将钢铠、金属包皮可靠地与罐体相连接。

露天敷设的可燃气体、易燃或可燃液体的金属管道，当作防静电接地时，管道每隔$20\sim25\ m$有一处接地，每处的接地电阻值，不应大于$10\ \Omega$。

2．增加空气的相对湿度

对于吸湿性材料，如果增大空气中的相对湿度，绝缘材料表面就会形成一薄层水膜，水膜厚度约$10^{-9}\ cm$。由于水雾中含有杂质或金属离子，所以使物体表面形成良好的导电层，将所积累的静电荷从表面泄漏掉。例如，可以使用各种适宜的加湿器、喷雾装置；还可采用湿拖布擦地面或通过洒水等方法以提高带电体附近或环境的湿度；在允许的情况下尽量选用吸湿性材料。

3．采用抗静电添加剂

抗静电添加剂是一种表面活性剂。在绝缘材料中掺杂少量的抗静电添加剂就会增大该种材料的导电性和亲水性，使导电性增强，绝缘性能受到破坏，体表电阻率下降，促进绝缘材料上的静电荷被导走。

在非导体材料、器具的表面通过喷、涂、镀、敷、印、贴等方式附加上一层物质，以增加表面电导率，加速电荷的泄漏与释放。

在塑料、橡胶、防腐涂料等非导电材料中掺加金属粉末、导电纤维、炭黑粉等物质，以增加其导电性。

在布匹、地毯等织物中，混入导电性合成纤维或金属丝，以改善织物的抗静电性能。

在易于产生静电的液体（如汽油、航空煤油等）中加入化学药品作为抗静电添加剂，以改善液体材料的导电率。

4．采用静电消除器消除静电

静电消除器又称为静电消电器或静电中和器。它是借助于空气电离或电晕放电使带电体上的静电荷被中和，即利用极性相反的电荷中和的方法，达到消除静电的目的。

静电消除器按工作原理不同，可分为感应式静电消除器、附加高压的静电消除器、脉冲直流型静电消除器和同位素静电消除器。

①感应式静电消除器。它是利用带电体的电荷与被感应放电针之间发生电晕放电使空气被电离的方法来中和静电。

②附加高压静电消除器。为达到快速消除静电的效果，可在放电针上加交、直流高压，使放电针与接地体之间形成强电场，这样就加强了电晕放电，增强了空气电离，达到中和静电的效果。

③脉冲直流静电消除器。脉冲直流静电消除器是一种新型、高效的静电中和装置，特别适合电子和洁净厂房。由于正、负离子的数量和比例可调节，更适合无静电机房的需求。该消除器的特点是，有正、负两套可控的直流高压电源，它们以 4～6 s 的周期轮流交替地接通、关断，从而交替地产生正、负离子。

④同位素静电消除器。它主要是利用同位素射线使周围空气电离成正、负离子，中和积累在生产物上的静电荷。同位素射线材料中尤其是α射线放射比活度高，对空气电离效果极佳，因此消除静电的效果也很好。

各种静电消电器的特性和使用范围见表 11-7，请参照选择使用。

表 11-7　静电消除器的种类、特征及消除对象

类　　型		特　　征	消除对象
附加高压式消除器	标准型	消电能力强，机种丰富	薄膜、纸、布
	送风型	鼓风机型、喷嘴型等	配管内、局部场所
	防爆型	不会成为引火源，但机种受限制	可燃性液体
	直流型	消电能力强，但有时产生反带电	单极性薄膜
感应式静电消除器	导电纤维、导电橡胶、导电布	使用简单、不易成为引火源、但初级电位低，消电能力弱。在 2～3 kV 以下不能消电	薄膜、纸、布、橡胶、粉体等
脉冲直流静电消除器	正、负直流脉冲电压	消电能力很强，防火性好，可控制正负离子比例	电子、洁净厂房
同位素静电消除器	静电放射源	不会成为引火源，但要进行放射线管理，消电能力最弱	密闭空间内

5. 人体静电防护措施

从静电学的角度看，人是特殊的导体。人的特殊性主要表现为人的活动性。因此，人与各种物体之间发生的接触、分离和人体自身活动，都会导致静电的发生，并蕴藏着大量的不确定因素，例如接触面积、压力、表面状况、着装和鞋子状况等。人体的导体性质表现为人体对于通过的电流具有一定的阻值范围。因此，人既可发生接触带电，也可发生感应带电。另一方面人可以因与地面接触情况的差异，表现为不同的人体对地电容值。如果穿上绝缘鞋就构成一个储能电容器，其电容值大约在 150～300PF；人穿上胶鞋在铺有橡胶的地面上走路时，鞋子与地面摩擦，可带上 5 000～15 000V 的静电高压。人体带电如超过 10 000V 高压时，人体放电能量可达 5 mJ 以上，足以使可燃液体、可燃气体与空气的混合物发生燃烧和爆炸。

（1）人体静电的产生

①摩擦起电。人在操作中的动作和肢体活动，由所穿衣服、鞋子与其他物体、地面发生摩擦，从而使衣服和鞋子带电，再通过传导和感应，最终使人体各部分体位呈带电状态。人在操作中，将使所穿的衣服、帽子、手套等相互之间发生摩擦而产生静电。人在脱衣服、鞋袜、手套等时，由于这些物品与人体之间或物品与物品的快速剥离而带电，虽然起电时间很短，但起电速率很快，而累积电位较高，具体结果已列入表 11-8。

表 11-8 所穿鞋、袜与人体带电的关系

鞋	袜			
	赤脚	尼龙	薄尼龙袜	导电袜
	人体电位/kV			
橡胶底运动鞋	20.0	19.0	21.0	21.0
皮鞋（新）	5.0	8.5	7.0	4.0
静电鞋/$10^7\Omega$	4.0	5.5	5.0	6.0
静电鞋/$10^6\Omega$	2.0	4	3.5	3.0

②感应起电。当不带电人体与带电的物体靠近而进入带电体的静电场时，由于静电感应原理使人体感应起电。此时，如果人体与地之间绝缘，则成为静电场中的孤立带电导体。

③传导起电。人体直接接触带电物体时，或者与带电物体接近发生静电放电时，都可使带电体上的电荷发生转移而达于人体，并使人体和所穿衣物带电。

（2）吸附带电

人在带有静电的微粒粉体和雾状液粒空间活动和工作时，带电的粉体、雾、灰尘或离子等吸附于人体之上，也可使人体及所穿衣服产生吸附带电。

（3）人体带电的消除方法

人体静电消除的主要目的包括：防止人体电击事故及由此产生的二次事故的发生。防止带电的人体放电成为气体、粉体、液体的点火源。防止带电的人体放电造成静电敏感电子元器件的击穿损坏。

人体静电的防护要求，例如人体最高允许电位、人体对地电阻和对地电容、人体服装允许最大摩擦起电量等，因防护目的和人体所处静电环境的不同而差异很大。

①人体直接接地。在爆炸和火灾危险场合的操作人员，可使用导电性地面或导电性地

毯、地垫，采用防静电手腕带和脚腕带与接地金属棒或接地电极直接连接起来，消除人体静电。

②人体间接接地。采用导电工作鞋及导电地面及大地间连接起来，可防止人体在地面上进行作业时产生静电荷的积累。

③服装防护。人应穿戴防静电工作服、帽子、手套、指套等，其作用是减少静电的发生、增强静电的泄漏和防止静电荷的局部积累等。即使工作服里面穿的衣服，也应是纯棉制品或经过防静电处理过的，不能穿化纤衣服或普通毛料、丝绸衣物。

④环境保护。在可能条件下维持足够高的湿度，例如65%以上的房间内湿度；使用洁净技术，包括洁净厂房、洗空气浴、吹离子风等，以减小空气中和衣物上的含尘浓度，这些都是防止人体附着带电的有效措施。

6. 抑制静电放电和控制放电量

（1）抑制静电放电

静电火灾和爆炸危害是由于静电放电造成的。因此，只有产生静电放电，而放电能量等于或大于可燃物的最小点火能量时，才能引发静电火灾。如果没有放电现象，即使环境的静电电位再高，能量再大也照样不会形成静电灾害。

产生静电放电的条件是，带电物体与接地导体或其他不接地体之间的电场强度，达到或超过空间的击穿场强时，就会发生放电。对空气而言，其被击穿的均匀场强是 33 kV/cm，非均匀场强可降至均匀电场的 1/3。于是我们可使用静电场强计或静电电位计，监视周围空间静电荷累积情况，以防静电事故发生。

（2）控制放电量

综合上述所述，发生静电火灾或爆炸事故的条件，一是存在放电，二是放电能量必须大于或等于可燃物的最小点火能量。于是我们可根据第二个引发静电事故的条件，采用控制放电量的方法，来避免产生静电事故。

第三节 高频电磁场的危害与防护

随着高频技术的应用和推广，高频电磁场对人体产生的不良影响也日益引起人们的重视。了解高频电磁场对人体的生理危害及其影响对于高频电磁场的危险性，对于考虑防止电磁场危害的安全措施都有十分重要的意义。

人体在高频电磁场的作用下，吸收辐射能量；当电磁场强度超过一定限度时，将对人体健康产生不良的影响。

一、电磁场对人体的危害

在一定的电磁场强度辐射下，对人体的主要影响是神经衰弱症，多以头痛头胀、失眠多梦、疲劳无力、记忆力减退、心悸最为严重，其次是头痛、四肢酸疼、脱发、多汗等症状。此外，通过体检还发现心血管系统有某些改变现象，例如：心电图方面出现心动过缓及心律不齐等。

当然，这些影响不是绝对的，因人体状况的不同而有所差异。电磁场对人体的影响是可逆的，只要脱离电磁场的作用，其症状就会减少或消除。

微波辐射人体后，一部分被反射，一部分被吸收，被吸收的微波辐射能量使组织内的分子和电介质的电偶极子产生射频振动，媒质的摩擦把动能转变为热能，从而引起温升。微波辐射的功率、频率、波形、环境温度、湿度及被照射的部位等，对伤害的深度和程度产生一定的影响。微波辐射后，神经衰弱症状比较严重，主要以头昏头痛，记忆力减退及失眠者为最多。心血管系统表现为：心悸、心前区疼痛、心肌供血不足等，血色素、血细胞及血小板减少，还可以导致白内障的发生。

二、影响伤害程度的因素

高频电磁场对人体伤害程度受到许多因素的影响，如辐射功率、电磁强度、电磁波频率和波形、照射时间、人体状况、环境条件等，各影响因素之间还有一些联系。

（一）电磁场强度

人体受电磁场伤害的程度取决于人体周围的电磁场强度。电磁场强度越高，人体吸收能量就越多，伤害就越重。比如说，接触电磁场强度大的人员与接触电磁场强度小的人员，在神经衰弱症的发生率方面就有极明显的差别。

电磁场强度的大小取决于发射源辐射功率和与发射源的距离。发射源的辐射功率越大，电磁场强度就越高；与发射距离越近，电磁场强度就越高；反之，电磁场强度就越低。随着距离的增加，电磁场强度的大小按指数规律衰减很快。例如，在其操作台附近测量，电场强度为 170～240 V/m；距操作台 0.5 m 处测量，电场强度为 53～64 V/m，距操作台 1 m 处测量，电场强度为 24～31 V/m；距操作台 2 m 处测量，电场强度接近于零。

金属物体在电磁场的作用下，会感应出交变电流，并产生交变电磁场，造成所谓的二次发射，它可以改变空间电磁场的分布，使某些地方的电磁场强度增加。由于高频设备参数调整不当，或布局不合理，或屏蔽和接地不完善，都可能造成辐射加强，电磁场强度增高。

（二）电磁波频率和波形

电磁场的频率也影响对人体伤害的程度。如前所述，人体内的分子在电场作用下发生取向和极化，形成了正、负电荷中心不相重合的电偶极子。随着频率增加，人体内的电偶极子的激励程度加剧，对人体的伤害加重。

（三）辐射的作用时间

电磁场对人体的伤害有积累效应。低强度电磁场辐射产生的不明显症状，一般经过 4～7 天可以消失；但是，如果恢复之前又受到辐射，可转变为明显的症状。低强度超高频或特高频电磁场辐射产生的症状，脱离接触后 4～6 周才能恢复；但是如果电磁场强度高，辐射时间长，则伤害可能是永久性的。

人体被电磁场辐射的时间越长，或辐射过程中间歇时间越短，以及累计辐射时间越长，则人体受到的伤害越严重。

（四）与辐射源的间距

电磁波辐射强度随着与辐射源距离的加大而迅速递减，对机体的影响也迅速减弱。

（五）环境条件

人体在电磁场作用下，吸收电磁场能量转化为热能；同时，人体要通过机体表面向周围散热。因此，工作场地的环境条件对于电磁场伤害有直接影响。当周围温度过高或过大时，都不利于机体散热，使电磁场伤害加重；当湿度越大，越不利于散热，同样不利于人身的健康。所以对作业场所的温度和湿度要加强控制，是减少电磁波对人身伤害的一个重要手段。

（六）人体状况

在其他条件相同的情况下，电磁场对人体造成的伤害是不同的。由于女性对电磁波辐射的敏感性最大，其次是少年儿童，所以女性较男性严重，儿童较成人严重。

人体被照射面积越大，人体吸收能量越多，伤害越严重，就人体部位而言，血管分布较少的部位，传热能力较差，所吸收能量容易积累并受到伤害。

（七）其他危害

大功率的射频设备，在工作期间所形成的射频辐射将对通信、电视及射频设备附近的电子仪器、精密仪表、参数测试等所造成的干扰也是严重的。强的电磁波辐射将会构成对某些武器或弹药的严重威胁，会使导弹制导系统失灵，电爆管的效应失灵。还会使金属器件互相碰撞时打火引起火药燃烧或爆炸。还会对一些可燃性油类或可燃性气体造成燃烧或爆炸，危及人身安全与财产安全。

三、电磁场的防护措施

电磁屏蔽是防止电磁危害的主要措施。屏蔽能使电磁辐射强度被抑制在允许范围内。所谓屏蔽，是指采用一切技术手段，将电磁波辐射的作用与伤害局限在指定的空间范围内。

屏蔽是防止电磁波辐射的关键。根据现场特点的不同，应采取不同结构和不同材料的屏蔽装置，最好的屏蔽就是用金属外壳进行全密封，其外壳要有良好的接地。

（一）屏蔽体

不同结构的金属材料屏蔽效能有所不同，中、短波的屏蔽以铜为宜，而在微波的屏蔽中，可以选择铁材。

屏蔽体要设计成六面体结构，各个单面体距离场源要等距离，而且边角部分要圆滑过渡，进行导圆，避免尖端效应的产生。双层结构的屏蔽效率要比单层结构的高，所以，要求有 100 dB 以上屏蔽效能时，屏蔽层要保证双层结构，双层网的间距等于 1/4 波长的奇数倍。

屏蔽中尽量减少不必要的孔洞，当非开孔洞时，要保证孔洞的直线尺寸应小于最小工作波长的 1/5，缝隙的直线尺寸应小于最小工作波长的 1/10。另外，屏蔽体之间的接触不良是造成缝隙的主要原因，为了减少缝隙，要求接触良好。

屏蔽室适用于较大区域的整体屏蔽，它是一种由可以抑制电磁场的伤害在一定范围之内或一定范围之外的器材组成的整体结构。

屏蔽室可分为板型屏蔽室（由若干块金属板或金属薄片所构成的整个屏蔽室的各个金属板之间，门窗与金属板之间都必须进行良好的电气连接）和网型屏蔽室（由若干块金属网或拉板网等嵌在骨架上所组成的屏蔽整体）。

屏蔽室门的屏蔽是一个薄弱环节，由于接触性能差、缝隙多，而且使用的时间越长，其接触性能就越坏。所以应采取防泄漏的措施，各部分应连接严密。

对于微波电磁场，为了防止泄漏，除采用一般屏蔽措施外，还应采用抑制电磁场泄漏和吸收电磁场能量的办法。

1．阻止辐射波能的泄出

为了避免微波辐射对作业环境的较大污染，在微波现场，可根据具体情况设立屏蔽室，阻止辐射波能的辐射。在屏蔽室内壁六面体上敷设适当的吸收材料，组成屏蔽-吸收体，达到防护目的。

2．防止辐射波能的进入

为了保护微波场内其他非值机人员的身体健康，应设屏蔽室，屏蔽室外壁必须敷设或涂有吸收材料，组成屏蔽-吸收体。

设计屏蔽-吸收体可以制成固定型或活动开启型。

（二）个体防护

个体防护的主要对象是微波作业人员。在有些作业场合，如果不能有效地实施屏蔽吸收技术措施或由于辐射强度过高，射频辐射部分地透过墙壁而污染其他工作场所时，必须采取个人防护措施，保护工作人员的身体健康。

1．金属衣

金属衣是根据屏蔽或吸收原理制作的。多数采用金属—非金属复合衣。

①金属丝布：在高压带电作业服的基础上改进的。由铜丝或铝丝等金属丝和线，柞蚕丝等丝线混合编织而成。

②金属膜布：在一般布类上，喷涂或刷上一层金属薄膜以屏蔽微波辐射。

③渗金属布：将银粒子经过化学处理，渗入化纤布或纯布上，用来加工防护服，也有较高的屏蔽效率。

2．防护眼镜

保护值机人员眼睛免遭危害。对眼镜要求，透视度要高，屏蔽效果要好，重量要轻，镜面启动要灵活。

3．防护头盔

防护头盔用网眼极小的铜网制成。脸面部的防护材料应该是透视度高的金属—非金属复合材料，如镀膜玻璃等。

（三）高频接地

高频接地是将高频场源屏蔽体或屏蔽体部件和大地之间连接，形成电气通路，使屏蔽系统与大地之间等电位分布。

①由于射频电流的集肤效应，要求屏蔽体的接地系统表面积要足够大。

②为了保证相当低的阻抗，接地线要尽量短，而且其长度应避开 1/4 波长的奇数倍，以宽 100 mm 的铜带为好。

③接地方式有埋铜板、埋接地棒、埋格网等形式。无论采用哪种方法，都要求有足够的厚度，有一定机械强度和耐腐蚀性。

④埋接地铜板，一般将 $1.5\sim2$ m^2 铜板埋在地下，并将接地线良好地焊接在接地极铜板上。

⑤埋接地格网板，在一块 $1.5\sim2$ m^2 的铜板上立焊井字形铜板，成为格网结构，埋入地下。

⑥埋嵌入接地棒一般长度为 2 m，直径为 $5\sim10$ cm 的金属棒打进土壤中，或挖坑埋入，而后再把各金属棒的上端焊在一个金属带上，与接地线连接。

第十二章
电气安全管理

触电的原因很多，有的是由于设备不合格，有的是由于安装不合格，有的是由于绝缘损坏而漏电，有的是现场管理混乱等。一般说来，触电事故的共同原因是安全组织措施不健全和安全技术措施不完善。而组织措施与工作人员的主观能动作用，与工作人员的积极性有着更为密切的联系。从这一方面看，组织措施比技术措施更为重要。实践证明，即使有完善的技术措施，如果没有相适应的组织措施，触电事故还是有可能发生的。组织措施和技术措施应当是互相联系、互相配合的，它们是做好安全工作的两个方面。没有组织措施，技术措施得不到可靠的保证；没有技术措施，组织措施只能是不能解决问题的空洞条文。必须重视电气安全的综合措施，做好电气安全管理工作。

第一节　电气安全组织管理

一、建立健全规章制度

合理的规章制度是保证安全、促进生产的有效手段。安全操作规程、运行管理规程、电气安装规程等规章制度都与整个企业的安全运转有直接关系。

企业必须执行国家、行业和所在地区制定的标准、规程和规范，并根据这些标准、规程和规范制定与本部门、本企业、本单位相适应的标准、规程、规范及实施细则。

应根据不同工种，建立各种安全操作规程，如变电室值班安全操作规程、内外线维护检修安全操作规程、电气设备维修安全操作规程、电气试验安全操作规程，又如非专职电工人员的手持电动工具安全操作规程、电焊安全操作规程、电炉安全操作规程、天车司机安全操作规程等，对其他非电工种的安全操作规程也不能忽视电气方面的内容。

应根据环境的特点，建立相应的电气设备运行管理规程和电气设备安装规程。这两种规程执行得好，就可以使电气设备始终保持在良好的安全的工作状态。

做好电气设备的维护检修工作是保持电气设备正常运行的重要环节，这对于消除隐患、防止设备事故和人身事故是必要的。

对于重要电气设备，应建立专人管理的责任制。对控制范围较宽或控制回路多元化的开关设备、临时线路和临时设备等比较容易发生事故的设备，都应建立专人管理的责任制。特别是临时线路和临时设备，最好能结合现场情况，明确规定安装要求、长度限制、使用期限等项目。

为了保证检修工作，特别是为了高压检修工作的安全，必须坚持必要的安全工作制度，如工作票制度、工作监护制度、工作许可制度等。

二、配备管理机构和人员

电工是个特殊工种，又是危险工种，不安全因素较多。首先，电工的作业过程和工作质量不仅关联着电工本身的安全，而且还关联着他人和周围设施的安全；其次，随着生产的发展，电工中的新生力量也逐渐增多，而且工作点分散。这都反映了电气安全管理工作的重要性，为了做好电气安全管理工作，各单位应当根据本单位（部门）电气设备的构成和状态、电气专业人员的组成和素质以及用电特点和操作特点，建立相应的管理机构，并确定管理方式和专职管理人员。专职管理人员应具备一定的电气知识和电气安全知识。

电工作为特种作业操作人员，既要求有熟练的操作技能，又要求有全面的安全操作知识，学会紧急救护法，特别要学会触电急救，并且懂得相关的安全操作规范（规程）以及具备很强的工作责任心（职业道德素质好）和良好的身体素质（无高血压、心脏病、贫血病、癫痫病、色盲等妨碍工作的病症，并且肢体要灵活）。

三、安全检查

加强日常的电气设备运行维护工作和定期的检修试验工作，对于保证供电、用电设备和系统的安全运行，也具有很重要的作用，这有助于消除隐患，防患于未然。电气安全检查最好每季度进行一次，发现问题及时解决，特别是应该注意雨季前和雨季中的安全检查。

电气安全检查包括：

①检查电气设备绝缘有无破损、绝缘电阻是否合格；

②电气设备裸露带电部分是否有防护，屏护装置是否符合安全要求，安全间距是否足够；

③保护接零或保护接地是否正确、可靠；

④保护装置是否符合要求；

⑤携带式照明灯和局部照明灯电压是否采用了安全电压或其他安全措施；

⑥安全用具和防火器材是否齐全；

⑦电气设备选型是否正确，安装是否合格、安装位置是否合理；

⑧电气连接部位是否完好；

⑨电气设备和电气线路温度是否适宜；

⑩熔断器熔体的选用及其他过流保护的整定值是否正确；

⑪各项维修制度和管理制度是否健全；

⑫电工是否经过专业培训，是否持证上岗。

对变压器等重要的电气设备应建立巡视检查制度，坚持巡视检查，并做好必要的记录。

对于使用中的电气设备，应定期测定其绝缘电阻，对于各种接地装置，应定期测定其接地电阻，对于安全用具、避雷器、变压器及其他一些保护电器，也应该定期检查、测定或进行耐压试验。对于新安装的电气设备，特别是自制的电气设备的验收工作更应坚持原则，一丝不苟。

四、安全教育

安全生产，人人有责。人人树立"安全第一"的观点，个个都做安全教育工作。特种作业人员安全教育的目的是提高工作人员的安全意识，充分认识安全用电的重要性；同时，使工作人员懂得用电的基本知识，掌握安全用电的基本方法，从而能安全、有效地进行工作。

新入厂的工作人员要接受厂、车间、生产小组等三级的安全教育。对普通职工，应当要求懂得安全用电的一般知识；对使用电气设备的生产工人，除懂得一般知识外，还应当懂得与安全有关的安全规程；对于独立工作的电气专业工作人员，更应当懂得电气装置在安装、使用、维护、检修过程中的安全要求，应当熟知电气安全操作规程和其他有关的安全规程，学会电气灭火的方法，掌握触电急救的技能，并应通过考试，取得操作上岗证。

新参加电气工作的人员、实习人员和临时参加劳动的人员（管理人员、非全日制用工等），都必须经过安全知识教育后，方可到现场随同参加指定的工作，但不得单独工作。特别应当注意加强对合同工和临时工的安全教育。

外单位承担或外来人员参加与公司系统电气工作的工作人员应熟悉安全操作规程以及有关安全措施，并取得特种作业操作证，经设备运行管理单位认可，方可参加工作。工作前，设备运行管理单位应告知现场电气设备接线情况、危险点和安全注意事项。

在生产过程中要做到"三不伤害"（不伤害自己、不伤害他人、不被他人伤害）和避免"三违"（违章指挥、违章作业、违反劳动纪律）。

要做到上述各项要求，各级领导要以身作则，充分发动群众，坚持群众性的、经常的、多样化的安全教育工作，搞好安全生产。广播、图片、标语、现场会、培训班都是可以采用的宣传教育方式。

开展交流活动，可以推广各单位先进的安全组织措施和安全技术措施，能促进电气安全工作的向前发展。

五、安全资料

安全资料是做好电气安全工作的重要依据。很多技术性资料对于安全工作也是十分必要的，应当注意收集和保存。

为了工作方便和便于检查，应当绘制和保存高压系统图、厂区内架空线路和电缆线路配置电路图、配电平面安装图及其他图纸资料。

对重要设备应单独建立资料档案，每次检修和试验记录应作为资料保存，设备事故和人身事故的记录也应当作为资料保存，以便查对。

应当注意收集各种安全标准、规范和法规；应当注意收集国内外电气安全信息并予分类，作为资料保存。

应当注意各种资料的完整性和连续性，凡有条件的，应将各种资料输入计算机，并编制适当的应用程序。

第二节　电工安全用具

电工安全用具是保证操作者能安全地进行电气工作时必不可少的工具。这些工具不仅对完成工作任务起重要的方便作用，而且对人身安全还起重要的保护作用。如：防止人身触电、高处坠落、电弧灼伤等事故的发生等。要充分发挥电工安全用具的保护作用，就要求电工操作人员必须对电工安全用具的基本结构、性能有所了解，正确使用电工安全用具。

一、电工安全用具的分类

电工安全用具从总体上可分为绝缘安全用具和一般防护安全用具两大类，分类如下：

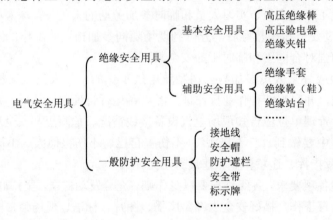

二、绝缘安全用具

绝缘安全用具包括绝缘杆、绝缘夹钳、绝缘靴、绝缘手套、绝缘垫和绝缘站台。绝缘安全用具分为基本安全用具和辅助安全用具。基本绝缘安全用具的绝缘强度能长时间承受电气设备的工作电压，能直接用来操作电气设备；辅助绝缘安全用具的绝缘强度不足以承受电气设备的工作电压，只能加强基本安全用具的作用。

（一）绝缘杆（棒）

绝缘杆又称为绝缘棒，俗称令克棒，它是基本绝缘安全用具。一般用电木、胶木、塑料、环氧玻璃布棒或环氧玻璃布管制成。在结构上可分为三部分，即工作部分、绝缘部分和手握部分，如图 12-1 所示。

配备不同工作部分的绝缘杆可用来操作高压隔离开关，操作跌落式熔断器，安装和拆除临时接地线以及进行测量和试验等工作。

在使用绝缘杆时必须注意：

①绝缘杆的型号、规格必须符合规定，切不可任意取用；

②操作者的手握部位不得越过隔离环；

③操作前，杆表面应用清洁的干布擦净，使杆表面干燥、清洁；

④操作时应带绝缘手套，穿绝缘靴或站在绝缘垫（台）上；

⑤在下雨、下雪或潮湿的天气，室外使用绝缘杆时，杆上应装有防雨的伞形罩，使绝缘杆的伞下部分保持干燥，没有伞形罩的绝缘杆，不宜在上述天气中使用；

⑥在使用绝缘杆时要注意防止碰撞，以免损坏表面的绝缘层，绝缘杆应存放在干燥的地方，一般将其放在特制的架子上，绝缘杆不得与墙或地面接触，以免碰伤其绝缘表面；

⑦绝缘杆应按规定进行定期绝缘试验。

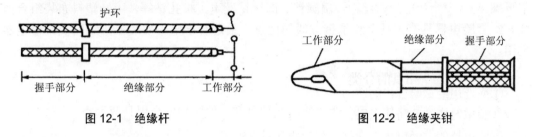

图 12-1　绝缘杆　　　　　　　　　　　　图 12-2　绝缘夹钳

（二）绝缘夹钳

绝缘夹钳是在带电的情况下，用来拆除和安装熔断器及其他类似工作。在 35 kV 及以下的电力系统中，绝缘夹钳列为基本绝缘安全用具之一。但在 35 kV 以上的电力系统中，一般不使用绝缘夹钳。

绝缘夹钳与绝缘棒一样也是用电木、胶木或在亚麻仁油中浸煮过的木材制成。它的结构包括三部分，即工作部分、绝缘部分与手握部分，如图 12-2 所示。

在使用绝缘夹钳时必须注意：

①在潮湿天气中，只能使用专门的防雨夹钳；

②绝缘夹钳必须按规定进行定期试验；

③操作前，绝缘夹钳的表面应用清洁的干布擦拭干净，使钳的表面干燥、清洁；

④操作时，应戴上绝缘手套，穿上绝缘靴及戴上防护眼镜，必须在切断负载的情况下进行操作。

（三）验电器

验电器又叫携带式电压指示器，它是用来检测设备和线路是否带电的一种专用安全用具。验电器按电压分为高压验电器和低压验电器两种。

1. 低压验电器

低压验电器俗称低压试电笔，其结构如图 12-3 所示。低压验电器只能在 500V 以下的设备和线路中使用。

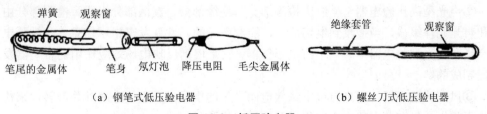

（a）钢笔式低压验电器　　　　　　　　　　（b）螺丝刀式低压验电器

图 12-3　低压验电器

（1）低压验电器的类型

①老式验电器。它是靠氖灯发光指示有电的。当用试电笔的笔尖接触低压带电设备或线路时，氖灯即发出红光。电压越高发光越亮，电压越低发光越暗。因此从氖灯发光的亮度可判断电压高低。

②新式验电器。它是用液晶显示电压的高低。

③组合验电器。它是由电工常用的部分工具组合而成，其中包括有低压验电器、"一"字形螺丝刀、"十"字形螺丝刀、扁圆锉、圆锥钻及木工扩孔钻等，用一塑料布袋组合而成。组合验电器具有工具全和携带方便的优点，最适合于电工安装低压线路及维修电器之用。

（2）使用低压验电器的注意事项

①应选用经试验合格的产品；

②验电时应注意防止短路；

③验电器的发光电压不应高于额定电压的 25%；

④低压验电器不允许在高压设备或线路上使用。

2. 高压验电器

高压验电器俗称高压试电笔。它是检测 6～35 kV 电网中的配电设备、架空线路及电缆等是否带电的专用工具。如图 12-4 所示。

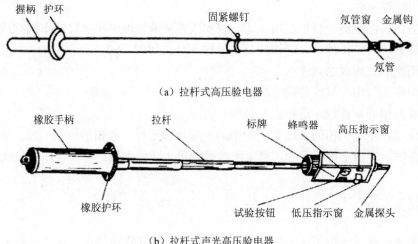

（a）拉杆式高压验电器

（b）拉杆式声光高压验电器

图 12-4　高压验电器

（1）按显示信号分类

①氖管发光型高压验电器。一般由指示器部分、绝缘部分、罩护环、握手部分等组成。

②声光型高压验电器。一般由检测部分、绝缘部分、握柄部分组成。检测部分由检测头和声光元件组成，当接收到电场信号，能发声光的元件就发出指示信息。此类验电器的特点是在发光型验电器中装入了有电报警器，它是根据反映电场效应作用的音响器发声的原理制成的。

③风车式验电器。它是通过电晕放电而产生的电晕风，驱使金属叶片旋转，来检测设备是否带电。风车验电器由风车指示器和绝缘操作杆组成。

（2）使用注意事项

①使用前应将验电器在确有电源处试测，证明验电器确实良好，方可使用；

②使用验电器测试时，必须使用与被测设备或线路相同电压等级且试验合格的验电器，测试时必须穿绝缘鞋、戴符合耐压要求的绝缘手套，同时不可以一个人单独测试，必须有人监护；

③测试时切忌将金属探头同时碰及两带电体或同时碰及带电体和金属外壳，以防造成相间和相地短路；人体与被测带电体应保持足够的安全距离，10 kV 电压为 0.7 m 以上；

④验电器绝缘手柄较短，使用时应特别注意手握部位不得超过护环；

⑤使用时，应将验电器逐渐靠近被测物体，直到氖灯亮；只有氖灯不亮时，才可与被测物体直接接触；

⑥户外使用验电器时，必须在天气良好的情况下进行，还应穿绝缘靴，在雪、雨、雾及湿度较大的情况下不宜使用，以防发生危险；

⑦验电器在检测时，不应受邻近有电设备的影响而发光、发声；检验不受邻近有电设备影响的距离：6 kV 及以下为 150 mm；10 kV 为 250 mm；35 kV 为 500 mm；

⑧高压验电器每半年进行一次发光和耐压试验，凡试验不合格者不能继续使用，试验合格者应贴合格标记。

（四）绝缘手套

绝缘手套是辅助绝缘安全用具。它是用绝缘性能良好的特种橡胶制成，要求薄、柔软，有足够的绝缘强度和机械性能。如图 12-5 所示。

由于绝缘手套可以使人的两手与带电体绝缘，防止人手同时触及不同电位带电体或触及同一电位带电体而触电，所以绝缘手套可作为低压工作的安全用具。在现有的绝缘安全用具中，绝缘手套的使用范围最广，用量最多。

图 12-5　绝缘手套

在使用绝缘手套时必须注意：

①不允许绝缘手套作其他用；

②使用前，要认真检查是否破损、漏气；

③根据不同的工作电压，会选择不同规格的绝缘手套；

④用后应单独存放，妥善保管。

（五）绝缘靴（鞋）

绝缘靴（鞋）也是辅助绝缘安全用具。它也是用绝缘性能良好的特种橡胶制成，如图12-6 所示。

图 12-6　绝缘靴（鞋）

绝缘靴（鞋）的作用是使人体与地面绝缘，防止试验电压范围内的跨步电压触电。

在使用绝缘靴（鞋）时必须注意：

①各种绝缘靴（鞋）的外观、色泽应与其他防护靴（鞋）或日常生活靴（鞋）有显著的区别，并应在明显处标出"绝缘"和耐压等级（试验电压和使用电压），以便识别，防止错用；

②严禁将绝缘靴（鞋）作为普通靴（鞋）穿用，使用前应检查有无明显破损；

③用后要妥善保管，不要与各种油类物质接触。

（六）绝缘站台

绝缘站台也只能作为辅助绝缘安全用具。绝缘站台是用木板或木条制成，相邻板条之间的距离不得大于 2.5 cm，以免鞋跟陷入。台面板用支持绝缘子与地面绝缘，支持绝缘子高度不得小于 10 cm；台面板边缘不得伸出绝缘子以外，以免站台翻倾，人员摔倒。绝缘站台最小尺寸不宜小于 0.8 m×0.8 m，但为了便于移动和检查，最大尺寸也不宜大于 1.5 m×1.5 m。如图 12-7 所示。

绝缘站台是在任何电压等级的电力装置中带电工作时使用，多用于变电所和配电室。它也可用于室内或室外的一切电气设备。当绝缘台用 35 kV 以上的高压支持瓷瓶作脚时，由于这种绝缘站台具有较高的绝缘水平，所以雨天需要在室外倒闸操作时用作辅助绝缘安全用具，较为可靠。

在使用绝缘站台时必须注意：

①当在室外使用时，应将绝缘站台放在坚硬的地面上，附近不应有杂草，以防绝缘瓷瓶陷入泥中或草中，降低绝缘性能；

②绝缘站台上不得有金属零件；

③绝缘站台必须按规定进行定期试验，定期试验一般每 3 年进行一次。

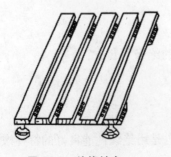

图 12-7　绝缘站台

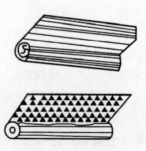

图 12-8　绝缘垫

（七）绝缘垫

绝缘垫也是一种辅助绝缘安全用具。一般铺在配电室的地面上，以便增强操作人员在带电操作断路器或隔离开关时的对地绝缘，防止接触电压与跨步电压的伤害；也可铺在低压开关附近的地面上，操作时操作人员站在上面，用以代替使用绝缘手套和绝缘靴。

绝缘垫用厚度 5 mm 以上，表面有防滑条纹的橡胶制成，如图 12-8 所示。其最小尺寸不宜小于 0.8 m×0.8 m。

在使用绝缘垫时必须注意：

①在使用过程中，应保持绝缘垫干燥、清洁，注意防止与酸、碱及各种油类物质接触，以免受腐蚀后老化、龟裂或变黏，降低其绝缘性能；

②绝缘垫应避免阳光直射或锐利金属划刺，存放时应避免与热源（暖气等）距离太近，以免老化变质，绝缘性能下降；

③使用过程中要经常检查绝缘垫有无裂纹、划痕等，发现有问题时要立即禁止使用并及时更换；

④绝缘垫应定期进行绝缘试验。

三、一般防护安全用具

一般防护安全用具包括临时接地线、隔离板、遮栏、各种安全工作牌、安全腰带等。

（一）临时接地线

临时接地线装设在被检修区段两端的电源线路上，用来防止突然来电，防止邻近高压线路的感应电；临时接地线也用作放尽线路或设备上残留电荷的安全器材。

临时接地线主要由软导线和接线夹组成。三根短的软导线是接向三相导体用的，一根长的软导线是接向接地线用的。临时接地线的接线夹必须坚固有力，软导线应采用截面积为 25 mm² 以上的软铜线，各部分连接必须牢固，如图 12-9 所示。

在使用临时接地线时必须注意：

①挂接地线时要先将接地端接好，然后再将接地线挂在导线上，拆接地线的顺序与此相反。

②应检查接地铜线和三相短接铜线的连接是否牢固，一般应用螺栓紧固后，再加焊锡焊牢，以防因接触不良而熔断。

③装设接地线必须由两人进行，装拆接地线均应使用绝缘棒和戴绝缘手套。

（二）防护遮栏

防护遮栏主要用来防止工作人员无意碰到或过分接近带电体，也用作检修安全距离不够时的安全隔离装置。

防护遮栏用干燥的木材或其他绝缘材料制成。其高度一般不小于 1.8 m，下部边沿离地面不超过 10 cm。板上有明显的警告标志："止步，高压危险"。遮栏要求轻便，制作牢固、稳定，不易倾倒。遮栏也可做成栅栏形状，既轻便又省料，如图 12-10 所示。

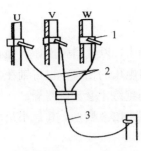

1—专用线头；2—三相短接线；

3—接地线

图 12-9　临时接地线　　　　　图 12-10　遮栏　　　　　图 12-11　标示牌

在室外进行高压设备部分停电作业时，在停电设备的周围插上铁棍，将线网或绳子挂在铁棍上，形成防护遮栏。这种遮栏要求对地距离不小于 1 m。

在使用防护遮栏时必须注意：

①遮栏要牢固可靠；

②严禁工作人员和非工作人员移动遮栏或取下标示牌。

（三）标示牌

标示牌的作用是警告工作人员不得过分接近带电部分，指明工作人员准确的工作地点，提醒工作人员应当注意的问题，以及禁止向某段线路送电等。

标示牌是用绝缘材料制成的。如图 12-11 所示。标示牌种类很多，如"止步，高压危险！"、"在此工作"、"已接地"、"有人工作，禁止合闸！"等。标示牌的有关资料列于表 12-1 中。

表 12-1　标示牌的有关资料

名　称	悬挂位置	式样和要求		
		尺寸/（mm×mm）	底色	字色
有人工作，禁止合闸！	一经合闸即可送电到施工设备的开关和刀闸操作手柄上	200×100 和 80×50	白色	红字
线路有人工作，禁止合闸！	一经合闸即可送电到施工线路的线路开关和刀闸操作手柄上	200×100 和 80×50	红色	白字
在此工作	户外或户内工作地点或施工设备上	250×250	绿底，中间有直径为 210 mm 的白圆圈	黑字，写于白圆圈中
止步，高压危险！	工作地点邻近带电设备的遮栏上；户外工作地点邻近带电设备的构架上；禁止通行的过道上；高压试验地点	250×200	白底红边	黑字，有红箭头
从此上下	工作人员上下的铁架、梯子上	250×250	绿底，中间有直径为 210 mm 的白圆圈	黑字，写于白圆圈中
禁止攀登，高压危险！	邻近工作地点可能上下的铁架上	250×200	白底红边	黑字
已接地	看不到接地线的设备上	200×100	绿底	黑字

在使用标示牌时必须注意：标示牌的内容要正确，悬挂地点应无误。

（四）脚扣、安全腰带和升降板（登高板）

脚扣、安全腰带和升降板（登高板）是登高作业的安全专业用具。

脚扣是登杆用具。其主要部分用钢材制成。木杆用脚扣的半圆环和根部均有凸出的小齿，以刺入木杆起防滑作用。水泥杆用脚扣的半圆环和根部装有橡胶套或橡胶垫，起防滑作用，如图12-12所示。脚扣有大小号之分，以适应电杆粗细不同的需要。

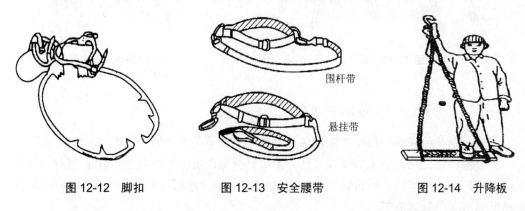

围杆带

悬挂带

图12-12 脚扣   图12-13 安全腰带   图12-14 升降板

在电杆上、户外架构上进行高空作业时，安全腰带是用于预防高处坠落，保证作业人员安全的用具。它是用皮革、帆布或化纤材料制成的。安全腰带有两根带子，大的绕在电杆或其他牢固的构件上起防止坠落的作用，小的系在腰部偏下部位，起人体固定及保护作用，如图12-13所示。安全腰带的宽度不应小于60 mm。绕电杆带的单根拉力不应小于2 206 N。

升降板（登高板）也是登高安全用具，是攀登电杆的常用工具。它主要由坚硬的木板和结实、柔软的绳子组成，如图12-14所示。

（五）梯子和高凳

梯子和高凳也是登高作业的安全专业用具。要求应坚固可靠，应能承受工作人员及其所携带工具的总重量。

梯子分人字梯和靠梯两种。为了避免靠梯翻倒，靠梯梯脚与墙之间的距离不应小于梯长的1/4；为了避免滑落，其间距离不得大于梯长的1/2。为了限制人字梯的开脚度，其两侧之间应加拉链或拉绳。为了防滑，在光滑地面上使用的梯子，梯脚应加绝缘套或橡胶垫；在泥土地面上使用的梯子，梯脚应加铁尖，如图12-15所示。

（六）安全网

安全网是用来防止高处作业人员坠落和高处落物伤人而设置的保护设施。安全网的受力网绳是用直径为8 mm的锦纶绳编织而成，安全网的四角用直径为10 mm的锦纶绳牢固地绑扎在主铁和水平铁上，并拉紧，如图12-16所示。

防滑拉绳

防滑胶皮

图 12-15　梯子

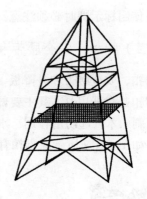

图 12-16　安全网

（七）安全帽、工作服和护目镜

①安全帽是用来保护使用者头部免受外来伤害个人防护用具。如图 12-17 所示。

安全帽的帽壳应完整无裂纹或损伤，无明显变形；帽衬组件（包括帽箍、顶衬、后箍、下颚带等）齐全、牢固；帽舌伸出长度为 10～50 mm，倾斜度在 30°～60°之间；并且安全帽上的永久性标志清楚。

②工作服是用来减轻对工作人员的伤害程度。如图 12-18 所示。

工作人员的工作服不应有可能被转动的机器绞住的部分，工作时衣领和袖口必须扣好；工作服禁用尼龙、化纤或其他混纺布料制作，以防工作服遇火燃烧和加重烧伤程度。

③护目镜是用来防止眼睛受强光刺射。如图 12-19 所示。

在砂轮机磨削金属时，工作人员应戴平光镜；焊工在进行焊割操作时，应戴专用的防护墨镜；在清扫烟道、煤粉仓时也应使用护目镜。

图 12-17　安全帽

图 12-18　工作服

图 12-19　护目镜

四、安全用具的使用和试验

安全用具是直接保护人身安全的，必须保持良好的性能和状态。为此，必须正确使用和保管安全用具，并进行经常及定期的检查和试验。

（一）安全用具的使用和保管

应根据工作条件选用适当的安全用具。操作高压跌落式熔断器或其他高压开关时，必须使用相应电压等级的绝缘杆，并戴绝缘手套或干燥的线手套进行；如雨雪天气在户外操作，必须戴绝缘手套、穿绝缘靴或站在绝缘台上操作；更换熔断器的熔体时，应戴护目眼镜和绝缘手套，必要时还应使用绝缘夹钳；空中作业时，应使用合格的登高用具、安全腰带并戴上安全帽。

每次使用安全用具前必须认真检查，检查安全用具规格是否与线路条件相符，检查安全用具有无破损、有无变形，绝缘件表面有无裂纹、啮痕、是否脏污、是否受潮，检查各部分连接是否可靠等。例如，使用绝缘手套前应做简单的充气检查；验电器每次使用前都应先在有电部位验试其是否完好，以免给出错误指示。

安全用具使用完毕应擦拭干净。安全用具不能任意作为他用，也不能用其他工具代替安全用具。例如，不能用医疗手套或化学手套代替绝缘手套，不得把绝缘手套或绝缘靴作其他用途，不能用短路法代替临时接地线，不能用不合格的普通绳来代替安全腰带。安全用具应妥善保管，应注意防止受潮、脏污或破坏。绝缘杆应放在专用木架上，而不应斜靠在墙上或平放在地上。绝缘手套、绝缘靴、绝缘鞋应放在箱、柜内，而不应放在过冷、过热、阳光暴晒或有酸、碱、油的地方，以防胶质老化，也不应与坚硬、带刺或脏污物件放在一起或压以重物。验电器应放在盒内，并置于干燥之处。

（二）安全用具的试验

防止触电的安全用具的试验包括耐压试验和泄漏电流试验。除几种辅助安全用具要求做两种试验外，一般只要求做耐压试验。使用中安全用具的试验内容、标准、周期可参考表 12-2。对于新的安全用具，要求更应当严格一些。例如，新的高压绝缘手套的试验电压为 12 kV、泄漏电流为 12 mA；新的高压绝缘靴的试验电压为 20 kV、泄漏电流为 10 mA 等。

表 12-2　安全用具试验标准

名　　称		电压/kV	试验标准			试验周期/a
			耐压试验电压/kV	耐压试验持续时间/s	泄漏电流/mA	
绝缘杆、绝缘夹钳		≤35	3 倍额定电压，且≥40	300	—	1
绝缘挡板、绝缘罩		35	—	200	—	1
绝缘手套	高压		8	60	≤	0.5
	低压		≤2.5	60	≤2.5	0.5
绝缘靴	高压		15	60	≤7.5	0.5
绝缘鞋		≤1	3.5	60	≤2	0.5
绝缘垫		>1	15	以 2~3 cm/s 的速度拉过	≤15	2
		≤1	5		≤15	2
绝缘站台		各种电压	45	120	—	3
绝缘柄工具		低压	3	60	—	0.5
高压验电器		≤10	40	300	—	0.5
		≤35	105	300	—	0.5
钳表	绝缘部分	≤10	40	60	—	1
	铁芯部分	≤10	20	60	—	1

登高作业安全用具的试验主要是拉力试验。其试验标准见表 12-3，试验周期均为 6 个月。

表 12-3　登高作业安全用具试验标准

名　称	安全腰带		安全腰带	登高板	脚扣	梯子
	大　带	小　带				
试验静拉力/N	2 206	1 471	2 206	2 206	1 471	1 765（荷重）

第三节　电气安全作业措施

一、安全作业的基本要求

在电气设备上工作时都直接或间接地与带电体接触，这就关系到了人身安全，甚至会影响到他人的生命和国家财产的安全，因此，国家相关部门制定了有关制度和规程，以保证电气工作的安全，为此提出了如下基本要求：

①严格执行工作票制度，按规定程序进行组织，工作负责人必须了解掌握作业人员的情况，对身体不适、缺乏操作工作经验、有烦恼情况者，不能分配其重要的技术性工作和登高作业。

②必须做好组织工作，工作负责人应按规定提前填写工作票，经主管部门审批后方可停电，对已停电的设备及线路在完成现场安全措施后，负责人应进行全面检查，无误后方准开始工作。

③工作负责人在工作中对作业人员执行安全规程的情况进行监督，工作完毕应进行复查，并将工作情况与运行值班人员做好交接后方可送电。

④工作人员必须严格服从工作负责人的指挥，有疑问时应向负责人问清后方可工作，清楚工作范围及范围内的设备性能和电压等级。超出范围的工作未经许可不得擅自动手，对规定的安全措施不得任意变更。

⑤参加作业的全体人员在工作前或工作中都不准饮酒。工作中衣帽必须按规定穿戴整齐、精神集中，不准擅离职守。

⑥工作完毕应进行检查，清点工具和材料有无遗留在设备上，临时接地线是否已拆除，并向工作负责人报告完工，全体人员应退出现场。对不在现场的人员应设法通知后方准签工作票。送电后如发现有问题时，仍需按规定再次完成各项安全措施后方可复工。

⑦在高低压电气设备及线路上工作时，必须停电进行，对电容器和电缆在停电后应充分放电。因特殊情况需要带电工作时，应经有关部门批准后方可进行。

⑧严禁利用事故停电的机会进行检修工作。在同一线路设备上进行不同项目工作时，应分别停电挂牌。

⑨电气作业所使用的各种仪器仪表必须合乎要求，安全用具应定期检查、试验。工作前应检查，合格后方可使用。

二、保证安全的组织措施

在变配电所的电气设备上工作，保证安全的组织措施，即：工作票制度、工作许可制度、工作监护制度、工作间断、转移和终结制度。

（一）工作票制度

工作票制度是准许在电气设备上工作的书面命令。是电工班组内部以及电工维修人员与运行人员之间为确保检修工作安全的一种联系制度。可以使工作人员、运行人员都能明确自己的工作责任、工作范围、工作时间和工作地点，在工作情况发生变化时如何进行联系，在工作中必须采取哪些安全措施，并经有关人员认定合理后全面落实。它可以防止工作的盲目性、临时性和错误操作，提高安全可靠性，保证工作人员的安全。

1. 在电气设备上工作，应填用工作票或按命令执行，其方式有下列三种

①第一种工作票。

②第二种工作票。

③口头或电话命令。

2. 工作票的使用范围

（1）填用第一种工作票的工作

在高压电气设备上工作需要全部停电或部分停电；在高压室内的二次接线和照明等回路上的工作，需要将高压电气设备停电或采取安全措施者。第一种工作票的格式见表12-4。

表 12-4　变电站（发电厂）第一工作票

单位＿＿＿＿＿＿＿＿＿＿＿＿＿＿＿＿＿＿＿＿＿＿＿＿＿＿　编号＿＿＿＿＿＿＿＿＿＿＿＿＿＿＿
1. 工作负责人（监护人）＿＿＿＿＿＿＿＿＿＿＿＿　班组＿＿＿＿＿＿＿＿＿＿＿＿＿
2. 工作班人员（不包括工作负责人） ＿＿＿＿＿＿＿＿＿＿＿＿＿＿＿＿＿＿＿＿＿＿＿＿＿＿＿＿共＿＿＿＿＿人
3. 工作的变、配电站名称及设备双重名称 ＿＿＿＿＿＿＿＿＿＿＿＿＿＿＿＿＿＿＿＿＿＿＿＿＿＿＿＿＿＿＿＿＿

4. 工作任务	
工作地点及设备双重名称	工作内容

5. 计划工作时间
自＿＿＿＿＿年＿＿＿＿月＿＿＿＿日＿＿＿＿时＿＿＿＿分
至＿＿＿＿＿年＿＿＿＿月＿＿＿＿日＿＿＿＿时＿＿＿＿分
6. 安全措施（必要时可附页绘图说明）

应拉断路器（开关）、隔离开关（刀闸）	已执行*
应装接地线、应合接地刀闸 （注明确实地点、名称及接地线编号*）	已执行
应设遮栏、应挂标示牌及防止二次回路误碰等措施	已执行

*已执行栏目及接地线编号由工作许可人填写。

工作地点保留带电部分或注意事项 （由工作票签发人填写）	补充工作地点保留带电部分和安全措施 （由工作许可人填写）

工作票签发人签名_____ 签发日期_____年____月___日___时___分

7. 收到工作票时间_____年_____月_____日_____时_____分

运行值班人员签名_____ 工作负责人签名_____

8. 确认本工作票 1～7 项

工作负责人签名_____ 工作许可人签名_____

许可开始工作时间_____年_____月_____日_____时_____分

9. 确认工作负责人布置的工作任务和安全措施

工作班组人员签名_____

10. 工作负责人变动情况

原工作负责人_____离去，变更_____为工作负责人

工作票签发人_____ _____年_____月_____日_____时_____分

11. 工作人员变动情况（变动人员姓名、日期及时间）

_____

工作负责人签名_____

12. 工作票延期

有效期延长到_____年____月___日____时_____分

工作负责人签名_____ _____年____月____日____时____分

工作许可人签名_____ _____年____月____日____时____分

13. 每日开工和收工时间（使用一天的工作票不必填写）

收工时间				工作负责人	工作许可人	开工时间				工作负责人	工作许可人
月	日	时	分			月	日	时	分		

14. 工作终结

全部工作于_____年____月___日_____时_____分结束，设备及安全措施已恢复至开工前状态，工作人员已全部撤离，材料工具已清理完毕，工作已终结。

278

工作负责人签名＿＿＿＿＿＿＿＿＿ 工作许可人签名＿＿＿＿＿＿＿＿＿＿＿＿＿

15. 工作票终结

临时遮栏、标示牌已拆除，常设遮栏已恢复。未拆除或未拉开的接地线编号＿＿＿＿＿＿等共＿＿组、
接地刀闸（小车）共＿＿＿＿＿副（台）、已汇报调度值班员。

工作许可人签名＿＿＿＿＿＿＿＿ ＿＿＿＿＿＿年＿＿月＿＿日＿＿时＿＿分

16. 备注

（1）指定专责监护人＿＿＿＿＿＿＿＿ 负责监护＿＿＿＿＿＿＿＿＿＿＿（地点及具体工作）

（2）其他事项＿＿＿＿＿＿＿＿＿＿＿＿＿＿＿＿＿＿＿＿＿＿＿＿＿＿＿＿＿＿＿＿＿＿

注：若使用总、分票，总票的编号上前缀"总（n）号含分（m）"，分票的编号上前缀"总（n）号第
分（n）"。

（2）填用第二种工作票的工作

带电作业或在带电设备外壳上工作；在控制盘或低压配电盘、配电箱、电源干线上工
作；二次接线回路上工作，无需将高压设备停电者；非值班人员用绝缘棒和电压互感器定
相或用钳形电流表测量高压回路的电流。第二种工作票的格式见表 12-5。

表 12-5 变电站（发电厂）第二工作票

单位＿＿＿＿＿＿＿＿＿＿＿＿＿＿＿＿＿ 编号＿＿＿＿＿＿＿＿＿＿＿＿＿＿＿＿＿＿＿＿

1. 工作负责人（监护人）＿＿＿＿＿＿＿＿＿＿ 班组＿＿＿＿＿＿＿＿＿＿＿＿＿＿＿＿＿＿＿

2. 工作班人员（不包括工作负责人）

＿＿＿＿＿＿＿＿＿＿＿＿＿＿＿＿＿＿＿＿＿＿＿＿＿＿＿ 共＿＿＿＿＿＿＿人

3. 工作的变、配电站名称及设备双重名称

＿＿＿

4. 工作任务

工作地点或地段	工作内容

5. 计划工作时间

自＿＿＿＿＿＿＿＿＿年＿＿＿月＿＿＿日＿＿＿时＿＿＿＿分

至＿＿＿＿＿＿＿＿＿年＿＿＿月＿＿＿日＿＿＿时＿＿＿＿分

6. 工作条件（停电或不停电，或邻近及保留带电设备名称）

＿＿＿

7. 注意事项（安全措施）

＿＿＿

工作票签发人签名＿＿＿＿＿＿＿＿＿ 签发日期＿＿＿＿＿＿年＿＿＿月＿＿日＿＿时＿＿分

8. 补充安全措施（工作许可人填写）

＿＿＿

9. 确认本工作票 1～8 项

工作负责人签名＿＿＿＿＿＿＿＿＿＿＿ 工作许可人签名

许可工作时间＿＿＿＿＿＿＿年＿＿＿月＿＿＿日＿＿＿时＿＿＿＿分

10. 确认工作负责人布置的工作任务和安全措施

工作班人员签名：_____

11. 工作票延期

有效期延长到_____年_____月_____日_____时_____分

工作负责人签名_____　_____年_____月____日_____时_____分

工作许可人签名_____　_____年_____月____日_____时_____分

12. 工作票终结

全部工作于_____年____月__日___时_____分结束，工作人员已全部撤离，材料工具已清理完毕。

工作负责人签名_____　_____年_____月____日_____时_____分

工作许可人签名_____　_____年_____月____日_____时_____分

13. 备注

_____

（3）其他工作用口头或电话命令

口头或电话命令，必须清楚正确。值班人员应将发令人、负责人及工作任务详细记入操作记录簿中，并向法令人复诵核对一遍。

3. 工作票的填写与签发

①工作票应使用黑色或蓝色的钢（水）笔或圆珠笔填写与签发，一式两份，内容应正确，填写应清楚，不得任意涂改。如有个别错、漏字需要修改，应使用规范的符号，字迹应清楚。

②用计算机生成或打印的工作票应使用统一的票面格式，由工作票签发人审核无误，手工或电子签名后方可执行。

工作票一份应保存在工作地点，由工作负责人收执；另一份由工作许可人收执，按值移交。工作许可人应将工作票的编号、工作任务、许可及终结时间记入登记簿。

③一张工作票中，工作票签发人、工作负责人和工作许可人三者不得互相兼任。

④工作票由工作负责人填写，也可以由工作票签发人填写。

⑤工作票由设备运行单位签发，也可由经设备运行单位审核合格且经批准的修试及基建单位签发。修试及基建单位的工作票签发人及工作负责人名单应事先送有关设备运行单位备案。

⑥承发包工程中，工作票可实行"双签发"形式。签发工作票时，双方工作票签发人在工作票上分别签名，各自承担本规程工作票签发人相应的安全责任。

⑦第一种工作票所列工作地点超过两个，或有两个及以上不同的工作单位（班组）在一起工作时，可采用总工作票和分工作票。总、分工作票应由同一个工作票签发人签发。

总工作票上所列的安全措施应包括所有分工作票上所列的安全措施。几个班同时进行工作时，总工作票的工作班成员栏内，只填明各分工作票的负责人，不必填写全部工作人员姓名。分工作票上要填写工作班人员姓名。

总、分工作票在格式上与第一种工作票一致。

分工作票应一式两份，由总工作票负责人和分工作票负责人分别收执。分工作票的许可和终结，由分工作票负责人与总工作票负责人办理。分工作票必须在总工作票许可后才可许可；总工作票必须在所有分工作票终结后才可终结。

⑧供电单位或施工单位到用户变电站内施工时，工作票应由有权签发工作票的供电单位、施工单位或用户单位签发。

4．工作票的使用

①一个工作负责人不能同时执行多张工作票，工作票上所列的工作地点，以一个电气连接部分为限。

②一张工作票上所列的检修设备应同时停、送电，开工前工作票内的全部安全措施应一次完成。若至预定时间，一部分工作尚未完成，需继续工作而不妨碍送电者，在送电前，应按照送电后现场设备带电情况，办理新的工作票，布置好安全措施后，方可继续工作。

③若以下设备同时停、送电，可使用同一张工作票：

一是属于同一电压、位于同一平面场所，工作中不会触及带电导体的几个电气连接部分。

二是一台变压器停电检修，其断路器也配合检修。

三是全站停电。

④同一变电站内在几个电气连接部分上依次进行不停电的同一类型的工作，可以使用一张第二种工作票。

⑤需要变更工作班成员时，应经工作负责人同意，在对新的作业人员进行安全交底手续后，方可进行工作。非特殊情况不得变更工作负责人，如确需变更工作负责人应由工作票签发人同意并通知工作许可人，工作许可人将变动情况记录在工作票上。工作负责人允许变更一次。原、现工作负责人应对工作任务和安全措施进行交接。

⑥在原工作票的停电及安全措施范围内增加工作任务时，应由工作负责人征得工作票签发人和工作许可人同意，并在工作票上增填工作项目。若需变更或增设安全措施者应填用新的工作票，并重新履行签发许可手续。

⑦变更工作负责人或增加工作任务，如工作票签发人无法当面办理，应通过电话联系，并在工作票登记簿和工作票上注明。

⑧第一种工作票应在工作前一日送达运行人员，可直接送达或通过传真、局域网传送，但传真传送的工作票许可应待正式工作票到达后履行。临时工作可在工作开始前直接交给工作许可人。

第二种工作票和带电作业工作票可在进行工作的当天预先交给工作许可人。

⑨工作票有破损不能继续使用时，应补填新的工作票，并重新履行签发许可手续。

5．工作票的有效期与延期

①第一、二种工作票和带电作业工作票的有效时间，以批准的检修期为限。

②第一、二种工作票需办理延期手续，应在工期尚未结束以前由工作负责人向运行值班负责人提出申请（属于调度管辖、许可的检修设备，还应通过值班调度员批准），由运行值班负责人通知工作许可人给予办理。第一、二种工作票只能延期一次。带电作业工作票不准延期。

6．工作票所列人员的基本条件

①工作票的签发人应是熟悉人员技术水平、熟悉设备情况、熟悉本规程，并具有相关工作经验的生产领导人、技术人员或经本单位分管生产领导批准的人员。工作票签发人员名单应书面公布。

②工作负责人（监护人）应是具有相关工作经验，熟悉设备情况和本规程，经工区（所、公司）生产领导书面批准的人员。工作负责人还应熟悉工作班成员的工作能力。

③工作许可人应是经工区（所、公司）生产领导书面批准的有一定工作经验的运行人员或检修操作人员（进行该工作任务操作及做安全措施的人员）；用户变、配电站的工作许可人应是持有效证书的高压电气工作人员。

④专责监护人应是具有相关工作经验，熟悉设备情况和本规程的人员。

7. 工作票中所列人员的安全责任

（1）工作票签发人

①工作必要性和安全性。

②工作票上所填安全措施是否正确完备。

③所派工作负责人和工作班人员是否适当和充足。

（2）工作负责人（监护人）

①正确安全地组织工作。

②负责检查工作票所列安全措施是否正确完备，是否符合现场实际条件，必要时予以补充。

③工作前对工作班成员进行危险点告知，交待安全措施和技术措施，并确认每一个工作班成员都已知晓。

④严格执行工作票所列安全措施。

⑤督促、监护工作班成员遵守本规程，正确使用劳动防护用品和执行现场安全措施。

⑥工作班成员精神状态是否良好，变动是否合适。

（3）工作许可人

①负责审查工作票所列安全措施是否正确、完备，是否符合现场条件。

②工作现场布置的安全措施是否完善，必要时予以补充。

③负责检查检修设备有无突然来电的危险。

④对工作票所列内容即使发生很小疑问，也应向工作票签发人询问清楚，必要时应要求作详细补充。

（4）专责监护人

①明确被监护人员和监护范围。

②工作前对被监护人员交代安全措施，告知危险点和安全注意事项。

③监督被监护人员遵守本规程和现场安全措施，及时纠正不安全行为。

（5）工作班成员

①熟悉工作内容、工作流程，掌握安全措施，明确工作中的危险点，并履行确认手续。

②严格遵守安全规章制度、技术规程和劳动纪律，对自己在工作中的行为负责，互相关心工作安全，并监督本规程的执行和现场安全措施的实施。

③正确使用安全工器具和劳动防护用品。

（二）工作许可制度

①工作许可人在完成施工现场的安全措施后，还应完成以下手续，工作班方可开始工作：

一是会同工作负责人到现场再次检查所做的安全措施,对具体的设备指明实际的隔离措施,证明检修设备确无电压。

二是对工作负责人指明带电设备的位置和注意事项。

三是和工作负责人在工作票上分别确认、签名。

②运行人员不得变更有关检修设备的运行接线方式。工作负责人、工作许可人任何一方不得擅自变更安全措施,工作中如有特殊情况需要变更时,应先取得对方的同意并及时恢复。变更情况及时记录在值班日志内。

（三）工作监护制度

①工作许可手续完成后,工作负责人、专责监护人应向工作班成员交代工作内容、人员分工、带电部位和现场安全措施,进行危险点告知,并履行确认手续,工作班方可开始工作。工作负责人、专责监护人应始终在工作现场,对工作班人员的安全认真监护,及时纠正不安全的行为。

②所有工作人员（包括工作负责人）不许单独进入、滞留在高压室、阀厅内和室外高压设备区内。

若工作需要（如测量极性、回路导通试验、光纤回路检查等）,而且现场设备允许时,可以准许工作班中有实际经验的一个人或几人同时在一室进行工作,但工作负责人应在事前将有关安全注意事项予以详尽的告知。

③工作负责人在全部停电时,可以参加工作班工作。在部分停电时,只有在安全措施可靠,人员集中在一个工作地点,不致误碰有电部分的情况下,方能参加工作。

工作票签发人或工作负责人,应根据现场的安全条件、施工范围、工作需要等具体情况,增设专责监护人和确定被监护的人员。

专责监护人不得兼做其他工作。专责监护人临时离开时,应通知被监护人员停止工作或离开工作现场,待专责监护人回来后方可恢复工作。若专责监护人必须长时间离开工作现场时,应由工作负责人变更专责监护人,履行变更手续,并告知全体被监护人员。

④工作期间,工作负责人若因故暂时离开工作现场时,应指定能胜任的人员临时代替,离开前应将工作现场交代清楚,并告知工作班成员。原工作负责人返回工作现场时,也应履行同样的交接手续。

若工作负责人必须长时间离开工作现场时,应由原工作票签发人变更工作负责人,履行变更手续,并告知全体工作人员及工作许可人。原、现工作负责人应做好必要的交接。

（四）工作间断、转移和终结制度

①工作间断时,工作班人员应从工作现场撤出,所有安全措施保持不动,工作票仍由工作负责人执存,间断后继续工作,无需通过工作许可人。每日收工,应清扫工作地点,开放已封闭的通道,并将工作票交回运行人员。次日复工时,应得到工作许可人的许可,取回工作票,工作负责人应重新认真检查安全措施是否符合工作票的要求,并召开现场站班会后,方可工作。若无工作负责人或专责监护人带领,作业人员不得进入工作地点。

②在未办理工作票终结手续以前,任何人员不准将停电设备合闸送电。

在工作间断期间,若有紧急需要,运行人员可在工作票未交回的情况下合闸送电,但应先通知工作负责人，在得到工作班全体人员已经离开工作地点、可以送电的答复后方可执行，并应采取下列措施：

一是拆除临时遮栏、接地线和标示牌，恢复常设遮栏，换挂"止步，高压危险！"的标示牌。

二是应在所有道路派专人守候，以便告诉工作班人员"设备已经合闸送电，不得继续工作"。守候人员在工作票未交回以前，不得离开守候地点。

③检修工作结束以前，若需将设备试加工作电压，应按下列条件进行：

一是全体工作人员撤离工作地点。

二是将该系统的所有工作票收回，拆除临时遮栏、接地线和标示牌，恢复常设遮栏。

三是应在工作负责人和运行人员进行全面检查无误后，由运行人员进行加压试验。

工作班若需继续工作时，应重新履行工作许可手续。

④在同一电气连接部分用同一工作票依次在几个工作地点转移工作时，全部安全措施由运行人员在开工前一次做完，不需再办理转移手续。但工作负责人在转移工作地点时，应向工作人员交代带电范围、安全措施和注意事项。

⑤全部工作完毕后，工作班应清扫、整理现场。工作负责人应先周密地检查，待全体工作人员撤离工作地点后，再向运行人员交待所修项目、发现的问题、试验结果和存在的问题等，并与运行人员共同检查设备状况、状态，有无遗留物件，是否清洁等，然后在工作票上填明工作结束时间。经双方签名后，表示工作终结。

待工作票上的临时遮栏已拆除，标示牌已取下，已恢复常设遮栏，未拆除的接地线、未拉开的接地刀闸（装置）等设备运行方式已汇报调度，工作票方告终结。

⑥只有在同一停电系统的所有工作票都已终结，并得到值班调度员或运行值班负责人的许可指令后，方可合闸送电。

⑦已终结的工作票、事故应急抢修单应保存 1 年。

三、保证安全的技术措施

在全部停电或部分停电的电气设备上工作，保证安全的技术措施：停电、验电、装设接地线、悬挂标示牌和装设遮栏。

上述措施由运行（值班）人员执行。对于无经常值班人员的电气设备，由有权执行操作的人员执行，并应有监护人在场。

（一）停电

①工作地点，必须停电的设备如下：

一是检修的设备。

二是与工作人员在进行工作中正常活动范围的距离小于表 12-6 规定的设备。

表 12-6　电气工作人员工作中正常活动范围与带电设备的安全距离

电压等级/kV	10 及以下（13.8）	20~35	60~110	154	220	330	500
安全距离/m	0.35	0.60	1.50	2.00	3.00	4.00	5.00

三是在 35 kV 以下的设备上进行工作，安全距离虽大于表 12-6 的规定但小于表 12-7 的规定，同时又无遮拦措施的设备。

表 12-7　设备不停电时的安全距离

电压等级/kV	10 及以下（13.8）	20～35	60～110	154	220	330	500
安全距离/m	0.70	1.00	1.50	2.00	3.00	4.00	5.00

四是带电部分在工作人员后面、两侧、上下，且无可靠安全措施的设备。

五是其他需要停电的设备。

②检修设备停电，应把各方面的电源完全断开（任何运行中的星形接线设备的中性点，应视为带电设备）。禁止在只经断路器（开关）断开电源的设备上工作，必须拉开隔离开关（刀闸），使各方面至少有一个明显的断开点，若无法观察到停电设备的断开点，应有能够反映设备运行状态的电气和机械等指示。与停电设备有关的变压器和电压互感器，应将设备各侧断开，防止向停电检修设备反送电。

③检修设备和可能来电侧的断路器（开关）、隔离开关（刀闸）应断开控制电源和合闸电源，隔离开关（刀闸）操作把手应锁住，确保不会误送电。

④对难以做到与电源完全断开的检修设备，可以拆除设备与电源之间的电气连接。

（二）验电

①验电时，应使用相应电压等级、合格的接触式验电器，在装设接地线或合接地刀闸（装置）处对各相分别验电。验电前，应先在有电设备上进行试验，确证验电器良好；无法在有电设备上进行试验时可用工频高压发生器等确证验电器良好。

②高压验电应戴绝缘手套。验电器的伸缩式绝缘棒长度应拉足，验电时手应握在手柄处不得超过护环，人体应与验电设备保持表 12-5 中规定的距离。雨雪天气时不得进行室外直接验电。

③表示设备断开和允许进入间隔的信号、经常接入的电压表等，如果指示有电，则禁止在设备上工作。

（三）装设临时接地线

①当验明设备确已无电压后，应立即将检修设备接地并三相短路。这是保护工作人员在工作地点防止突然来电的可靠安全措施，同时设备断开部分的剩余电荷，亦可因接地而放尽。

②对于可能送电至停电设备的各方面都应装设接地线或合上接地刀闸（装置），所装接地线与带电部分应考虑接地线摆动时仍符合安全距离的规定。

③检修母线时，应根据母线的长短和有无感应电压等实际情况确定地线数量。检修 10 m 及以下的母线，可以只装设一组接地线。在门形架构的线路侧进行停电检修，如工作地点与所装接地线的距离小于 10 m，工作地点虽在接地线外侧，也可不另装接地线。

④检修部分若分为几个在电气上不相连接的部分（如分段母线以隔离开关或断路器隔开分成几段），则各断应分别验电并接地短路。接地线与检修部分之间不得连有断路器或

熔断器。降压变电所全部停电时，应将各个可能来电侧的部分接地短路，其余部分不必每段都装设接地线。

⑤在室内配电装置上，接地线应装在该装置导电部分的规定地点，这些地点的油漆应刮去，并划下黑色记号。所有配电装置的适当地点，均应设有接地网的接头。接地电阻必须合格。

⑥装设接地线必须由两个人进行。若为单人值班，只允许使用接地刀闸接地或使用绝缘棒合接地刀闸。

⑦装设接地线必须先接接地端，后接导体端，且必须接触良好。拆除地线的顺序与此相反。装、拆接地线均应使用绝缘棒和戴绝缘手套。

⑧接地线应用多股软裸铜线，其截面应符合短路电流的要求，但不得小于 25 mm^2。接地线在每次装设以前应经过详细检查，损坏的接地线应及时修理或更换。禁止使用不符合规定的导线作接地或短路之用。接地线必须使用专用的线夹固定在导体上。严禁用缠绕的方法进行接地或短路。

⑨在高压回路上的工作，需要拆除全部或一部分接地线后才能进行工作的（如测量母线和电缆的绝缘电阻，检查开关触头是否同时接触），如以下工作：

一是拆除一相接地线。

二是拆除接地线，保留短路线。

三是将接地线全部拆除或拉开接地刀闸。

必须征得运行人员的许可（根据调度员命令装设的接地线，必须征得调度员的许可）方可进行。工作完毕后立即恢复。

⑩每组接地线均应编号，并存放在固定地点。存放位置亦应编号，接地线号码与存放位置号码必须一致。

⑪装、拆接地线，应做好记录，交接班时应交代清楚。

（四）悬挂标示牌和装设遮栏（围栏）

①在一经合闸即可送电到工作地点的断路器（开关）和隔离开关（刀闸）的操作把手上均应悬挂"禁止合闸、有人工作！"的标示牌。如果线路上有人工作，应在线路断路器和隔离开关操作把手上悬挂"禁止合闸、线路有人工作！"的标示牌。标示牌的悬挂和拆除应按调度员的命令执行。

②部分停电的工作，安全距离小于表 12-7 规定距离的未停电设备应装设临时遮栏。临时遮栏与带电部分的距离不得小于表 12-6 中的规定数值。临时遮栏可用干燥木材、橡胶或其他坚韧绝缘材料制成，装设应牢固，并悬挂"止步，高压危险！"的标示牌。

35 kV 及以下设备的临时遮栏，如因工作特殊需要，可用绝缘挡板与带电部分直接接触。但此种挡板必须具有高度的绝缘性能。

③在室内高压设备上工作，应在工作地点两旁及对面运行设备间隔的遮栏（围栏）上和禁止通行的过道遮栏（围栏）上悬挂"止步，高压危险！"的标示牌。

④高压开关柜内手车开关拉出后，隔离带电部位的挡板封闭后禁止开启，并设置"止步，高压危险！"的标示牌。

⑤在室外高压设备上工作，应在工作地点四周装设围栏，其出入口要围至临近道路旁

边，并设有"从此进出！"的标示牌。工作地点四周围栏上悬挂适当数量的"止步，高压危险！"标示牌，标示牌应朝向围栏里面。若室外配电装置的大部分设备停电，只有个别地点保留有带电设备而其他设备无触及带电导体的可能时，可以在带电设备四周装设全封闭围栏，围栏上悬挂适当数量的"止步，高压危险！"标示牌，标示牌应朝向围栏外面。禁止越过围栏。

⑥在工作地点设置"在此工作！"的标示牌。

⑦在室外构架上工作，则应在工作地点邻近带电部分的横梁上，悬挂"止步，高压危险！"的标示牌。此项标示牌在值班人员的监护下，由工作人员悬挂。在工作人员上下铁架或梯子上，应悬挂"从此上下！"的标示牌。在邻近其他可能误登的带电构架上，应悬挂"禁止攀登，高压危险！"的标示牌。

⑧禁止工作人员擅自移动或拆除遮栏（围栏）、标示牌。因工作原因必须短时移动或拆除遮栏（围栏）、标示牌，应征得工作许可人同意，并在工作负责人的监护下进行。完毕后应立即恢复。

附录 1

中华人民共和国安全生产法

（2002 年 6 月 29 日第九届全国人民代表大会常务委员会第二十八次会议通过）

第一章 总 则

第一条 为了加强安全生产监督管理，防止和减少生产安全事故，保障人民群众生命和财产安全，促进经济发展，制定本法。

第二条 在中华人民共和国领域内从事生产经营活动的单位（以下统称生产经营单位）的安全生产，适用本法；有关法律、行政法规对消防安全和道路交通安全、铁路交通安全、水上交通安全、民用航空安全另有规定的，适用其规定。

第三条 安全生产管理，坚持安全第一、预防为主的方针。

第四条 生产经营单位必须遵守本法和其他有关安全生产的法律、法规，加强安全生产管理，建立、健全安全生产责任制度，完善安全生产条件，确保安全生产。

第五条 生产经营单位的主要负责人对本单位的安全生产工作全面负责。

第六条 生产经营单位的从业人员有依法获得安全生产保障的权利，并应当依法履行安全生产方面的义务。

第七条 工会依法组织职工参加本单位安全生产工作的民主管理和民主监督，维护职工在安全生产方面的合法权益。

第八条 国务院和地方各级人民政府应当加强对安全生产工作的领导，支持、督促各有关部门依法履行安全生产监督管理职责。

县级以上人民政府对安全生产监督管理中存在的重大问题应当及时予以协调、解决。

第九条 国务院负责安全生产监督管理的部门依照本法，对全国安全生产工作实施综合监督管理；县级以上地方各级人民政府负责安全生产监督管理的部门依照本法，对本行政区域内安全生产工作实施综合监督管理。

国务院有关部门依照本法和其他有关法律、行政法规的规定，在各自的职责范围内对有关的安全生产工作实施监督管理；县级以上地方各级人民政府有关部门依照本法和其他有关法律、法规的规定，在各自的职责范围内对有关的安全生产工作实施监督管理。

第十条 国务院有关部门应当按照保障安全生产的要求，依法及时制定有关的国家标准或者行业标准，并根据科技进步和经济发展适时修订。

生产经营单位必须执行依法制定的保障安全生产的国家标准或者行业标准。

第十一条 各级人民政府及其有关部门应当采取多种形式，加强对有关安全生产的法律、法规和安全生产知识的宣传，提高职工的安全生产意识。

第十二条　依法设立的为安全生产提供技术服务的中介机构，依照法律、行政法规和执业准则，接受生产经营单位的委托为其安全生产工作提供技术服务。

第十三条　国家实行生产安全事故责任追究制度，依照本法和有关法律、法规的规定，追究生产安全事故责任人员的法律责任。

第十四条　国家鼓励和支持安全生产科学技术研究和安全生产先进技术的推广应用，提高安全生产水平。

第十五条　国家对在改善安全生产条件、防止生产安全事故、参加抢险救护等方面取得显著成绩的单位和个人，给予奖励。

第二章　生产经营单位的安全生产保障

第十六条　生产经营单位应当具备本法和有关法律、行政法规和国家标准或者行业标准规定的安全生产条件；不具备安全生产条件的，不得从事生产经营活动。

第十七条　生产经营单位的主要负责人对本单位安全生产工作负有下列职责：

（一）建立、健全本单位安全生产责任制；

（二）组织制定本单位安全生产规章制度和操作规程；

（三）保证本单位安全生产投入的有效实施；

（四）督促、检查本单位的安全生产工作，及时消除生产安全事故隐患；

（五）组织制定并实施本单位的生产安全事故应急救援预案；

（六）及时、如实报告生产安全事故。

第十八条　生产经营单位应当具备的安全生产条件所必需的资金投入，由生产经营单位的决策机构、主要负责人或者个人经营的投资人予以保证，并对由于安全生产所必需的资金投入不足导致的后果承担责任。

第十九条　矿山、建筑施工单位和危险物品的生产、经营、储存单位，应当设置安全生产管理机构或者配备专职安全生产管理人员。

前款规定以外的其他生产经营单位，从业人员超过三百人的，应当设置安全生产管理机构或者配备专职安全生产管理人员；从业人员在三百人以下的，应当配备专职或者兼职的安全生产管理人员，或者委托具有国家规定的相关专业技术资格的工程技术人员提供安全生产管理服务。

生产经营单位依照前款规定委托工程技术人员提供安全生产管理服务的，保证安全生产的责任仍由本单位负责。

第二十条　生产经营单位的主要负责人和安全生产管理人员必须具备与本单位所从事的生产经营活动相应的安全生产知识和管理能力。

危险物品的生产、经营、储存单位以及矿山、建筑施工单位的主要负责人和安全生产管理人员，应当由有关主管部门对其安全生产知识和管理能力考核合格后方可任职。考核不得收费。

第二十一条　生产经营单位应当对从业人员进行安全生产教育和培训，保证从业人员具备必要的安全生产知识，熟悉有关的安全生产规章制度和安全操作规程，掌握本岗位的安全操作技能。未经安全生产教育和培训合格的从业人员，不得上岗作业。

第二十二条　生产经营单位采用新工艺、新技术、新材料或者使用新设备，必须了解、掌握其安全技术特性，采取有效的安全防护措施，并对从业人员进行专门的安全生产教育和培训。

第二十三条　生产经营单位的特种作业人员必须按照国家有关规定经专门的安全作业培训，取得特种作业操作资格证书，方可上岗作业。

特种作业人员的范围由国务院负责安全生产监督管理的部门会同国务院有关部门确定。

第二十四条　生产经营单位新建、改建、扩建工程项目（以下统称建设项目）的安全设施，必须与主体工程同时设计、同时施工、同时投入生产和使用。安全设施投资应当纳入建设项目概算。

第二十五条　矿山建设项目和用于生产、储存危险物品的建设项目，应当分别按照国家有关规定进行安全条件论证和安全评价。

第二十六条　建设项目安全设施的设计人、设计单位应当对安全设施设计负责。

矿山建设项目和用于生产、储存危险物品的建设项目的安全设施设计应当按照国家有关规定报经有关部门审查，审查部门及其负责审查的人员对审查结果负责。

第二十七条　矿山建设项目和用于生产、储存危险物品的建设项目的施工单位必须按照批准的安全设施设计施工，并对安全设施的工程质量负责。

矿山建设项目和用于生产、储存危险物品的建设项目竣工投入生产或者使用前，必须依照有关法律、行政法规的规定对安全设施进行验收；验收合格后，方可投入生产和使用。验收部门及其验收人员对验收结果负责。

第二十八条　生产经营单位应当在有较大危险因素的生产经营场所和有关设施、设备上，设置明显的安全警示标志。

第二十九条　安全设备的设计、制造、安装、使用、检测、维修、改造和报废，应当符合国家标准或者行业标准。

生产经营单位必须对安全设备进行经常性维护、保养，并定期检测，保证正常运转。维护、保养、检测应当作好记录，并由有关人员签字。

第三十条　生产经营单位使用的涉及生命安全、危险性较大的特种设备，以及危险物品的容器、运输工具，必须按照国家有关规定，由专业生产单位生产，并经取得专业资质的检测、检验机构检测、检验合格，取得安全使用证或者安全标志，方可投入使用。检测、检验机构对检测、检验结果负责。

涉及生命安全、危险性较大的特种设备的目录由国务院负责特种设备安全监督管理的部门制定，报国务院批准后执行。

第三十一条　国家对严重危及生产安全的工艺、设备实行淘汰制度。

生产经营单位不得使用国家明令淘汰、禁止使用的危及生产安全的工艺、设备。

第三十二条　生产、经营、运输、储存、使用危险物品或者处置废弃危险物品的，由有关主管部门依照有关法律、法规的规定和国家标准或者行业标准审批并实施监督管理。

生产经营单位生产、经营、运输、储存、使用危险物品或者处置废弃危险物品，必须执行有关法律、法规和国家标准或者行业标准，建立专门的安全管理制度，采取可靠的安全措施，接受有关主管部门依法实施的监督管理。

第三十三条　生产经营单位对重大危险源应当登记建档，进行定期检测、评估、监控，并制定应急预案，告知从业人员和相关人员在紧急情况下应当采取的应急措施。

生产经营单位应当按照国家有关规定将本单位重大危险源及有关安全措施、应急措施报有关地方人民政府负责安全生产监督管理的部门和有关部门备案。

第三十四条　生产、经营、储存、使用危险物品的车间、商店、仓库不得与员工宿舍在同一座建筑物内，并应当与员工宿舍保持安全距离。

生产经营场所和员工宿舍应当设有符合紧急疏散要求、标志明显、保持畅通的出口。禁止封闭、堵塞生产经营场所或者员工宿舍的出口。

第三十五条　生产经营单位进行爆破、吊装等危险作业，应当安排专门人员进行现场安全管理，确保操作规程的遵守和安全措施的落实。

第三十六条　生产经营单位应当教育和督促从业人员严格执行本单位的安全生产规章制度和安全操作规程；并向从业人员如实告知作业场所和工作岗位存在的危险因素、防范措施以及事故应急措施。

第三十七条　生产经营单位必须为从业人员提供符合国家标准或者行业标准的劳动防护用品，并监督、教育从业人员按照使用规则佩戴、使用。

第三十八条　生产经营单位的安全生产管理人员应当根据本单位的生产经营特点，对安全生产状况进行经常性检查；对检查中发现的安全问题，应当立即处理；不能处理的，应当及时报告本单位有关负责人。检查及处理情况应当记录在案。

第三十九条　生产经营单位应当安排用于配备劳动防护用品、进行安全生产培训的经费。

第四十条　两个以上生产经营单位在同一作业区域内进行生产经营活动，可能危及对方生产安全的，应当签订安全生产管理协议，明确各自的安全生产管理职责和应当采取的安全措施，并指定专职安全生产管理人员进行安全检查与协调。

第四十一条　生产经营单位不得将生产经营项目、场所、设备发包或者出租给不具备安全生产条件或者相应资质的单位或者个人。

生产经营项目、场所有多个承包单位、承租单位的，生产经营单位应当与承包单位、承租单位签订专门的安全生产管理协议，或者在承包合同、租赁合同中约定各自的安全生产管理职责；生产经营单位对承包单位、承租单位的安全生产工作统一协调、管理。

第四十二条　生产经营单位发生重大生产安全事故时，单位的主要负责人应当立即组织抢救，并不得在事故调查处理期间擅离职守。

第四十三条　生产经营单位必须依法参加工伤社会保险，为从业人员缴纳保险费。

第三章　从业人员的权利和义务

第四十四条　生产经营单位与从业人员订立的劳动合同，应当载明有关保障从业人员劳动安全、防止职业危害的事项，以及依法为从业人员办理工伤社会保险的事项。

生产经营单位不得以任何形式与从业人员订立协议，免除或者减轻其对从业人员因生产安全事故伤亡依法应承担的责任。

第四十五条　生产经营单位的从业人员有权了解其作业场所和工作岗位存在的危险因素、防范措施及事故应急措施，有权对本单位的安全生产工作提出建议。

第四十六条　从业人员有权对本单位安全生产工作中存在的问题提出批评、检举、控告；有权拒绝违章指挥和强令冒险作业。

生产经营单位不得因从业人员对本单位安全生产工作提出批评、检举、控告或者拒绝违章指挥、强令冒险作业而降低其工资、福利等待遇或者解除与其订立的劳动合同。

第四十七条　从业人员发现直接危及人身安全的紧急情况时，有权停止作业或者在采取可能的应急措施后撤离作业场所。

生产经营单位不得因从业人员在前款紧急情况下停止作业或者采取紧急撤离措施而降低其工资、福利等待遇或者解除与其订立的劳动合同。

第四十八条　因生产安全事故受到损害的从业人员，除依法享有工伤社会保险外，依照有关民事法律尚有获得赔偿的权利的，有权向本单位提出赔偿要求。

第四十九条　从业人员在作业过程中，应当严格遵守本单位的安全生产规章制度和操作规程，服从管理，正确佩戴和使用劳动防护用品。

第五十条　从业人员应当接受安全生产教育和培训，掌握本职工作所需的安全生产知识，提高安全生产技能，增强事故预防和应急处理能力。

第五十一条　从业人员发现事故隐患或者其他不安全因素，应当立即向现场安全生产管理人员或者本单位负责人报告；接到报告的人员应当及时予以处理。

第五十二条　工会有权对建设项目的安全设施与主体工程同时设计、同时施工、同时投入生产和使用进行监督，提出意见。

工会对生产经营单位违反安全生产法律、法规，侵犯从业人员合法权益的行为，有权要求纠正；发现生产经营单位违章指挥、强令冒险作业或者发现事故隐患时，有权提出解决的建议，生产经营单位应当及时研究答复；发现危及从业人员生命安全的情况时，有权向生产经营单位建议组织从业人员撤离危险场所，生产经营单位必须立即作出处理。

工会有权依法参加事故调查，向有关部门提出处理意见，并要求追究有关人员的责任。

第四章　安全生产的监督管理

第五十三条　县级以上地方各级人民政府应当根据本行政区域内的安全生产状况，组织有关部门按照职责分工，对本行政区域内容易发生重大生产安全事故的生产经营单位进行严格检查；发现事故隐患，应当及时处理。

第五十四条　依照本法第九条规定对安全生产负有监督管理职责的部门（以下统称负有安全生产监督管理职责的部门）依照有关法律、法规的规定，对涉及安全生产的事项需要审查批准（包括批准、核准、许可、注册、认证、颁发证照等，下同）或者验收的，必须严格依照有关法律、法规和国家标准或者行业标准规定的安全生产条件和程序进行审查；不符合有关法律、法规和国家标准或者行业标准规定的安全生产条件的，不得批准或者验收通过。对未依法取得批准或者验收合格的单位擅自从事有关活动的，负责行政审批的部门发现或者接到举报后应当立即予以取缔，并依法予以处理。对已经依法取得批准的单位，负责行政审批的部门发现其不再具备安全生产条件的，应当撤销原批准。

第五十五条　负有安全生产监督管理职责的部门对涉及安全生产的事项进行审查、验收，不得收取费用；不得要求接受审查、验收的单位购买其指定品牌或者指定生产、销售单位的安全设备、器材或者其他产品。

第五十六条 负有安全生产监督管理职责的部门依法对生产经营单位执行有关安全生产的法律、法规和国家标准或者行业标准的情况进行监督检查，行使以下职权：

（一）进入生产经营单位进行检查，调阅有关资料，向有关单位和人员了解情况。

（二）对检查中发现的安全生产违法行为，当场予以纠正或者要求限期改正；对依法应当给予行政处罚的行为，依照本法和其他有关法律、行政法规的规定作出行政处罚决定。

（三）对检查中发现的事故隐患，应当责令立即排除；重大事故隐患排除前或者排除过程中无法保证安全的，应当责令从危险区域内撤出作业人员，责令暂时停产停业或者停止使用；重大事故隐患排除后，经审查同意，方可恢复生产经营和使用。

（四）对有根据认为不符合保障安全生产的国家标准或者行业标准的设施、设备、器材予以查封或者扣押，并应当在十五日内依法作出处理决定。

监督检查不得影响被检查单位的正常生产经营活动。

第五十七条 生产经营单位对负有安全生产监督管理职责的部门的监督检查人员（以下统称安全生产监督检查人员）依法履行监督检查职责，应当予以配合，不得拒绝、阻挠。

第五十八条 安全生产监督检查人员应当忠于职守，坚持原则，秉公执法。

安全生产监督检查人员执行监督检查任务时，必须出示有效的监督执法证件；对涉及被检查单位的技术秘密和业务秘密，应当为其保密。

第五十九条 安全生产监督检查人员应当将检查的时间、地点、内容、发现的问题及其处理情况，作出书面记录，并由检查人员和被检查单位的负责人签字；被检查单位的负责人拒绝签字的，检查人员应当将情况记录在案，并向负有安全生产监督管理职责的部门报告。

第六十条 负有安全生产监督管理职责的部门在监督检查中，应当互相配合，实行联合检查；确需分别进行检查的，应当互通情况，发现存在的安全问题应当由其他有关部门进行处理的，应当及时移送其他有关部门并形成记录备查，接受移送的部门应当及时进行处理。

第六十一条 监察机关依照行政监察法的规定，对负有安全生产监督管理职责的部门及其工作人员履行安全生产监督管理职责实施监察。

第六十二条 承担安全评价、认证、检测、检验的机构应当具备国家规定的资质条件，并对其作出的安全评价、认证、检测、检验的结果负责。

第六十三条 负有安全生产监督管理职责的部门应当建立举报制度，公开举报电话、信箱或者电子邮件地址，受理有关安全生产的举报；受理的举报事项经调查核实后，应当形成书面材料；需要落实整改措施的，报经有关负责人签字并督促落实。

第六十四条 任何单位或者个人对事故隐患或者安全生产违法行为，均有权向负有安全生产监督管理职责的部门报告或者举报。

第六十五条 居民委员会、村民委员会发现其所在区域内的生产经营单位存在事故隐患或者安全生产违法行为时，应当向当地人民政府或者有关部门报告。

第六十六条 县级以上各级人民政府及其有关部门对报告重大事故隐患或者举报安全生产违法行为的有功人员，给予奖励。具体奖励办法由国务院负责安全生产监督管理的部门会同国务院财政部门制定。

第六十七条 新闻、出版、广播、电影、电视等单位有进行安全生产宣传教育的义务，有对违反安全生产法律、法规的行为进行舆论监督的权利。

第五章　　生产安全事故的应急救援与调查处理

第六十八条　县级以上地方各级人民政府应当组织有关部门制定本行政区域内特大生产安全事故应急救援预案，建立应急救援体系。

第六十九条　危险物品的生产、经营、储存单位以及矿山、建筑施工单位应当建立应急救援组织；生产经营规模较小，可以不建立应急救援组织的，应当指定兼职的应急救援人员。

危险物品的生产、经营、储存单位以及矿山、建筑施工单位应当配备必要的应急救援器材、设备，并进行经常性维护、保养，保证正常运转。

第七十条　生产经营单位发生生产安全事故后，事故现场有关人员应当立即报告本单位负责人。

单位负责人接到事故报告后，应当迅速采取有效措施，组织抢救，防止事故扩大，减少人员伤亡和财产损失，并按照国家有关规定立即如实报告当地负有安全生产监督管理职责的部门，不得隐瞒不报、谎报或者拖延不报，不得故意破坏事故现场、毁灭有关证据。

第七十一条　负有安全生产监督管理职责的部门接到事故报告后，应当立即按照国家有关规定上报事故情况。负有安全生产监督管理职责的部门和有关地方人民政府对事故情况不得隐瞒不报、谎报或者拖延不报。

第七十二条　有关地方人民政府和负有安全生产监督管理职责的部门的负责人接到重大生产安全事故报告后，应当立即赶到事故现场，组织事故抢救。

任何单位和个人都应当支持、配合事故抢救，并提供一切便利条件。

第七十三条　事故调查处理应当按照实事求是、尊重科学的原则，及时、准确地查清事故原因，查明事故性质和责任，总结事故教训，提出整改措施，并对事故责任者提出处理意见。事故调查和处理的具体办法由国务院制定。

第七十四条　生产经营单位发生生产安全事故，经调查确定为责任事故的，除了应当查明事故单位的责任并依法予以追究外，还应当查明对安全生产的有关事项负有审查批准和监督职责的行政部门的责任，对有失职、渎职行为的，依照本法第七十七条的规定追究法律责任。

第七十五条　任何单位和个人不得阻挠和干涉对事故的依法调查处理。

第七十六条　县级以上地方各级人民政府负责安全生产监督管理的部门应当定期统计分析本行政区域内发生生产安全事故的情况，并定期向社会公布。

第六章　　法律责任

第七十七条　负有安全生产监督管理职责的部门的工作人员，有下列行为之一的，给予降级或者撤职的行政处分；构成犯罪的，依照刑法有关规定追究刑事责任：

（一）对不符合法定安全生产条件的涉及安全生产的事项予以批准或者验收通过的；

（二）发现未依法取得批准、验收的单位擅自从事有关活动或者接到举报后不予取缔或者不依法予以处理的；

（三）对已经依法取得批准的单位不履行监督管理职责，发现其不再具备安全生产条件而不撤销原批准或者发现安全生产违法行为不予查处的。

第七十八条　负有安全生产监督管理职责的部门，要求被审查、验收的单位购买其指定的安全设备、器材或者其他产品的，在对安全生产事项的审查、验收中收取费用的，由其上级机关或者监察机关责令改正，责令退还收取的费用；情节严重的，对直接负责的主管人员和其他直接责任人员依法给予行政处分。

第七十九条　承担安全评价、认证、检测、检验工作的机构，出具虚假证明，构成犯罪的，依照刑法有关规定追究刑事责任；尚不够刑事处罚的，没收违法所得，违法所得在五千元以上的，并处违法所得二倍以上五倍以下的罚款，没有违法所得或者违法所得不足五千元的，单处或者并处五千元以上二万元以下的罚款，对其直接负责的主管人员和其他直接责任人员处五千元以上五万元以下的罚款；给他人造成损害的，与生产经营单位承担连带赔偿责任。

对有前款违法行为的机构，撤销其相应资格。

第八十条　生产经营单位的决策机构、主要负责人、个人经营的投资人不依照本法规定保证安全生产所必需的资金投入，致使生产经营单位不具备安全生产条件的，责令限期改正，提供必需的资金；逾期未改正的，责令生产经营单位停产停业整顿。

有前款违法行为，导致发生生产安全事故，构成犯罪的，依照刑法有关规定追究刑事责任；尚不够刑事处罚的，对生产经营单位的主要负责人给予撤职处分，对个人经营的投资人处二万元以上二十万元以下的罚款。

第八十一条　生产经营单位的主要负责人未履行本法规定的安全生产管理职责的，责令限期改正；逾期未改正的，责令生产经营单位停产停业整顿。

生产经营单位的主要负责人有前款违法行为，导致发生生产安全事故，构成犯罪的，依照刑法有关规定追究刑事责任；尚不够刑事处罚的，给予撤职处分或者处二万元以上二十万元以下的罚款。

生产经营单位的主要负责人依照前款规定受刑事处罚或者撤职处分的，自刑罚执行完毕或者受处分之日起，五年内不得担任任何生产经营单位的主要负责人。

第八十二条　生产经营单位有下列行为之一的，责令限期改正；逾期未改正的，责令停产停业整顿，可以并处二万元以下的罚款：

（一）未按照规定设立安全生产管理机构或者配备安全生产管理人员的；

（二）危险物品的生产、经营、储存单位以及矿山、建筑施工单位的主要负责人和安全生产管理人员未按照规定经考核合格的；

（三）未按照本法第二十一条、第二十二条的规定对从业人员进行安全生产教育和培训，或者未按照本法第三十六条的规定如实告知从业人员有关的安全生产事项的；

（四）特种作业人员未按照规定经专门的安全作业培训并取得特种作业操作资格证书，上岗作业的。

第八十三条　生产经营单位有下列行为之一的，责令限期改正；逾期未改正的，责令停止建设或者停产停业整顿，可以并处五万元以下的罚款；造成严重后果，构成犯罪的，依照刑法有关规定追究刑事责任：

（一）矿山建设项目或者用于生产、储存危险物品的建设项目没有安全设施设计或者安全设施设计未按照规定报经有关部门审查同意的；

（二）矿山建设项目或者用于生产、储存危险物品的建设项目的施工单位未按照批准的安全设施设计施工的；

（三）矿山建设项目或者用于生产、储存危险物品的建设项目竣工投入生产或者使用前，安全设施未经验收合格的；

（四）未在有较大危险因素的生产经营场所和有关设施、设备上设置明显的安全警示标志的；

（五）安全设备的安装、使用、检测、改造和报废不符合国家标准或者行业标准的；

（六）未对安全设备进行经常性维护、保养和定期检测的；

（七）未为从业人员提供符合国家标准或者行业标准的劳动防护用品的；

（八）特种设备以及危险物品的容器、运输工具未经取得专业资质的机构检测、检验合格，取得安全使用证或者安全标志，投入使用的；

（九）使用国家明令淘汰、禁止使用的危及生产安全的工艺、设备的。

第八十四条　未经依法批准，擅自生产、经营、储存危险物品的，责令停止违法行为或者予以关闭，没收违法所得，违法所得十万元以上的，并处违法所得一倍以上五倍以下的罚款，没有违法所得或者违法所得不足十万元的，单处或者并处二万元以上十万元以下的罚款；造成严重后果，构成犯罪的，依照刑法有关规定追究刑事责任。

第八十五条　生产经营单位有下列行为之一的，责令限期改正；逾期未改正的，责令停产停业整顿，可以并处二万元以上十万元以下的罚款；造成严重后果，构成犯罪的，依照刑法有关规定追究刑事责任：

（一）生产、经营、储存、使用危险物品，未建立专门安全管理制度、未采取可靠的安全措施或者不接受有关主管部门依法实施的监督管理的；

（二）对重大危险源未登记建档，或者未进行评估、监控，或者未制定应急预案的；

（三）进行爆破、吊装等危险作业，未安排专门管理人员进行现场安全管理的。

第八十六条　生产经营单位将生产经营项目、场所、设备发包或者出租给不具备安全生产条件或者相应资质的单位或者个人的，责令限期改正，没收违法所得；违法所得五万元以上的，并处违法所得一倍以上五倍以下的罚款；没有违法所得或者违法所得不足五万元的，单处或者并处一万元以上五万元以下的罚款；导致发生生产安全事故给他人造成损害的，与承包方、承租方承担连带赔偿责任。

生产经营单位未与承包单位、承租单位签订专门的安全生产管理协议或者未在承包合同、租赁合同中明确各自的安全生产管理职责，或者未对承包单位、承租单位的安全生产统一协调、管理的，责令限期改正；逾期未改正的，责令停产停业整顿。

第八十七条　两个以上生产经营单位在同一作业区域内进行可能危及对方安全生产的生产经营活动，未签订安全生产管理协议或者未指定专职安全生产管理人员进行安全检查与协调的，责令限期改正；逾期未改正的，责令停产停业。

第八十八条　生产经营单位有下列行为之一的，责令限期改正；逾期未改正的，责令停产停业整顿；造成严重后果，构成犯罪的，依照刑法有关规定追究刑事责任：

（一）生产、经营、储存、使用危险物品的车间、商店、仓库与员工宿舍在同一座建筑内，或者与员工宿舍的距离不符合安全要求的；

（二）生产经营场所和员工宿舍未设有符合紧急疏散需要、标志明显、保持畅通的出口，或者封闭、堵塞生产经营场所或者员工宿舍出口的。

第八十九条 生产经营单位与从业人员订立协议，免除或者减轻其对从业人员因生产安全事故伤亡依法应承担的责任的，该协议无效；对生产经营单位的主要负责人、个人经营的投资人处二万元以上十万元以下的罚款。

第九十条 生产经营单位的从业人员不服从管理，违反安全生产规章制度或者操作规程的，由生产经营单位给予批评教育，依照有关规章制度给予处分；造成重大事故，构成犯罪的，依照刑法有关规定追究刑事责任。

第九十一条 生产经营单位主要负责人在本单位发生重大生产安全事故时，不立即组织抢救或者在事故调查处理期间擅离职守或者逃匿的，给予降职、撤职的处分，对逃匿的处十五日以下拘留；构成犯罪的，依照刑法有关规定追究刑事责任。

生产经营单位主要负责人对生产安全事故隐瞒不报、谎报或者拖延不报的，依照前款规定处罚。

第九十二条 有关地方人民政府、负有安全生产监督管理职责的部门，对生产安全事故隐瞒不报、谎报或者拖延不报的，对直接负责的主管人员和其他直接责任人员依法给予行政处分；构成犯罪的，依照刑法有关规定追究刑事责任。

第九十三条 生产经营单位不具备本法和其他有关法律、行政法规和国家标准或者行业标准规定的安全生产条件，经停产停业整顿仍不具备安全生产条件的，予以关闭；有关部门应当依法吊销其有关证照。

第九十四条 本法规定的行政处罚，由负责安全生产监督管理的部门决定；予以关闭的行政处罚由负责安全生产监督管理的部门报请县级以上人民政府按照国务院规定的权限决定；给予拘留的行政处罚由公安机关依照治安管理处罚条例的规定决定。有关法律、行政法规对行政处罚的决定机关另有规定的，依照其规定。

第九十五条 生产经营单位发生生产安全事故造成人员伤亡、他人财产损失的，应当依法承担赔偿责任；拒不承担或者其负责人逃匿的，由人民法院依法强制执行。

生产安全事故的责任人未依法承担赔偿责任，经人民法院依法采取执行措施后，仍不能对受害人给予足额赔偿的，应当继续履行赔偿义务；受害人发现责任人有其他财产的，可以随时请求人民法院执行。

第七章　附　则

第九十六条 本法下列用语的含义：

危险物品，是指易燃易爆物品、危险化学品、放射性物品等能够危及人身安全和财产安全的物品。

重大危险源，是指长期地或者临时地生产、搬运、使用或者储存危险物品，且危险物品的数量等于或者超过临界量的单元（包括场所和设施）。

第九十七条 本法自 2002 年 11 月 1 日起施行。

附录 2

安全标志及其使用导则（GB 2894—2008）

禁 止 标 志			禁 止 标 志		
序号	名称及图形标志	设置范围和地点	序号	名称及图形标志	设置范围和地点
1	禁止吸烟	有甲、乙、丙类火灾危险物质的场所和禁止吸烟的公共场所等，如：木工车间、油漆车间、沥青车间、纺织厂、印染厂等	21	禁止倚靠	不能依靠的地点或部位。如：列车车门、车站屏蔽门、电梯轿门等
2	禁止烟火	有甲、乙类，丙类火灾危险物质的场所，如：面粉厂、煤粉厂、焦化厂、施工工地等	22	禁止坐卧	高温、腐蚀性、塌陷、坠落、翻转、易损等易于造成人员伤害的设备设施表面
3	禁止带火种	有甲类火灾危险物质及其他禁止带火种的各种危险场所，如：炼油厂、乙炔站、液化石油气站、煤矿井内、林区、草原等	23	禁止蹬踏	高温、腐蚀性、塌陷、坠落、翻转、易损等易于造成人员伤害的设备设施表面
4	禁止用水灭火	生产、储运、使用中有不准用水灭火的物质的场所，如：变压器室、乙炔站、化工药品库、各种油库等	24	禁止触摸	禁止触摸的设备或物体附近，如：裸露的带电体、炽热物体，具有毒性、腐蚀性物体等处
5	禁止放置易燃物	具有明火设备或高温的作业场所，如：动火区、各种焊接、切割、锻造、浇注车间等场所	25	禁止伸入	易于夹住身体部位的装置或场所，如：有开口的传动机、破碎机等
6	禁止堆放	消防器材存放处、消防通道及车间主通道等	26	禁止饮用	禁止饮用水的开关处，如循环水、工业用水、污染水等
7	禁止启动	暂停使用的设备附近，如：设备检修、更换零件等	27	禁止抛物	抛物有伤人的地点，如：高处作业现场、深沟（坑）等
8	禁止合闸	设备或线路检修时，相应开关附近	28	禁止戴手套	戴手套易造成手部伤害的作业地点，如：旋转的机械加工设备附近

序号	禁 止 标 志 名称及图形标志	设置范围和地点	序号	禁 止 标 志 名称及图形标志	设置范围和地点
9	禁止转动	检修或专人定时操作的设备附近	29	禁止穿化纤服装	有静电火花会导致火灾或有炽热物质的作业场所,如:冶炼、焊接及有易燃易爆物质的场所等
10	禁止叉车和厂内机动车辆通行	禁止叉车和其他厂内机动车辆通行的场所	30	禁止穿带钉鞋	有静电火花会导致灾害或有触电危险的作业场所,如:有易燃易爆气体或粉尘的车间及带点作业场所等
11	禁止乘人	乘人易造成伤害的设施,如:室外运输吊篮、外操作载货电梯框架等	31	禁止开启无线通讯设备	火灾、爆炸场所以及可靠产生电磁干扰的场所。如:加油站、飞行中的航天器、油库、化工装置区等
12	禁止靠近	不允许靠近的危险区域,如:高压实验区、高压线、输变电设备的附近	32	禁止携带金属物或手表	易受到金属物品干扰的微波和电磁场所,如:磁共振室等
13	禁止入内	易造成事故或对人员有伤害的场所,如:高压设备室、各种污染源等入口处	33	禁止佩戴心脏起搏器者靠近	安装人工起搏器者禁止靠近高压设备、大型电机、发电机、电动机、雷达和有强磁场设备等
14	禁止推动	易于倾倒的装置或设备,如车站屏门等	34	禁止植入金属材料者靠近	易受到金属物品干扰的微波和电磁场所。如:磁共振室等
15	禁止停留	对人员具有直接危害的场所,如:粉碎场地、危险路口、桥口等处	35	禁止游泳	禁止游泳的水域
16	禁止通行	有危险的作业区,如:起重、爆破现场,道路施工工地等	36	禁止滑冰	禁止滑冰的场所

序号	名称及图形标志	设置范围和地点	序号	名称及图形标志	设置范围和地点
	禁　止　标　志			禁　止　标　志	
17	禁止跨越	禁止跨越的危险地段，如：专用的运输通道、带式输送机和其他作业流水线，作业现场的沟、坎、坑等	37	禁止携带武器及仿真武器	不能携带和托运武器、凶器及仿真武器的场所或交通工具，如：飞机等
18	禁止攀登	不允许攀爬的危险地点，如：有坍塌危险的建筑物、构筑物、设备旁	38	禁止携带托运易燃及易爆物品	不能携带和托运易燃、易爆物品及其他危险物品的场所或交通工具，如：火车、飞机、地铁等
19	禁止跳下	不允许跳下的危险地点，如：深沟、深池、车站站台及盛装过有毒物质、易产生窒息气体的槽车、贮罐、地窖等处	39	禁止携带托运有毒物品及有害液体	不能携带托运有毒物品及有害液体的场所或交通工具，如：火车、飞机、地铁等
20	禁止伸出窗外	易于造成头手伤害的部位或场所，如：公交车窗、火车车窗等	40	禁止携带托运放射性及磁性物品	不能携带托运放射性及磁性物品的场所或交通工具，如：火车、飞机、地铁等
	警　告　标　志			警　告　标　志	
1	注意安全	易造成人员伤害的场所及设备等	19	当心伤手	易造成手部伤害的作业地点，如：玻璃制品、木制加工、机械加工车间等
2	当心火灾	易发生火灾的危险场所，如：可燃性物质的生产、储运、使用等地点	20	当心夹手	有产生挤压的装置、设备或场所，如：自动门、电梯门、列车车门等
3	当心爆炸	易发生爆炸危险的场所，如：易燃易爆物质的生产、储运、使用或受压容器等地点	21	当心扎脚	易造成脚部伤害的作业地点，如：铸造车间、木工车间、施工工地及有尖角散料等处

序号	名称及图形标志	设置范围和地点	序号	名称及图形标志	设置范围和地点
	警 告 标 志			警 告 标 志	
4	当心腐蚀	有腐蚀性物质（GB 12268—2005 中第 8 类所规定的物质）的作业地点	22	当心有犬	有犬类作为保护的场所
5	当心中毒	剧毒品及有毒物质（GB 12268—2005 中第 6 类第 1 项所规定的物质）的生产、储运及使用场所	23	当心电离辐射	能产生电离辐射危害的作业场所，如：生产、储运、使用 GB 12268—2005 规定的第 7 类物质的作业区
6	当心感染	易发生感染的场所，如：医院传染病区、有害生物制品的生产、储运、使用等地点	24	当心裂变物质	具有裂变物质的作业场所，如：其使用车间、储运仓库、容器等
7	当心触电	有可能发生触电危险的电器设备和线路，如：配电室、开关等	25	当心激光	有激光产品和生产、使用、维修激光产品的场所（激光辐射警告标志常用尺寸规格标准见附录 B）
8	当心电缆	在暴露的电缆或地面下有电缆处施工的地点	26	当心微波	凡微波场强超过 GB 10436，GB 10437 规定的作业场所
9	当心自动启动	配有自动启动装置的设备	27	当心叉车	有叉车通行的场所
10	当心机械伤人	易发生机械卷人、轧压、碾压、剪切等机械伤害的作业地点	28	当心车辆	厂内车、人混合行走的路段，道路的拐角处，平交路口，车辆出入较多的厂房、车库等出入口处
11	当心塌方	有塌方危险的地段、地区，如：堤坝及土方作业的深坑、深槽等	29	当心火车	厂内铁路与道路平交路口，厂（矿）内铁路运输线等

警 告 标 志			警 告 标 志		
序号	名称及图形标志	设置范围和地点	序号	名称及图形标志	设置范围和地点
12	当心冒顶	具有冒顶危险的作业场所，如：矿井、隧道等	30	当心坠落	易发生坠落事故的作业地点，如：脚手架、高处平台、地面的深沟（池、槽）、建筑施工、高处作业场所等
13	当心坑洞	具有坑洞易造成伤害的作业地点，如：构件的预留孔洞及各种深坑的上方等	31	当心障碍物	地面有障碍物，绊倒易造成伤害的地点
14	当心落物	易发生落物危险的地点，如：高处作业、立体交叉作业的下方等	32	当心跌落	易于跌落的地点，如：楼梯、台阶等
15	当心吊物	有吊装设备作业的场所，如：施工工地、港口、码头、仓库、车间等	33	当心滑倒	地面有易造成伤害的滑跌地点，如：地面有油、冰、水等物质及滑坡处
16	当心碰头	有产生碰头的场所	34	当心落水	落水后可能产生淹溺的场所或部位，如：城市河流、消防水池等
17	当心挤压	有产生挤压的装置、设备或场所，如：自动门、电梯门、车站屏蔽门等	35	当心缝隙	有缝隙的装置、设备或场所，如自动门、电梯门、列车等
18	当心烫伤	具有热源易造成伤害的作业地点，如：冶炼、锻造、铸造、热处理车间等			

	指　令　标　志			指　令　标　志	
序号	名称及图形标志	设置范围和地点	序号	名称及图形标志	设置范围和地点
1	必须戴防护眼镜	对眼睛有伤害的各种作业场所和施工场所	9	必须穿救生衣	易发生溺水的作业场所，如：船舶、海上工程结构物等
2	必须佩戴 遮光护目镜	存在紫外、红外、激光等光辐射的场所，如：电气焊等	10	必须穿防护服	具有放射、微波、高温及其他需要防护服的作业场所
3	必须戴防尘口罩	具有粉尘的作业场所，如：纺织清花车间、粉状物料拌料车间以及矿山凿岩处等	11	必须戴防护手套	易伤害手部的作业场所，如：具有腐蚀、污染、灼烫、冰冻及触电危险的作业等地点
4	必须戴防毒面具	具有对人体有害的气体、气溶胶、烟尘等作业场所，如：有毒物散发的地点或处理由毒物造成的事故现场	12	必须穿防护鞋	易伤害脚部的作业场所，如：具有腐蚀、灼烫、触电、砸（刺）伤等危险的作业地点
5	必须戴护耳器	噪声超过 85 dB 的作业场所，如：铆接车间、织布车间、射击场、工程爆破、风动掘进等处	13	必须洗手	接触有毒有害物质作业后
6	必须戴安全帽	头部易受外力伤害的作业场所，如：矿山、建筑工地、伐木场、造船厂及起重吊装处等	14	必须加锁	剧毒品、危险品库房等地点
7	必须戴防护帽	易造成人体碾绕伤害或有粉尘污染头部的作业场所，如：纺织、石棉、玻璃纤维以及具有旋转设备的机械加工车间等	15	必须接地	防雷、防静电场所

序号	指令标志 名称及图形标志	设置范围和地点	序号	指令标志 名称及图形标志	设置范围和地点
8	必须系安全带	易发生坠落危险的作业场所，如：高处建筑、修理、安装等地点	16	必须拔出插头	在设备维修、故障、长期停用、无人值守状态下
	提 示 标 志			提 示 标 志	
1	紧急出口	便于安全疏散的紧急出口处，与方向箭头结合设在通向紧急出口的通道、楼梯口等处	5	击碎板面	必须击开板面才能获得出口
			6	急救点	设置现场急救仪器设备及药品的地点
2	避险处	铁路桥、公路桥、矿井及隧道内躲避危险的地点	7	应急电话	安装应急电话的地点
3	应急避难场所	在发生突发事件时用于容纳危险区域内疏散人员的场所，如：公园、广场等	8	应急医疗站	有医生的医疗救助场所
4	可动火区	经有关部门划定的可使用明火的地点			

附录3

导线允许载流量表

（1）BV-450/750V 导线明敷及穿管载流量（D_D=70℃）　　（单位：A）

敷设方式	每管二线										每管三线									
线芯截面/mm²	环境温度/℃				管径1			管径2			管径1			管径2			明敷环境温度/C			
(BV)	25	30	35	40	SC	MT	PC	SC	MT	PC	SC	MT	PC	SC	MT	PC	25	30	35	40
1.0					15	16	16	15	16	16	15	16	16	15	16					
1.5	19	18	17	16	15	16	16	15	16	16	15	16	16	15	16	16	17	16	15	14
2.5	25	24	23	21	15	16	16	15	16	16	15	16	16	15	16	16	22	21	20	18
4	34	32	30	28	15	19	16	15	19	20	15	19	20	15	19	20	30	28	26	24
6	43	41	39	36	20	25	20	15	16	20	20	25	20	15	19	20	38	36	34	31
10	60	57	54	50	20	25	25	20	25	25	25	32	25	25	32	32	53	50	47	44
16	81	76	71	66	25	32	25	25	32	32	25	32		25	32	32	72	68	64	59
25	107	101	95	88	32	38	32	32	32	32	32	38	40	32	40	40	94	89	84	77
35	133	125	118	109	32	38	40	32	38	40	32	(51)	40	40	51	50	117	110	103	96
50	160	151	142	131	40	(51)	50	40	51	50	40	(51)	50	50	51	50	142	134	126	117
70	204	192	180	167	50	(51)	50	50	51	63	50	(51)	63	70		63	181	171	161	149
95	246	232	218	202	50		63	50	(51)	63	65		63	70			219	207	195	180
120	285	269	253	234	65		63	70		63	65		80				253	239	225	208
150	(325)	306	288	(266)	65			70		(63)	65		80				(293)	276	259	140
185	(374)	353	331	(307)	65			80			80		100				(331)	313	294	(272)

注：1. 表中：SC为低压流体输送焊接钢管，表中管径为内径；MT为黑铁电线管，表中管径为外径；PC为硬塑料管，表中管径为外径；D_D为导电线芯最高允许工作温度。

2. 管径1根据《建设电气工程施工质量验收规范》GB 50303—2002，按导线总截面×保护管内孔面积的40%计。

管径2根据东北地区推荐标准：≤6 mm²导线，按导线总面积×保护管内孔面积的33%计；10～50 mm²导线，按导线总面积×保护管内孔面积的27.5%计；≥70 mm²导线，按导线总面积×保护管内孔面积的22%计。

无论管径1或管径2都规定直管≤30 m，一个弯≤15 m，三个弯≤8 m，超长应设接线盒或放大一级管径。

3. 保护管前打括号的不推荐使用。

4. 每管五线中，四线为载流导体，故载流量数据同每管四线。

附　录

（2）BV-450/750V 导线明敷及穿管载流量（D_D=70℃）　　（单位：A）

敷设方式	线芯截面/mm²	环境温度/℃				管径1			管径2			管径1			管径2			明敷环境温度/℃			
		25	30	35	40	SC	MT	PC	SC	MT	PC	SC	MT	PC	SC	MT	PC	25	30	35	40
	1.0					15	16	15	15	16	16	15	16	16	15	16	16				
	1.5	15	14	13	12	15	16	15	15	16	16	15	19	20	15	20	20	25	24	23	21
	2.5	20	19	18	17	15	19	15	15	20	20	15	19	20	15	20	20	34	32	30	28
	4	27	25	24	22	20	25	15	15	20	20	20	25	25	20	25	25	45	42	40	37
	6	34	32	30	28	20	25	20	20	25	25	20	25	25	20	25	25	53	55	52	48
	10	48	45	42	39	25	32	25	25	32	32	32	38	32	32	40	40	80	75	71	65
	16	65	61	75	53	32	38	32	32	38	40	32	38	32	32	40	40	111	105	99	91
	25	85	80	75	70	32	(51)	40	40	51	50	40	51	40	50	51	50	155	146	137	127
	35	105	99	93	86	50	(51)	50	50	51	50	50	(51)	50	50	(51)	63	192	181	170	157
BV	50	128	121	114	105	50	(51)	63	50	(51)	63	50		63	70		63	232	219	206	191
	70	163	154	145	134	65		63	70			65			80			298	281	264	244
	95	197	186	175	162	65		63	80			80			100			361	341	321	297
	120	228	215	202	187	65					100	80			100			420	396	372	345
	150	(261	246	232	215)	80					100	100			100			483	456	429	397
	185	(296	279	262	243)	100					100	100			125			552	521	490	453
	240																	652	615	578	535
	300																	752	709	666	617
	400																	903	852	801	741
	500																	1 041	982	923	854
	630																	1 206	1 138	1 070	990

注：表中：SC 为低压流体输送焊接钢管，表中管径为内径；MT 为黑铁电线管，表中管径为外径；PC 为硬塑料管，表中管径为外径；D_D 为导电线芯最高允许工作温度。

参考文献

[1] 杨有启，钮英建. 电气安全工程. 北京：首都经济贸易大学出版社，2000.

[2] 崔政斌，石跃武. 用电安全技术. 北京：化学工业出版社，2009.

[3] 赵宏家. 电气工程识图与施工工艺. 重庆：重庆大学出版社，2007.

[4] 国家安全生产监督管理总局培训中心. 电工作业. 北京：中国三峡出版社，2006.

[5] 杜德昌. 机床维修电工. 北京：高等教育出版社，2004.

[6] 住房和城乡建设部工程质量安全监管司. 特种作业安全生产基础知识. 北京：中国建筑工业出版社，2009.

[7] 杨翠敏. 电工常识. 北京：机械工业出版社，2005.

[8] 国家电网公司电力安全工作规程. 变电部分（国家电网安监[2009]664号）.

[9] 范宇. 维修电工基本技能. 成都：成都时代出版社，2007.

[10] 宗士杰. 发电厂电气设备及运行. 北京：中国电力出版社，1997.